OBRAS DE TERRA
curso básico de Geotecnia

Faiçal Massad

OBRAS DE TERRA
curso básico de Geotecnia

2ª edição
com exercícios
resolvidos

oficina de textos

©Copyright 2003 Oficina de Textos
2ª edição 2010
1ª reimpressão 2012 | 2ª reimpressão 2014
3ª reimpressão 2016 | 4ª reimpressão 2021

Grafia atualizada conforme o Acordo Ortográfico da Língua Portuguesa de 1990, em vigor no Brasil a partir de 2009.

Capa: Malu Vallim
Diagramação: Anselmo Ávila
Preparação de figuras: Flávio Jorge Ventura

Dados Internacionais de Catalogação na Publicação (CIP)
(Câmara Brasileira do Livro, SP, Brasil)

Massad, Faiçal
    Obras de terra : curso básico de geotecnia /
Faiçal Massad — 2 ed. — São Paulo — Oficina de Textos, 2010

Bibliografia.
ISBN 978-85-86238-97-0

1. Obras de terra I. Título

02-6591   CDD-624.152

Índice para catálogo sistemático:

1. Obras de terra : Engenharia de fundações   624.152

Todos os direitos reservados à
Oficina de Textos
Rua Cubatão, 798
04013-003   São Paulo   SP   Brasil
Fone: (11) 3085-7933
site: www.ofitexto.com.br   E-mail: atend@ofitexto.com.br

À minha esposa, Mathilde, e aos meus filhos, José e Anselmo, com amor.

À memória de meus pais, Yussif e Nelly, nascidos no Líbano mas brasileiros por adoção.

AGRADECIMENTOS

O autor manifesta seus agradecimentos à Escola Politécnica da USP, nas pessoas dos Profs. João Cyro André e Waldemar Hachich, pelo incentivo e apoio à publicação deste livro.

Agradece também ao Prof. Paulo T. da Cruz, pela revisão do texto e pelas valiosas sugestões feitas, bem como ao Sr. Flávio Jorge Ventura, pelo cuidadoso trabalho de preparação dos desenhos.

SUMÁRIO

1 **PERCOLAÇÃO DE ÁGUA EM OBRAS DE TERRA** 13
   1.1 O Fluxo Laminar e a Lei de Darcy 13
   1.2 Revisão do Conceito de Rede de Fluxo e do seu Traçado 14
   1.3 A Equação de Laplace e sua Solução 19
   1.4 Heterogeneidades 21
   1.5 Problemas Práticos em que a Incógnita é a Vazão –
       a Engenhosidade 23
   1.6 Anisotropia 28
   1.7 Fluxo Transiente 31
   Questões para pensar 33
   Apêndice I 36
   Apêndice II 38
   Bibliografia 39

2 **EXPLORAÇÃO DO SUBSOLO** 41
   2.1 Ensaio *in situ* e ensaios de laboratório 41
   2.2 Ensaio de Palheta ou *Vane Test* 42
   2.3 Ensaio de Penetração Estática ou Ensaio do Cone 46
   2.4 Ensaios Pressiométricos 50
   2.5 Ensaios de Permeabilidade *In Situ* 52
   Questões para pensar 56
   Apêndice I 59
   Bibliografia 62

3 **ANÁLISE DE ESTABILIDADE DE TALUDES** 63
   3.1 Métodos de Equilíbrio-Limite 64
   3.2 Método de Fellenius 68
   3.3 Método de Bishop Simplificado 69
   3.4 Formas de Considerar as Pressões Neutras 70
   3.5 Parâmetros de Resistência ao Cisalhamento 72
   Questões para pensar 75
   Apêndice I 79
   Bibliografia 81

4 ENCOSTAS NATURAIS ... 83
- 4.1 Os Solos das Encostas Naturais ... 83
- 4.2 Tipos e Causas de Escorregamentos das Encostas Naturais ... 87
- 4.3 Métodos de Cálculo de Estabilidade de Taludes ... 89
- 4.4 Estabilização de Encostas Naturais ... 99
- Questões para pensar ... 104
- Apêndice I ... 110
- Bibliografia ... 111

5 ATERROS SOBRE SOLOS MOLES ... 113
- 5.1 Características dos Solos Moles ... 114
- 5.2 Estabilidade dos Aterros após a Construção ... 123
- 5.3 Recalques ... 129
- 5.4 Processos Construtivos ... 132
- Questões para pensar ... 139
- Bibliografia ... 145

6 COMPACTAÇÃO DE ATERROS ... 147
- 6.1 Ensaios de Compactação em Laboratório ... 147
- 6.2 Compactação de Campo ... 153
- 6.3 Especificações da Compactação ... 155
- 6.4 Controle da Compactação ... 156
- 6.5 Pesquisas de Áreas de Empréstimo e de Jazidas ... 162
- 6.6 Aterros Compactados ... 163
- Questões para pensar ... 169
- Bibliografia ... 171

7 BARRAGENS DE TERRA E ENROCAMENTO ... 173
- 7.1 Evolução Histórica ... 173
- 7.2 Tipos Básicos de Barragens ... 175
- 7.3 Fatores que Afetam a Escolha do Tipo de Barragem ... 181
- 7.4 Acidentes Catastróficos Envolvendo Barragens ... 183
- 7.5 Princípios para o Projeto ... 185
- 7.6 Sistema de Drenagem Interna em Barragens de Terra ... 187
- Questões para pensar ... 192
- Bibliografia ... 196

8 TRATAMENTO DE FUNDAÇÕES DE BARRAGENS ... 197
- 8.1 Controle de Percolação ... 197
- 8.2 Fundações de Barragens de Terra ... 198
- 8.3 Fundações de Barragens de Concreto: Injeções e Drenagem ... 209
- 8.4 Fundações de Barragens de Terra-Enrocamento ... 211
- Questões para pensar ... 213
- Bibliografia ... 216

APRESENTAÇÃO

Em 1961, Ralph Peck fez uma importante conferência no M.I.T. sobre Engenharia Civil. Nessa época eram poucos os estudantes americanos que se interessavam pela engenharia civil, preferindo as engenharias química, mecânica e espacial, preocupados em colocar o homem na Lua.

Assim, dos meus colegas do M.I.T. e de Harvard, poucos eram americanos. Os demais vinham da Venezuela, Peru, Israel, Índia, Suíça, Nigéria, Grécia e Inglaterra. Alguns interessados em aprender e voltar a seus países para trabalhar e outros à procura de uma porta de entrada nos Estados Unidos.

Ambiente semelhante Faiçal Massad deve ter encontrado em Harvard e no M.I.T. alguns anos depois.

Naquela conferência, Peck salientou que a Engenharia Civil constitui a base e os fundamentos de todas as engenharias, porque propicia a infraestrutura para que as demais possam se estabelecer e desenvolver.

O desenvolvimento e o bem-estar de um país depende basicamente de uma infraestrutura sólida de estradas, transporte, saneamento, energia, habitação, instalações escolares, hospitalares e industriais adequadas. E, para tanto, são necessários engenheiros civis com uma formação sólida e com os conhecimentos básicos dos vários ramos da Engenharia Civil.

O mundo da década de 1960 não é o mundo de hoje, e não será mesmo daqui a 40 anos, mas as necessidades básicas da população permanecem as mesmas.

Se para as engenharias civis da década de 1960 os desafios eram grandes, hoje esses desafios são ainda maiores, porque é preciso suprir necessidades e demandas em escalas sempre crescentes.

O Brasil tem uma longa tradição em obras de Engenharia Civil, e é hoje totalmente autossuficiente em projetos de grandes obras, como autoestradas, barragens, metrôs, canais, portos, obras subterrâneas, estruturas complexas etc. A Escola Politécnica tem sempre fornecido quadros para o projeto e a implantação dessas obras.

Engenheiros como Faiçal Massad têm contribuído de forma exemplar na difícil tarefa de formar profissionais habilitados a enfrentar os desafios da engenharia, na área de Mecânica dos Solos e em Obras de Terra.

Tive a grande satisfação de trabalhar com o Faiçal por várias décadas, além da satisfação de ler em primeira mão o seu livro sobre Obras de Terra, um texto básico, indispensável para a formação de engenheiros dedicados à Mecânica dos Solos e suas aplicações. Nos oito capítulos que compõem o livro, Faiçal apresenta, ao lado dos fundamentos básicos, as aplicações práticas relacionadas à Percolação da Água em Obras de Terra, Técnicas de Exploração do Subsolo, Análises de Estabilidade de Talude, Compactação de Aterros, Barragens de Terra e Enrocamento e suas Fundações. Discute com propriedade e detalha a formação de solos naturais das encostas. Destaca-se no Capítulo 5 a magistral discussão sobre origens e evolução dos solos moles, seguida dos problemas dos aterros sobre tais formações.

Hoje, mais do que nunca, é necessário que os fundamentos da Mecânica dos Solos sejam bem estabelecidos, para a formação de uma atitude crítica diante dos projetos que dispõem de recursos crescentes e quase ilimitados de programas de computação e de informática.

O mundo de hoje é muito diferente do mundo de 1960, mas a advertência de Ralph Peck permanece.

São Paulo, janeiro de 2003

Paulo Teixeira da Cruz

PREFÁCIO

Uma Obra de Terra pode ser entendida como uma "estrutura" construída com solo ou blocos de rocha, isto é, na qual o solo e a rocha são os materiais de construção. A esse propósito, um dos termos em inglês, usado para designá-la, é bastante sugestivo: *Earth Structures*; o outro é *Earth Works*.

Assim, são *Obras de Terra* as barragens de terra e de enrocamento e os aterros em geral, construídos para os mais variados fins. Nesse sentido, são obras "artificiais", envolvendo um campo fértil para a prática da engenhosidade, na procura de soluções seguras e econômicas.

Há casos de obras em que o solo e a rocha intervêm como material natural, interessando a sua condição intacta, enquanto fundações dessas obras, que requerem, eventualmente, tratamentos adequados de caráter mecânico, químico (injeções) etc. São os casos de obras como os Aterros Sobre Solos Moles; as Fundações de Barragens de Terra, de Enrocamento e de Concreto; e as Obras de Contenção de Encostas Naturais.

Este livro é fruto das aulas ministradas na Escola Politécnica da USP (EPUSP), na disciplina "Obras de Terra", como Professor Assistente, desde 1967, e como Professor Responsável, a partir de 1980 até os dias de hoje. Deve muito do que procura transmitir ao Prof. Milton Vargas e ao Prof. Victor F. B. de Mello, que foram, durante vários anos, os responsáveis por essa disciplina na EPUSP.

O livro inicia-se com alguns capítulos sobre o "ferramental teórico--prático" necessário para o projeto e a construção de Obras de Terra, como:

a) Percolação de Água em Meios Porosos: Aplicação a Problemas de Obras de Terra;
b) Exploração do Subsolo para Obras de Terra: Ensaios de Campo;
c) Análise da Estabilidade de Taludes.

Na sequência, são abordados os temas envolvendo as "Obras de Terra" propriamente ditas:

a) Encostas Naturais;
b) Aterros Sobre Solos Moles;
c) Compactação de Aterros;
d) Barragens de Terra e Enrocamento;
e) Tratamento de Fundações de Barragens.

Há três aspectos relevantes que precisam ser considerados ao se tratar das "Obras de Terra":

1 A ação do Homem sobre o Meio Físico

As Obras de Terra interferem diretamente com a natureza. A construção de uma barragem, de uma estrada, ou a implantação de um loteamento em região montanhosa requer cortes de taludes, desmatamentos etc. Tais ações rompem o equilíbrio natural, donde a necessidade de obras de contenção para evitar os escorregamentos e a erosão. Deve-se introduzir uma "mentalidade conservacionista", procurando preservar o meio físico, desde o projeto, passando pela construção até a manutenção das Obras de Terra.

2 Condições Geológico-Geotécnicas Desfavoráveis

Frequentemente, o local mais favorável para a construção de uma Barragem de terra apresenta alguma descontinuidade geológica, pois "o rio é uma linha de maior fraqueza natural". Dessa forma, o engenheiro tem de estar preparado para enfrentar situações adversas em termos de subsolo.

3 Teoria e Realidade

Em obras geotécnicas, diante da complexidade do subsolo, é quase sempre necessário proceder a idealizações ou simplificações da natureza. Este foi o método adotado por Terzaghi, na esteira da revolução provocada na Física por homens como Ticho Brahe, Kepler e Newton, pois o *Método Observacional de Terzaghi* consiste em construir modelos simples para representar a realidade, cuidando, posteriormente, de verificar se as hipóteses adotadas são realistas, pela observação do comportamento das obras.

Capítulo 1

PERCOLAÇÃO DE ÁGUA EM OBRAS DE TERRA

1.1 *O Fluxo Laminar e a Lei de Darcy*

No curso de *Mecânica dos Solos* (Sousa Pinto, 2000), estudou-se a percolação de água em meios porosos, adotando-se, basicamente, duas hipóteses:

a) a estrutura do solo é rígida, isto é, o solo não sofre deformações e não há o carreamento de partículas durante o fluxo;

b) é válida a Lei de Darcy e o fluxo é, portanto, laminar.

Para que ocorra movimento de água entre dois pontos (A e B) de um meio poroso, é necessário que haja, entre eles, uma diferença de carga total ($\Delta H = H_A - H_B$), sendo a carga total H definida por:

$$H = z + \frac{u}{\gamma_o} \qquad (1)$$

em que z é a carga altimétrica e u/γ_o, a carga piezométrica.

Em 1856, Darcy propôs a seguinte relação, com base no seu clássico experimento com permeâmetro:

$$Q = k \cdot i \cdot A \qquad (2)$$

sendo Q a vazão de água; i, o gradiente hidráulico, isto é, a perda de carga total por unidade de comprimento; A é a área da seção transversal do permeâmetro; e k, o coeficiente de permeabilidade do solo, que mede a resistência "viscosa" ao fluxo de água e varia numa faixa muito ampla de valores, como mostra o desenho abaixo. Este fato, acrescido à sua grande variabilidade, para um mesmo

Obras de Terra

depósito de solo, torna sua determinação experimental problemática: é quase um parâmetro não mensurável. Ou, em muitas circunstâncias, o máximo é quando se conhece sua ordem de grandeza, isto é, o expoente de 10.

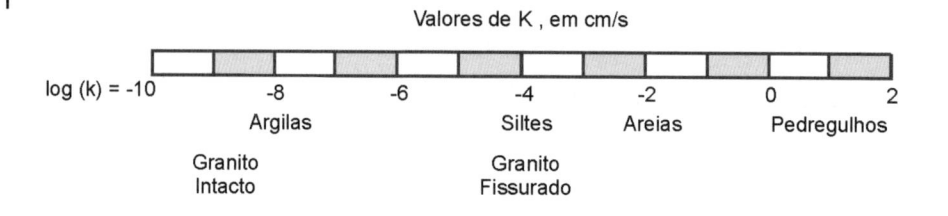

```
                     Valores de K, em cm/s
log(k) = -10    -8      -6      -4       -2      0       2
              Argilas          Siltes   Areias      Pedregulhos
              Granito          Granito
              Intacto          Fissurado
```

Há uma complicação a mais: para solos granulares, como as areias grossas, com diâmetros iguais ou maiores que 2 mm, o fluxo é turbulento e a velocidade é aproximadamente proporcional à raiz quadrada do gradiente. O fluxo só é laminar para solos na faixa granulométrica entre as areias grossas e as argilas, e com gradientes usuais (1 a 5).

1.2 *Revisão do Conceito de Rede de Fluxo e do seu Traçado*

Conceito de rede de fluxo

Considerem-se as situações indicadas nas Figs. 1.1 e 1.2. A totalidade da carga ΔH, disponível para o fluxo, deve ser dissipada no percurso total, através do solo.

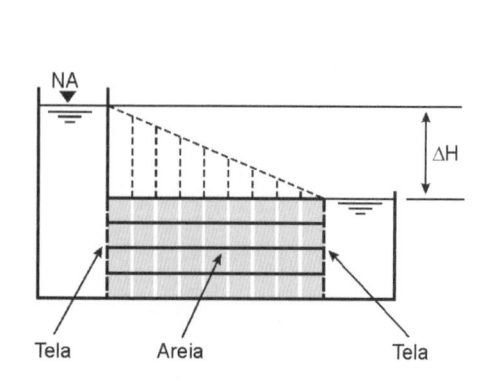

Fig. 1.1
Fluxo confinado, unidimensional

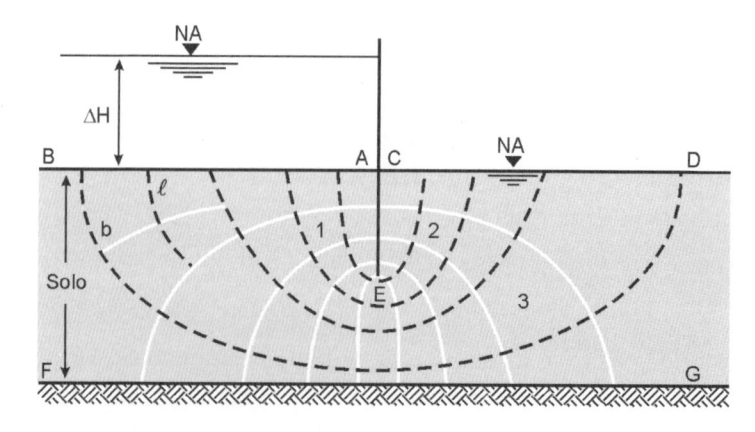

Fig. 1.2
Fluxo confinado, bidimensional

Capítulo 1
Percolação de Água em Obras de Terra

O trajeto que a água segue através de um meio saturado é designado por linha de fluxo; pelo fato de o regime ser laminar, as linhas de fluxo não podem se cruzar, conclusão que é constatada experimentalmente, através da injeção de tinta em modelos de areia.

Por outro lado, como há uma perda de carga no percurso, haverá pontos em que uma determinada fração de carga total já terá sido consumida. O lugar geométrico dos pontos com igual carga total é uma equipotencial, ou linha equipotencial.

Há um número ilimitado de linhas de fluxo e equipotenciais; delas escolhem-se algumas, numa forma conveniente, para a representação da percolação. Em meios isotrópicos, as linhas de fluxo seguem caminhos de máximo gradiente (distância mínima); daí se conclui que as linhas de fluxo interceptam as equipotenciais, formando ângulos retos. No Apêndice I, encontra-se uma demonstração matemática dessa propriedade das redes de fluxo, e as Figs. 1.1 e 1.2 apresentam ilustrações de fluxos uni e bi-dimensionais.

Em problemas de percolação, é necessária a determinação, *a priori*, das linhas-limite ou condições de contorno. Por exemplo, para a Fig. 1.2, as linhas BA e CD são linhas equipotenciais-limite, e as linhas AE, EC e FG são linhas de fluxo-limite. Para a barragem de terra da Fig. 1.3, AB é uma equipotencial-limite; e AD e BC são linhas de fluxo-limite. A linha BC é uma linha de fluxo, porém com condições especiais: é conhecida como linha de saturação, pois ela separa a parte ("quase") saturada da parte não saturada do meio poroso. Além disso, ela é uma linha freática, isto é, a pressão neutra (u) é nula ao longo dela. Esta última propriedade é extensiva à linha CD, que, sem ser linha de fluxo ou equipotencial, é uma linha-limite, que recebe o nome de linha livre. Finalmente, pela expressão (1) conclui-se que, ao longo das linhas BC e CD, tem-se H = z, isto é, a carga é exclusivamente altimétrica.

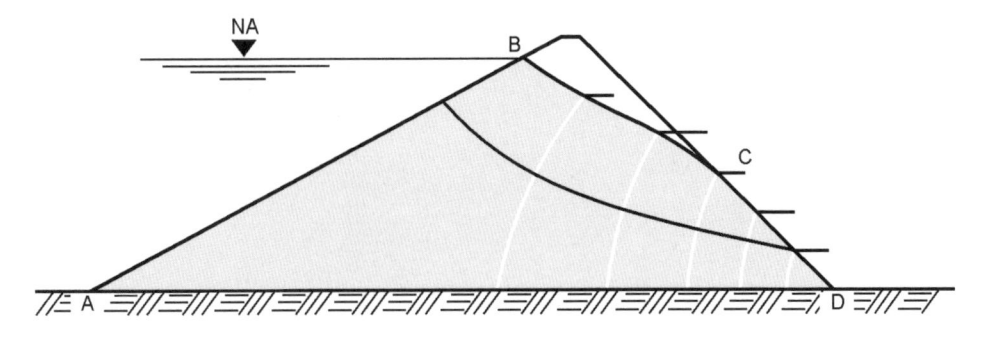

Fig. 1.3
Fluxo não confinado ou gravitacional

Pode-se provar que, uma vez fixadas as condições de contorno, a rede de fluxo é única.

Traçado da rede de fluxo (método gráfico)

Para representar uma rede de fluxo, convém que sejam constantes tanto a perda de carga entre duas equipotenciais consecutivas quanto a vazão entre duas linhas de fluxo consecutivas. Tal representação simplifica bastante o seu traçado.

Considere-se novamente a rede da Fig. 1.2. Os elementos 1, 2 e 3 funcionam como pequenos permeâmetros. Aplicando-se a Lei de Darcy, tem-se:

$$q_i = k \cdot \frac{\Delta h_i}{\ell_i} \cdot b_i \cdot 1 \qquad (3)$$

em que k é o coeficiente de permeabilidade; Δh_i (i = 1, 2 e 3) são as perdas de carga total nos elementos 1, 2 e 3, respectivamente; l_i é o comprimento médio do elemento i na direção do fluxo; e b_i é a largura média do mesmo elemento.

É óbvio que $q_1 = q_2$ por continuidade do fluxo e $q_2 = q_3$ pela definição de rede, isto é:

$$q_1 = q_2 = q_3 \qquad (4)$$

Ademais, ainda pela definição de rede de fluxo, deve-se ter:

$$\Delta h_1 = \Delta h_2 = \Delta h_3 \qquad (5)$$

Substituindo-se (3) em (4) e tendo-se em conta (5), resulta:

$$\frac{b_1}{\ell_1} = \frac{b_2}{\ell_2} = \frac{b_3}{\ell_3} \qquad (6)$$

Daí se segue que, para satisfazer as condições enunciadas, deve-se ter:

$$\frac{b}{\ell} = constante \qquad (7)$$

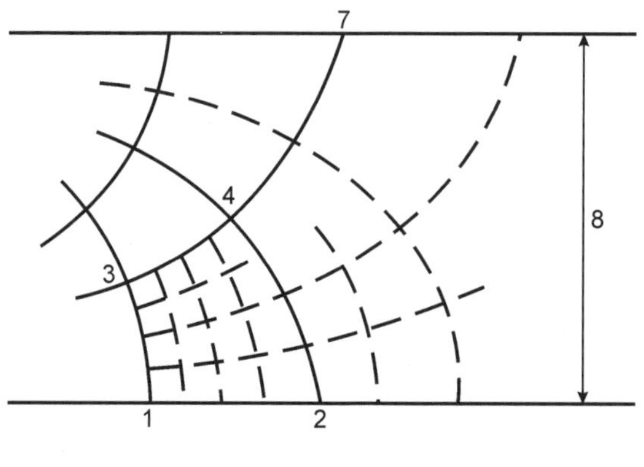

Fig. 1.4
Critério para validar "quadrados" de lados curvos (Casagrande, 1964)

Para maior facilidade visual no traçado da rede, costuma-se tomar para a relação (7) o valor 1, isto é, trabalha-se com "quadrados". Note-se que, em geral, os "quadrados" têm lados curvos, como mostra a Fig. 1.4; assim, tanto o elemento *1243*, como o *2478* são "quadrados". Para verificar se uma região da rede de fluxo é um "quadrado", é necessário subdividi-la, traçando-se novas linhas de fluxo e equipotenciais, e analisar se as subáreas são "quadrados".

O fluxo é confinado quando não existe linha freática, como nos casos ilustrados pelas Figs. 1.1 e 1.2; caso contrário, ele é denominado **fluxo gravitacional ou não confinado** (Fig. 1.3).

De um modo geral, a posição da linha freática é parte da solução procurada e deve ser determinada por tentativas, satisfazendo as seguintes condições:

a) ao longo dela, a carga é puramente altimétrica; daí que a diferença entre as ordenadas dos pontos de encontro de duas equipotenciais consecutivas com a linha freática é constante, quaisquer que sejam as equipotenciais (Fig. 1.5);

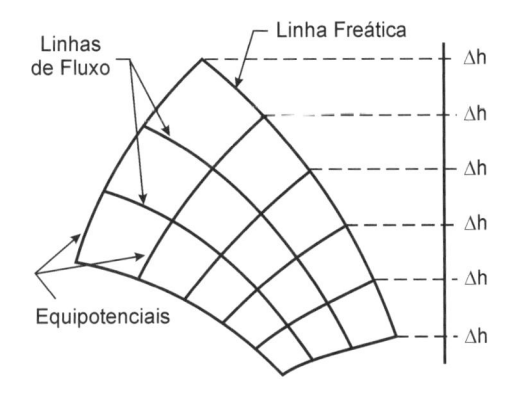

Fig. 1.5
Linha freática: as cargas são puramente altimétricas (Casagrande, 1964)

b) a linha freática deve ser perpendicular ao talude de montante, que é uma equipotencial, como mostra a Fig. 1.6a. A situação indicada na Fig. 1.6b constitui uma exceção que se justifica, pois uma linha de fluxo não pode subir e depois descer, pois violaria a primeira condição. Assim, a linha freática, no seu trecho inicial, é horizontal, e a velocidade no ponto de entrada é nula;

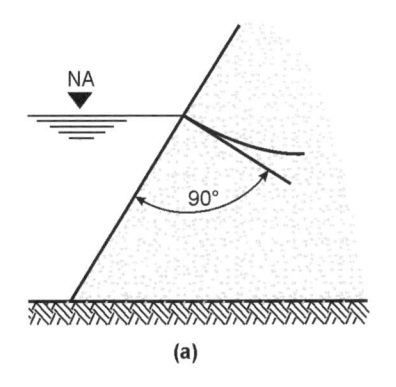

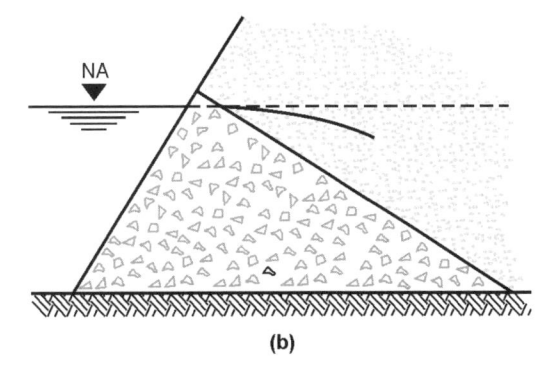

Fig. 1.6
Condições de entrada de uma linha freática (Casagrande, 1964)

c) na saída da água, a linha freática deve ser essencialmente tangente ao talude de jusante, como mostra a Fig. 1.7a, ou acompanha a vertical (Fig. 1.7b), seguindo a direção da gravidade.

Na sequência, resumem-se algumas recomendações, feitas por Casagrande (1964), para ajudar o principiante na aprendizagem do método gráfico (traçado da rede de fluxo):

- estudar redes de fluxo já construídas;
- usar poucos canais de fluxo (4 a 5, no máximo) nas primeiras tentativas de traçado da rede;

Capítulo 1
Percolação de Água em Obras de Terra

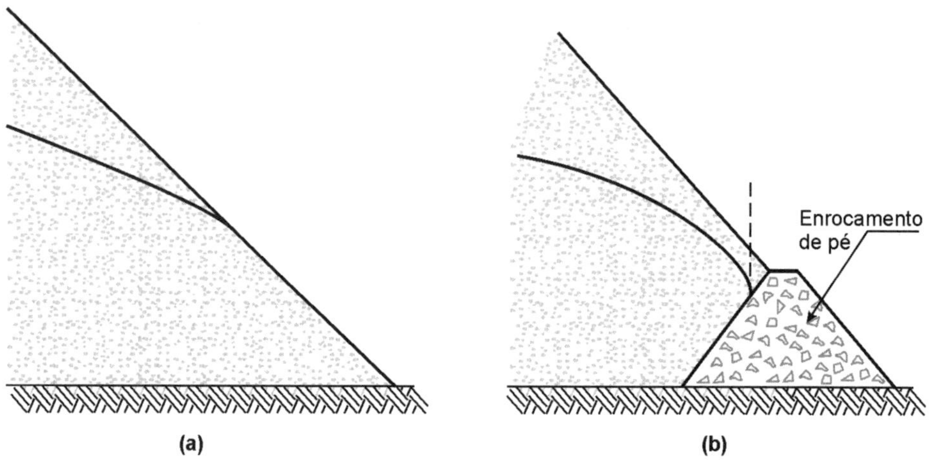

Fig. 1.7
Condições de saída de uma linha freática (Casagrande, 1964)

(a)   (b)

- "acertar" a rede, primeiro, no seu todo, deixando os detalhes mais para o fim;
- as transições entre trechos retos e curvos das linhas devem ser suaves; em cada canal, o tamanho dos "quadrados" varia gradualmente.

Uma vez desenhada a rede de fluxo, pode-se obter:

a) a perda de água ou vazão (Q) por metro de seção transversal. Se n_c for o número de canais de fluxo, n_q o número de perdas de carga e H a carga total a ser dissipada, deduz-se facilmente a seguinte expressão:

$$Q = k \cdot H \cdot \left(\frac{n_c}{n_q} \right) \tag{8}$$

A relação entre parênteses é conhecida por relação de forma, ou fator de forma, e só depende da geometria do problema.

b) a pressão neutra (u) em qualquer ponto, pela expressão (1), é

$$u = \gamma_0 \cdot (H - z) \tag{9}$$

c) a força de percolação (F) em qualquer região; para tanto, basta determinar o gradiente médio (i) nessa região, para se ter:

$$F = \gamma_0 \cdot i \cdot A \tag{10}$$

sendo γ_0 o peso específico da água.

Convém frisar que o cálculo da vazão não requer um traçado rigoroso da rede de fluxo, pois basta obter dela, com boa precisão, o fator de forma, n_c/n_q. O mesmo não sucede com o cálculo do gradiente ou da pressão neutra em pontos do maciço.

1.3 *A Equação de Laplace e sua Solução*

Se o solo for saturado, de modo a não ocorrer variação de volume, e tanto os sólidos como a água dos poros forem incompressíveis, então, pode-se escrever:

$$\frac{\partial u}{\partial x} + \frac{\partial v}{\partial y} = 0 \qquad (11)$$

que é a Equação da Continuidade; u e v são as velocidades de descarga ou de fluxo, respectivamente nas direções x (horizontal) e y (vertical), coordenadas cartesianas.

De acordo com a Lei de Darcy:

$$u = -k_x \cdot \frac{\partial h}{\partial x} \quad \text{e} \quad v = -k_y \cdot \frac{\partial h}{\partial y} \qquad (12)$$

O sinal negativo justifica-se pelo fato de a carga h decrescer no sentido do fluxo.

Substituindo-se as equações (12) na expressão (11) e supondo solo homogêneo, isto é, k_x e k_y constantes, tem-se:

$$k_x \frac{\partial^2 h}{\partial x^2} + k_y \frac{\partial^2 h}{\partial y^2} = 0 \qquad (13)$$

ou, se o meio for isotrópico, com $k = k_x = k_y$ = constante:

$$\frac{\partial^2 h}{\partial x^2} + \frac{\partial^2 h}{\partial y^2} = 0 \qquad (14)$$

que é a Equação de Laplace para duas dimensões.

Obras de Terra

Pode-se mostrar que a Equação de Laplace é satisfeita para um par de funções ϕ e χ, conjugadas harmonicamente, e que a família de curvas $\phi(x,y)$ = const. é ortogonal à família de curvas $\chi(x,y)$ = const., A função ϕ é o potencial, dado por ϕ = -kh + const., e χ é a função de fluxo, que permite calcular a vazão (Apêndice I).

Soluções analíticas da Equação de Laplace são restritas a alguns casos de geometria bem simples e, mesmo assim, as funções matemáticas usadas são muito complexas.

Soluções numéricas da Equação de Laplace podem ser obtidas pelo Método das Diferenças Finitas ou pelo Método dos Elementos Finitos, que escapam do escopo deste curso, que se atém ao Método Gráfico, isto é, ao traçado da rede de fluxo, tal como foi exposto. O Apêndice II dá algumas informações adicionais a respeito dos Métodos Numéricos.

Existe uma solução analítica, que tem algum interesse prático, referente aos pontos singulares numa rede de fluxo. São pontos em que as linhas--limite se interceptam, formando ângulos predeterminados. Nesses pontos, as velocidades de descarga podem ser nulas, finitas e diferentes de 0; ou infinitas, como mostram as Figs. 1.8, 1.9 e 1.10, extraídas de Polubarinova--Kochina (1962). Note-se que, nas vizinhanças dos pontos singulares, quando a velocidade tende a um valor infinito, a Lei de Darcy e, portanto, a Equação de Laplace, não tem mais validade. Tais áreas são tão pequenas que não afetam a solução obtida.

Fig. 1.8
Pontos Singulares: vértice num contorno impermeável (linha de fluxo-limite)

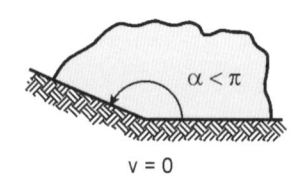

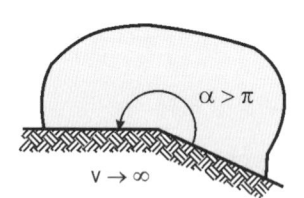

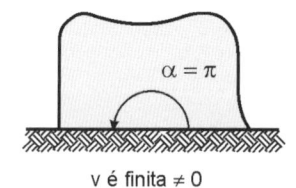

Fig. 1.9
Pontos Singulares: vértice numa equipotencial-limite

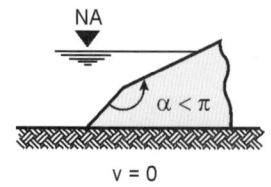

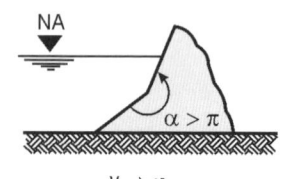

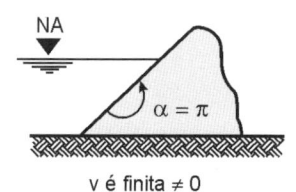

Fig. 1.10
Pontos Singulares: ponto de encontro entre uma equipotencial-limite e uma linha de fluxo-limite

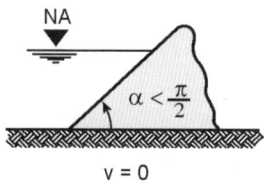

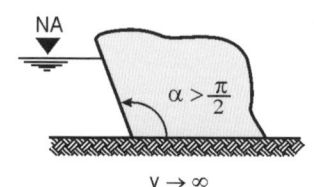

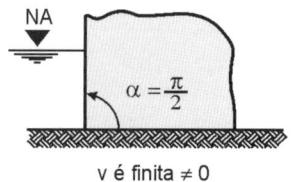

1.4 Heterogeneidades

Nem sempre é possível idealizar, isto é, simplificar problemas de engenharia supondo a presença de um único solo homogêneo. Existem muitas situações práticas, e elas serão abordadas em outros capítulos, em que o solo de fundação apresenta-se estratificado, por exemplo, com a ocorrência de camadas de solo de fundação com diferentes permeabilidades. Ou então, seções de Barragens de Terra zoneadas, isto é, com a presença de diferentes solos compactados. Mesmo uma seção de Barragem de Terra "Homogênea" comporta filtros de areia, o que, a rigor, imprime heterogeneidade ao meio poroso.

A seguir, será analisado, conceitualmente, como deve ser o fluxo de água através de interfaces entre materiais de permeabilidades diferentes.

Se o fluxo for unidimensional, com velocidade perpendicular à interface AB, pela continuidade do fluxo (mesma vazão), deve-se ter:

$$Q = v_1 \cdot A = v_2 \cdot A$$

donde: $v_1 = v_2$

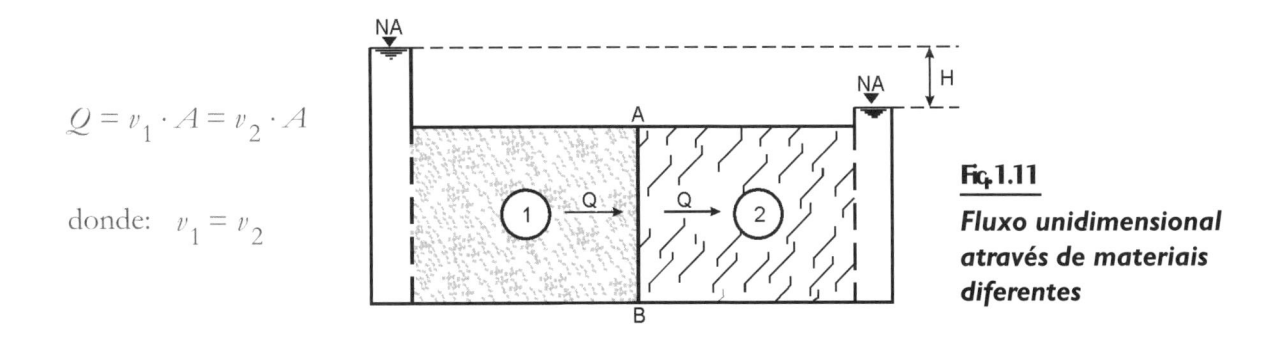

Fig. 1.11
Fluxo unidimensional através de materiais diferentes

pois a área da seção transversal (A) é constante.

Se o fluxo for ainda unidimensional, com velocidade paralela à interface AB, deve-se ter:

$$i = \frac{H}{L} = const$$

donde: $\dfrac{v_1}{k_1} = \dfrac{v_2}{k_2}$

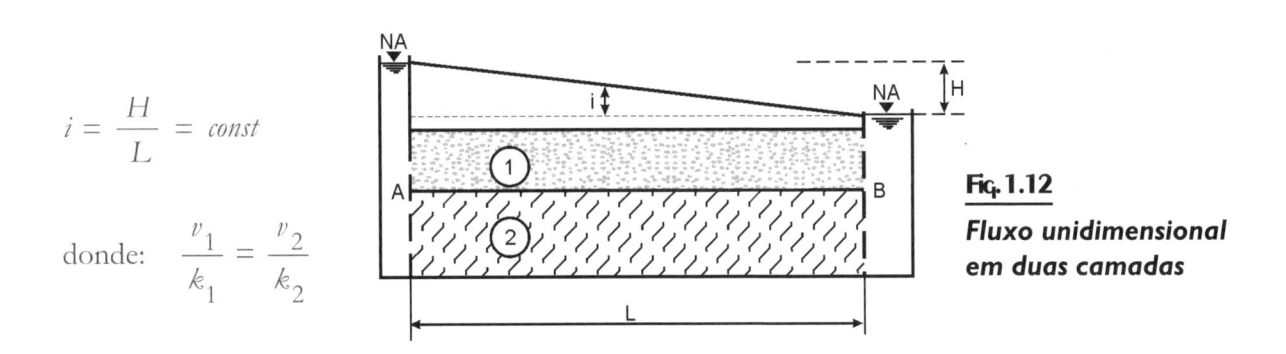

Fig. 1.12
Fluxo unidimensional em duas camadas

pois o gradiente hidráulico é o mesmo ao longo de AB.

Obras de Terra

Numa situação genérica, decompondo-se os vetores v_1 e v_2 nas componentes normal e tangencial, deve-se ter:

$$v_{1n} = v_{2n} \qquad (15)$$

$$\frac{v_{1t}}{k_1} = \frac{v_{2t}}{k_2} \qquad (16)$$

ou, dividindo-se (16) por (15):

$$\frac{tg\,\alpha_1}{tg\,\alpha_2} = \frac{k_1}{k_2} \qquad (17)$$

que é uma relação de proporcionalidade direta.

Se se quiser manter a mesma perda de carga entre equipotenciais e a mesma perda de água em todos os canais, ao se passar de um solo para o outro, deve-se ter:

$$q = k_1 \cdot \frac{\Delta h}{\ell_1} \cdot b_1 \cdot 1 = k_2 \cdot \frac{\Delta h}{\ell_2} \cdot b_2 \cdot 1$$

sendo q a perda de água em um canal e Δh a perda de carga entre equipotenciais; b e ℓ são as dimensões médias dos "retângulos", num ou noutro meio, conforme o índice for *1* ou *2*. Daí segue que:

$$\frac{(b_1/\ell_1)}{(b_2/\ell_2)} = \frac{k_2}{k_1} \qquad (18)$$

que é uma relação de proporcionalidade inversa.

A Fig. 1.13 ilustra duas soluções válidas para a mesma seção de barragem, com $k_2 = 5k_1$. A vazão pode ser calculada tanto em um como no outro meio.

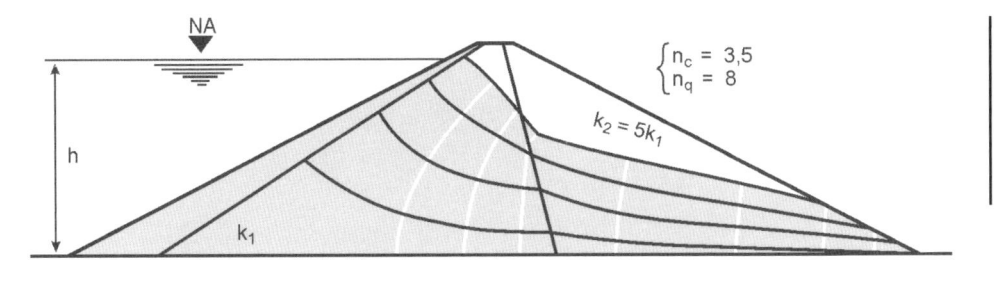

Capítulo 1

Percolação de Água em Obras de Terra

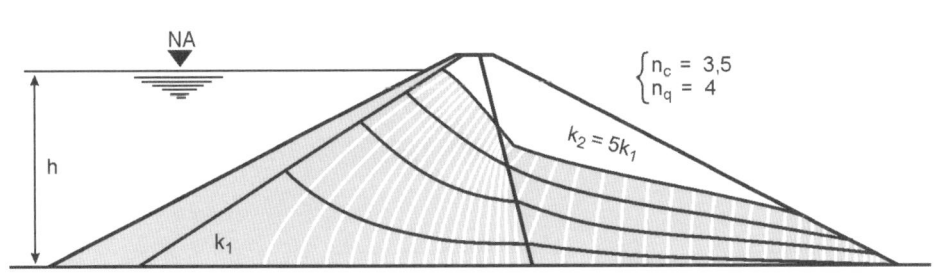

Fig. 1.13
Exemplos de redes de fluxo bidimensionais em meio poroso heterogêneo (Cedergren, 1967)

Se o que se deseja é o cálculo da vazão, é possível, valendo-se da engenhosidade, simplificar o problema pela "homogenização" dos solos presentes, feita de forma criteriosa. É o que se verá a seguir.

1.5 *Problemas Práticos em que a Incógnita é a Vazão – a Engenhosidade*

Para uma classe de problemas de percolação em meios heterogêneos, em que a incógnita é a vazão, ou pode ser reduzida a ela, é possível levantar algumas hipóteses simplificadoras que possibilitam a determinação de parâmetros significativos de projeto. São os casos do dimensionamento de tapetes "impermeáveis" de montante, cuja solução aproximada foi desenvolvida por Bennett (1946), e o dimensionamento dos filtros horizontais de areia, tratados analiticamente por Cedergren (1967).

Inicialmente, a título de ilustração, mostrar-se-á como usar a engenhosidade e resolver o problema da vazão a ser bombeada de uma escavação.

1.5.1 Problema da escavação entre duas pranchadas, em meio heterogêneo

Considere-se o problema de escavação, indicado na Fig. 1.14b, extraído de Bolton (1979). É possível estabelecer um intervalo de variação da vazão, isto é, seus limites superior e inferior, supondo que o solo é homogêneo, constituído ora de areia ($k_a = 10^{-2}$ cm/s), limite superior, ora de areia siltosa ($k = k_a/10$), limite inferior.

Utilizando-se a rede de fluxo da Fig. 1.14a, válida para solo homogêneo, tem-se:

$$Q = k \cdot H \cdot \frac{6}{12} = \frac{k \cdot H}{2} \qquad (19)$$

Logo, o referido intervalo será:

$$k_a \cdot \frac{H}{20} \langle Q_{real} \langle k_a \cdot \frac{H}{2} \qquad (20)$$

Fig. 1.14a
Escavação em solo homogêneo: traçado da rede de fluxo para determinar a vazão (Bolton, 1979)

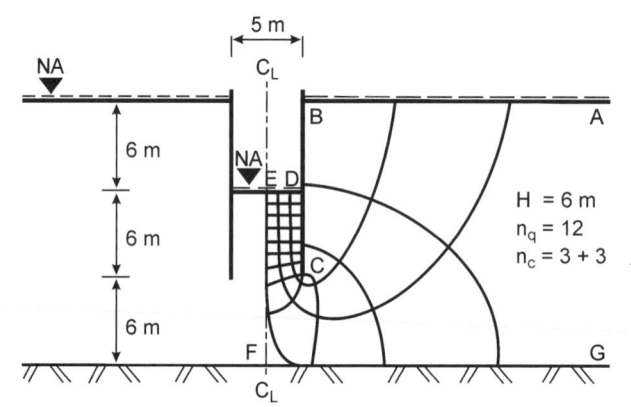

É possível estreitar ainda mais esse intervalo, atentando-se para o fato de $ABCD$, na Fig. 1.14b, ser um permeâmetro. Admitindo-se que DC e AB são equipotenciais, com cargas totais iguais a H e 0, respectivamente, o que é uma hipótese propositalmente exagerada, tem-se, pela Lei de Darcy:

$$Q = \frac{k_a}{10} \cdot \frac{H}{4} \cdot 5 = k_a \cdot \frac{H}{8} \qquad (21)$$

que é uma superestimativa da vazão real, isto é:

$$k_a \cdot \frac{H}{20} \langle Q_{real} \langle k_a \cdot \frac{H}{8} \qquad (22)$$

ou, numericamente,

$$108 \langle Q_{real} \langle 270$$

Fig. 1.14b
Escavação em solo heterogêneo: simplificação do problema para determinar o limite superior da vazão (Bolton, 1979)

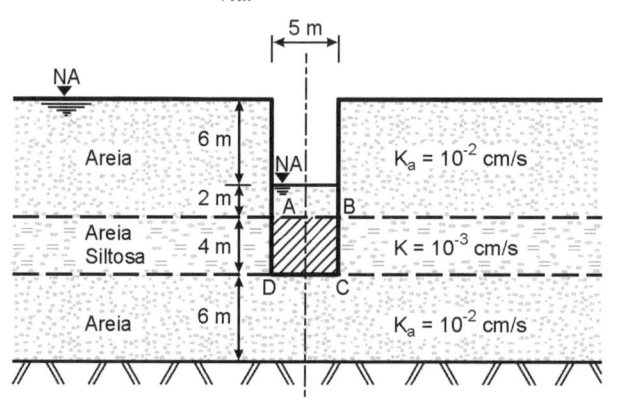

em litros por hora e por metros de seção transversal da escavação, o que possibilita, para fins práticos, o dimensionamento das bombas de recalques para manter o fundo da escavação seco.

1.5.2 "Tapetes Impermeáveis" de montante de barragens de terra

Considere-se o problema de uma Barragem de Terra, indicado na Fig. 1.15, que se prolonga para montante através de tapete dito "impermeável". O termo entre aspas é, de certa forma, impróprio, pois o tapete é construído com solo e apresenta uma certa permeabilidade k_t e espessura z_t. Suponha-se que a barragem se apoia em solo de fundação de espessura z_f e permeabilidade k_f.

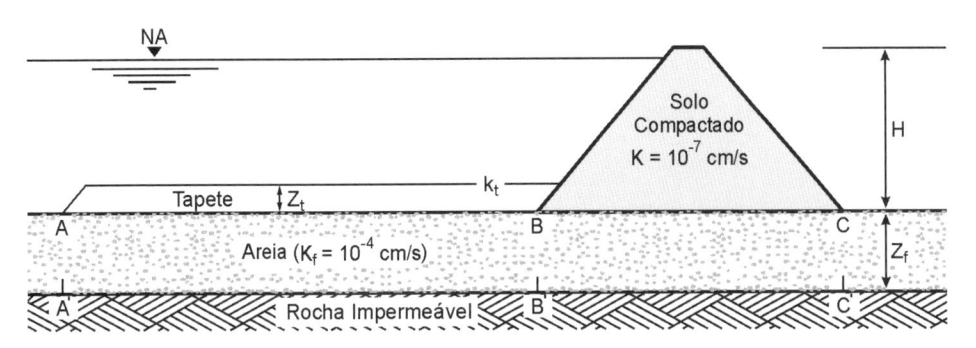

Fig. 1.15
"Tapete impermeável" de montante de uma barragem de terra: parâmetros envolvidos

O solo de fundação é 1.000 vezes mais permeável do que o solo da barragem, de modo que o problema pode ser simplificado da forma indicada na Fig. 1.16.

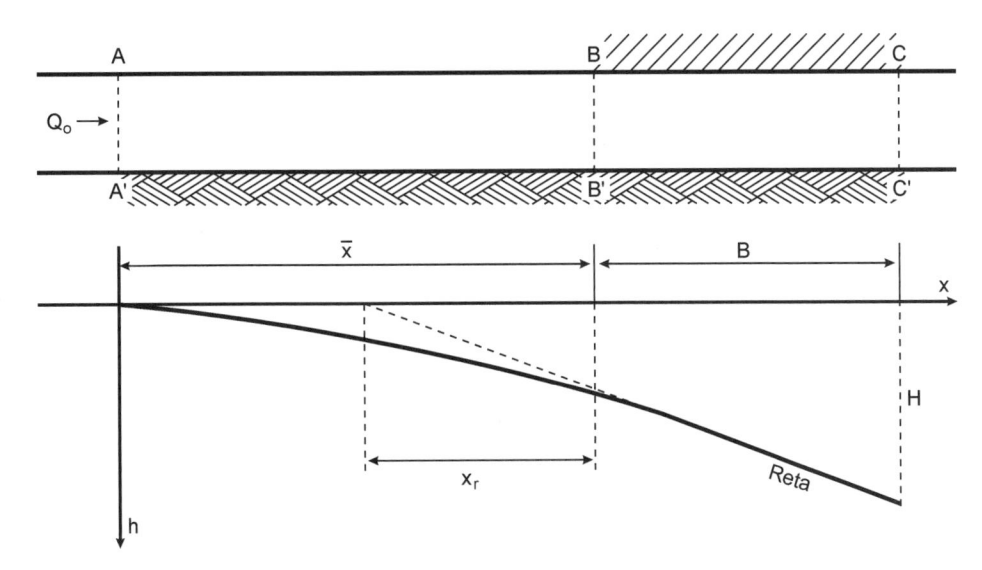

Fig. 1.16
"Tapete impermeável" de montante de uma barragem de terra: simplificação do problema

É fácil ver que no trecho que vai de B a C, o fluxo é confinado, unidimensional (isto é, $BCC'B'$ é um permeâmetro), de modo que a perda de carga h varia linearmente. No trecho AB, a situação é mais complicada, pois há entrada de água em AA' e em AB.

Obras de Terra

Para os casos em que $k_f / k_t > 100$, pode-se admitir que o fluxo no tapete é essencialmente vertical e, na fundação, horizontal. Dessa forma, a vazão pelas fundações é dada por:

$$Q = Q_o + \int_o^x k_t \cdot \frac{h}{z_t} \cdot dx \qquad (23)$$

em que:

$x = AB$ é o comprimento real do tapete "impermeáel" e Q_o é a vazão que entra por AA'.

Por outro lado, a vazão pelas fundações vale, pela Lei de Darcy:

$$Q = k_f \cdot \frac{dh}{dx} \cdot z_f$$

e, após igualar essas expressões e derivar em relação a x, resulta em:

$$\frac{\partial^2 h}{\partial x^2} = a^2 \cdot h \qquad (24)$$

com:

$$a = \sqrt{\frac{k_t}{k_f \cdot z_t \cdot z_f}} \qquad (25)$$

de cuja solução extrai-se:

$$x_r = \frac{tgh(a \cdot \bar{x})}{a} \qquad (26)$$

Nessa expressão x_r e $\bar{x}$ são os comprimentos indicados na Fig. 1.16. Tudo se passa como se existisse um tapete de comprimento x_r, totalmente impermeável ($k = 0$), e o problema fosse de percolação unidimensional. Em outras palavras, é como se a fundação fosse um grande permeâmetro, de comprimento ($x_r + B$).

Dessa forma, a vazão pela fundação pode ser calculada pela Lei de Darcy, expressão (2):

$$Q_f = k_f \cdot \frac{H}{(x_r + B)} \cdot z_f \qquad (27)$$

É possível provar que a solução acima, devida a Bennett, subestima a vazão, o que é contra a segurança. No entanto, para $k_f / k_t > 100$, este fato é irrelevante.

1.5.3 Filtros horizontais de barragens

O problema aqui é saber qual deve ser a espessura H_f de um filtro horizontal (Fig. 1.17a) e com que material granular precisa ser construído para que deixe escoar a vazão Q de água percolada pelo maciço de terra. Há duas hipóteses simplificadoras: uma delas superestima a espessura e, a outra, subestima-a. Em ambos os casos, para o bom funcionamento do sistema de drenagem, admite-se que, na entrada do filtro horizontal, o nível d'água represado tenha uma altura igual à espessura H_f.

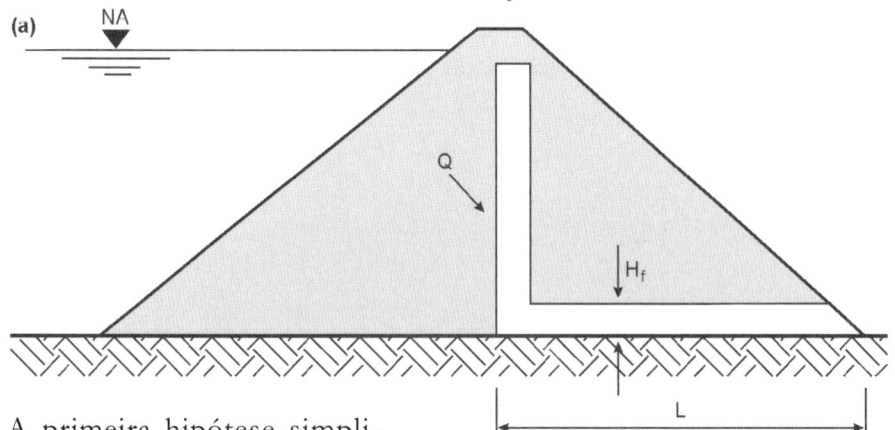

A primeira hipótese simplificadora (Fig. 1.17b) equivale a admitir que o filtro trabalha em carga, utilizando toda a sua seção para o fluxo da água (subestima, pois H_f). Aplicando-se a Lei de Darcy tem-se:

$$Q = k_f \cdot \frac{H_f}{L} \cdot H_f = k_f \cdot \frac{H_f^2}{L} \quad (28)$$

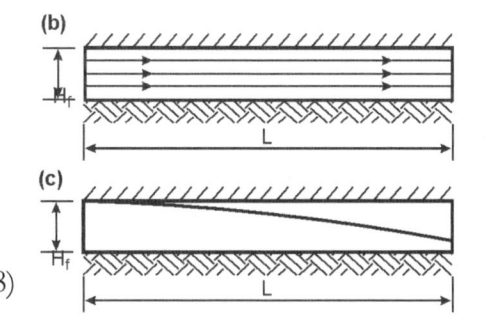

Fig. 1.17
Filtro horizontal de uma barragem de terra:
a) parâmetros envolvidos;
b) filtro em carga;
c) filtro livre

sendo:

$$H_f^{real} > \sqrt{\frac{Q \cdot L}{k_f}}$$

A segunda hipótese (Fig. 1.17c) admite que o filtro trabalha livremente, com a existência de uma linha freática, isto é, a sua seção plena não é utilizada no escoamento da água. Nessa situação, vale a Equação de Dupuit (Polubarinova-Kochina, 1962):

$$Q = \frac{k \cdot (h_1^2 - h_2^2)}{2 \cdot L} \quad (29)$$

na qual os símbolos têm os significados indicados na Fig. 1.18.

A aplicação desta equação resulta em:

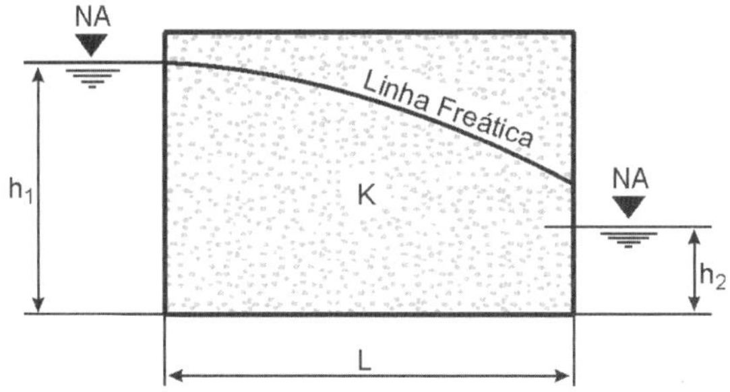

$$Q = \frac{k_f \cdot H_f^2}{2 \cdot L} \qquad (30)$$

sendo:

$$H_f^{real} \langle \sqrt{\frac{2 \cdot Q \cdot L}{k_f}}$$

Fig. 1.18
Permeâmetro de Dupuit: fluxo não confinado

Logo:

$$\sqrt{\frac{Q \cdot L}{k_f}} \langle H_f^{real} \langle \sqrt{\frac{2 \cdot Q \cdot L}{k_f}} \qquad (31)$$

No caso do filtro horizontal captar água também das fundações, pode-se provar que a desigualdade acima continua válida, devendo-se substituir Q por $Q_m + Q_f / 2$; Q_m e Q_f referem-se, respectivamente, às contribuições do maciço e das fundações para a vazão total (Q).

1.6 Anisotropia

Os solos dos aterros compactados e da maioria dos depósitos naturais são, na realidade, meios anisotrópicos, isto é, a permeabilidade varia com a direção do fluxo. Para se ter uma ideia do grau de anisotropia, suponha-se que um depósito de solo formou-se por sedimentação de partículas de areia fina, silte e argila, na tranquilidade de águas paradas de um lago, e que, a cada metro de profundidade, o perfil do subsolo é o indicado na Fig. 1.19a.

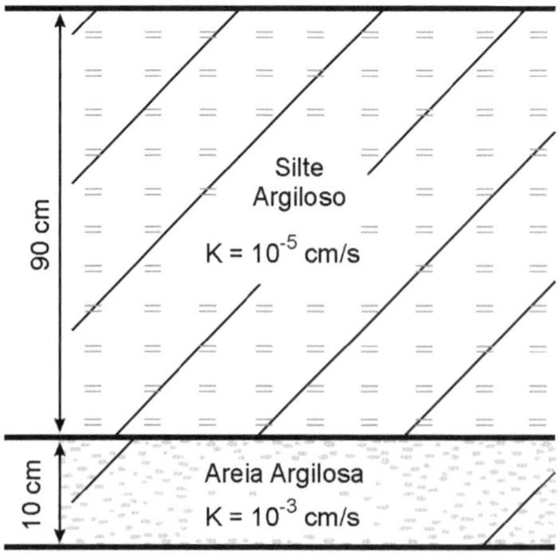

Fig. 1.19a
Solos heterogêneos: camada de solo estratificado, que se repete em profundidade

É fácil ver que num permeâmetro com o arranjo indicado na Fig. 1.19b, em que as camadas de solo dispõem-se num sistema paralelo, o gradiente hidráulico é constante e vale:

$$i = \frac{H}{L} \qquad (32)$$

de forma que a vazão total é dada por:

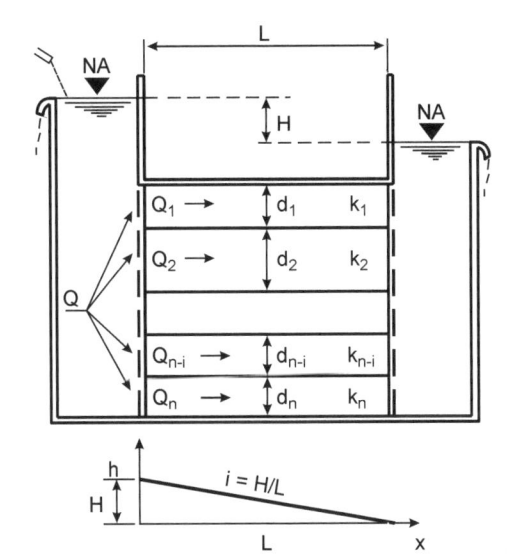

Capítulo 1

Percolação de Água em Obras de Terra

Fig. 1.19b
Solos heterogêneos: fluxo unidimensional em paralelo

$$Q = \sum Q_i = \sum \left(k_i \cdot \frac{H}{L} \cdot d_i \right) = \left(\frac{H}{L} \right) \cdot \sum (k_i \cdot d_i) \qquad (33)$$

Se a permeabilidade média do sistema for designada k_m, tem-se:

$$Q = k_m \cdot \left(\frac{H}{L} \right) \cdot \sum d_i$$

e:

$$k_m = \frac{\sum (k_i \, d_i)}{\sum d_i} \qquad (34)$$

isto é, num sistema paralelo, k_m é a média ponderada dos k_i.

No caso de sistema em série (Fig. 1.19c), quem é constante é a vazão (continuidade de fluxo), sendo k_m a permeabilidade média do sistema, tem-se, aplicando-se a Lei de Darcy:

$$H = \sum h_i$$

com $\quad \dfrac{h_i}{d_i} = \dfrac{Q}{k_i \cdot A}$

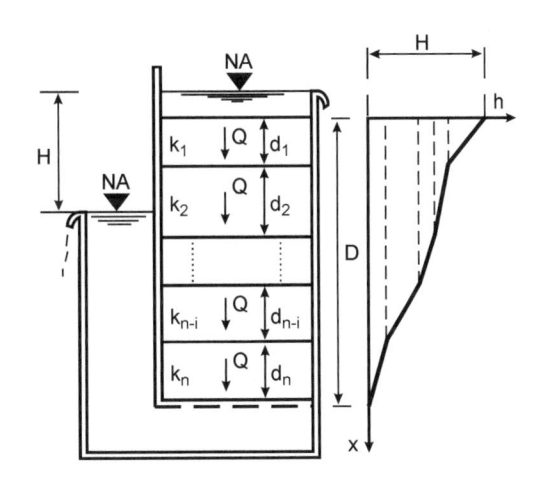

Fig. 1.19c
Solos heterogêneos: fluxo unidimensional em série

donde:

$$\frac{Q \cdot \sum d_i}{k_m \cdot A} = \frac{Q}{A} \cdot \sum \left(\frac{d_i}{k_i}\right)$$

A é a área da seção transversal do permeâmetro. Logo,

$$k_m = \frac{\sum d_i}{\sum (d_i / k_i)} \qquad (35)$$

isto é, k_m é a média harmônica dos k_i.

Como a média harmônica é inferior à média ponderada, segue-se que k_v é menor do que k_h. De fato, para o caso apresentado na Fig. 1.19a, tem-se:

$$k_h = \frac{90 \cdot 10^{-5} + 10 \cdot 10^{-3}}{90 + 10} \cong 10^{-4} \text{ cm/s}$$

e:

$$k_v = \frac{90 + 10}{\dfrac{90}{10^{-5}} + \dfrac{10}{10^{-3}}} \cong 10^{-5} \text{ cm/s}$$

donde:

$$k_h \cong 10 \cdot k_v$$

Se houver anisotropia, a equação diferencial que rege o fluxo de água será dada pela expressão (13). Se for feita uma simples transformação de coordenadas,

$$x' = x \cdot \sqrt{\frac{k_y}{k_x}} \qquad (36)$$

recai-se na Equação de Laplace, expressão (14), que vale para meios isotrópicos. Tal ajuste de escala compensa os efeitos da anisotropia.

A rede de fluxo é traçada na seção transformada, tornada isotrópica, e, por homotetia, volta-se à seção original, na qual a rede de fluxo não será formada de "quadrados".

Na seção transformada, o coeficiente de permeabilidade k equivalente é dado pela seguinte média geométrica:

$$k = \sqrt{k_x \cdot k_y} \qquad (37)$$

É evidente que, para o cálculo da vazão, que depende do fator de forma (n_c/n_q), pode-se valer da seção original ou da transformada, indiferentemente. Para a estimativa dos gradientes hidráulicos, deve-se recorrer exclusivamente à seção original, pois os comprimentos têm de ser os reais.

A Fig. 1.20 ilustra algumas redes de fluxo para uma mesma seção de barragem, mas com diferentes relações de permeabilidade. Obviamente, com um coeficiente de permeabilidade horizontal progressivamente maior, a rede estende-se cada vez mais para jusante, pois a água tem mais facilidade de percolar na direção horizontal.

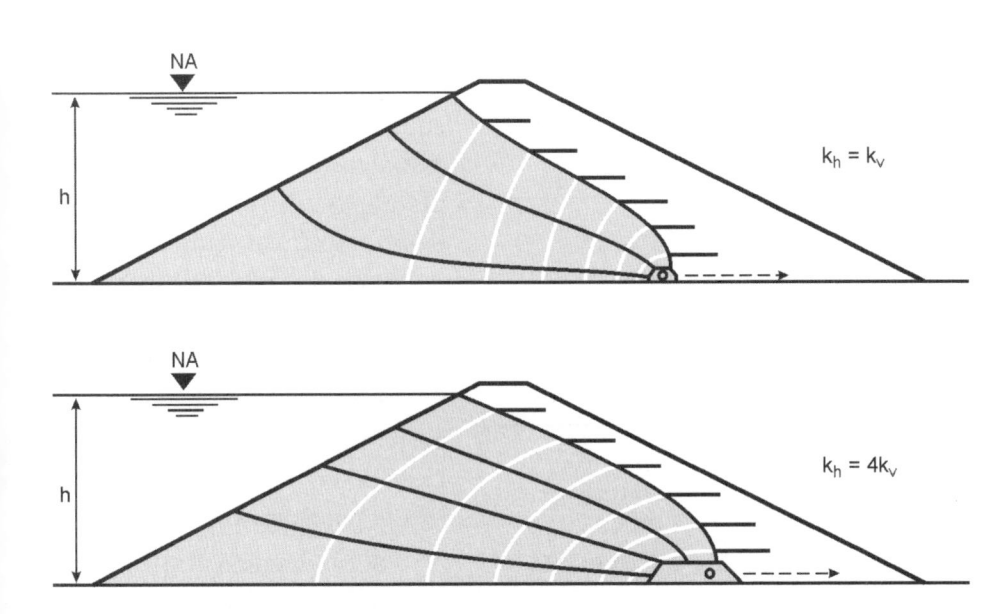

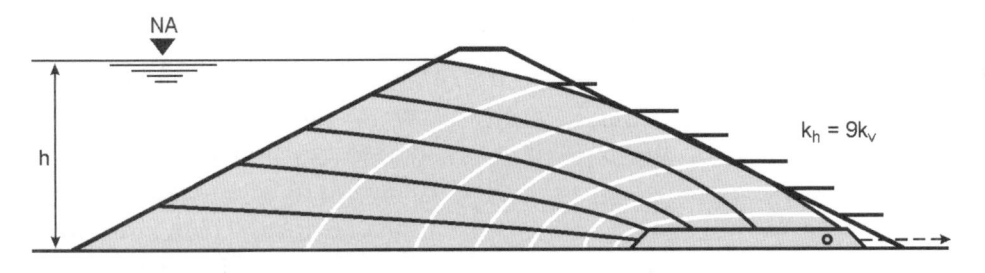

Capítulo 1

Percolação de Água em Obras de Terra

Fig. 1.20
Exemplos de redes de fluxo bidimensionais, não confinadas, em meios anisotrópicos (Cedergren, 1967)

1.7 *Fluxo Transiente*

Se o nível do reservatório da barragem da Fig. 1.21 for elevado instantaneamente, até a posição indicada no desenho, haverá um avanço

Obras de Terra

gradativo de uma linha de maior saturação, que, com o tempo, passará pelas posições 1, 2, ...11, sendo esta última correspondente ao regime permanente do fluxo.

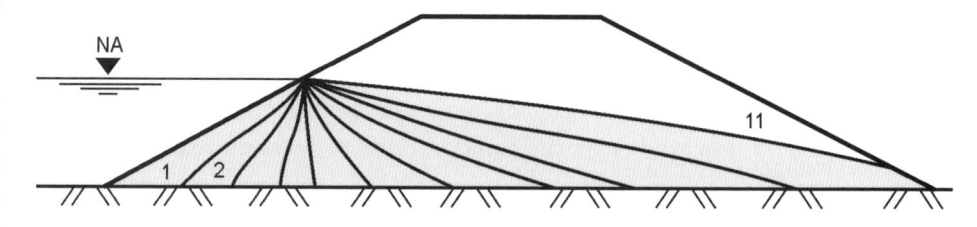

Fig. 1.21
Fluxo transiente: avanço gradual da linha de saturação (Cedergren, 1967)

A Fig. 1.22 mostra o movimento da linha de "saturação" (ou freática) após um rebaixamento rápido (instantâneo) do nível do reservatório; no final do processo, a linha freática estabiliza-se numa posição de equilíbrio, em novo regime permanente de fluxo para o novo nível do reservatório.

Ambos os casos são exemplos de fluxo transiente em que um solo parcialmente saturado torna-se mais saturado com o tempo ou vice-versa.

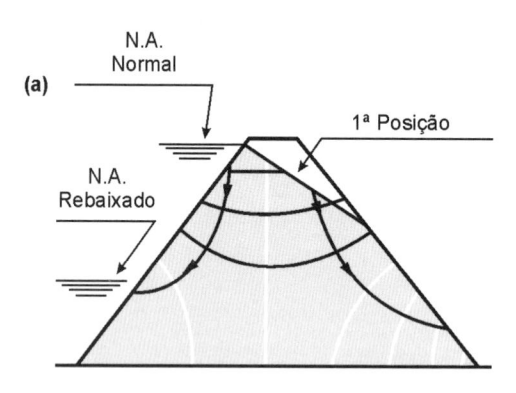

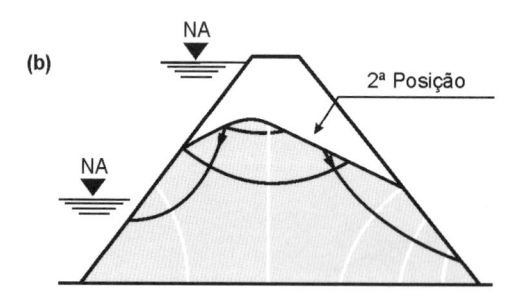

Na zona de saturação, a equação da continuidade é válida, assim como a Lei de Darcy. Daí poder-se construir redes de fluxo como se o fluxo transiente fosse uma série de fluxos permanentes, que se sucedem no tempo.

No exemplo de rebaixamento rápido, as linhas de fluxo partem da linha de saturação ou freática; no regime permanente, há um paralelismo entre elas.

Se a posição da linha de saturação fosse conhecida em cada instante, o traçado da rede seria feito como se o fluxo estivesse em regime permanente; mas, de novo a sua posição é parte da solução procurada. Uma das maneiras de se obter o avanço da linha freática é com o Modelo físico de Hale-Shaw, com fluido viscoso. A esse respeito, veja-se, por exemplo, Harr (1962).

Fig. 1.22
Fluxo transiente: rebaixamento rápido do nível d'água do reservatório (Cedergren, 1967)

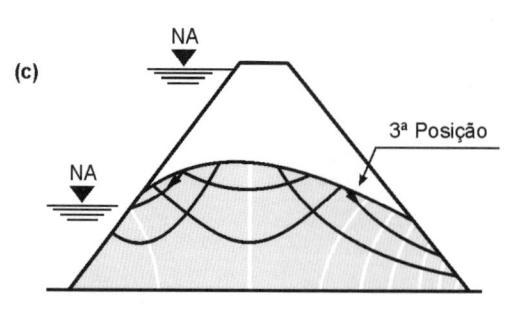

Capítulo 1

Percolação de Água em Obras de Terra

Questões para pensar

1 Justifique por que a linha livre não é nem uma equipotencial nem uma linha de fluxo limites.

A linha livre é uma linha de saída do fluxo d'água: é onde vão ter outras linhas de fluxo, que cruzam com ela. Logo, ela não é uma linha de fluxo.

A linha livre é uma linha freática. Portanto, $u = 0$ e a sua carga é puramente altimétrica, portanto variável. Logo, ela também não é uma equipotencial.

2. O que é fluxo gravitacional (ou não confinado)? O que são a linha de saturação e a linha livre nesse tipo de fluxo? Destaque o que há de comum entre elas e indique a propriedade fundamental que as caracteriza.

O fluxo gravitacional é o fluxo que se processa por ação da gravidade, num meio poroso não confinado, isto é, sem que se conheçam todas as condições de contorno.

A linha de saturação é uma linha de fluxo limite, porém com condições especiais: ela separa a parte ("quase") saturada da parte não saturada do meio poroso.

A linha livre é também uma linha limite, sem ser linha de fluxo ou equipotencial. Recebe esse nome pelo fato de a água fluir por ela livremente.

O que há de comum entre elas: a) o desconhecimento, *a priori*, das suas posições ou dimensões, só determinadas após o traçado da rede de fluxo; b) ambas são linhas freáticas, isto é, $u = 0$ ao longo delas e, consequentemente, a carga total ao longo delas é puramente altimétrica ($H = z$).

3. Qual é o conceito de rede de fluxo? Qual a consequência desse conceito quando é aplicado a meios porosos isotrópicos, com permeabilidades diferentes (meios heterogêneos)? Justifique a sua resposta.

Uma rede de fluxo é um conjunto finito de linhas de fluxo e de equipotenciais que satisfazem duas condições: a) a perda de carga (Δh) entre duas equipotenciais consecutivas é constante; b) a vazão (q) entre duas linhas de fluxo consecutivas (canais de fluxo) também é constante.

No caso de meios heterogêneos, para se manter essas duas condições ao se passar de um solo (1) para o outro (2), deve-se ter num canal de fluxo qualquer:

$$q = k_1 \cdot \frac{\Delta h}{\ell_1} \cdot b_1 \cdot 1 = k_2 \cdot \frac{\Delta h}{\ell_2} \cdot b_2 \cdot 1 \therefore \frac{b_1/\ell_1}{k_2} = \frac{b_2/\ell_2}{k_1}$$

Isto é, se num dos meios forem usados "quadrados" no traçado da rede de fluxo, no outro será necessário usar "retângulos".

Obras de Terra

4. Como se resolvem problemas de percolação de água em meios anisotrópicos? Como são determinados os parâmetros da expressão $Q = k \cdot H \cdot (n_c / n_q)$?

Traça-se a rede de fluxo na seção transformada, tornada isotrópica, por exemplo, por meio de uma relação do tipo $x' = x \cdot \sqrt{k_y / k_x}$ e, por homotetia, volta-se à seção original, na qual a rede de fluxo não será formada por "quadrados". O coeficiente de permeabilidade k a ser usado é o "equivalente", dado pela média geométrica entre k_x e k_y. O fator de forma (n_c / n_q) pode ser determinado na seção original ou na transformada, indiferentemente, o mesmo ocorrendo com H.

5. O coeficiente de permeabilidade do solo compactado do núcleo da barragem de terra-enrocamento indicada abaixo é de 10^{-6} cm/s. Pede-se:

a) esboçar a rede de fluxo para a fase de operação com N.A. normal;

b) calcular a vazão em m³/s por metro de extensão longitudinal de barragem;

c) calcular a pressão neutra de percolação nos pontos A e B;

d) calcular o gradiente hidráulico em C.

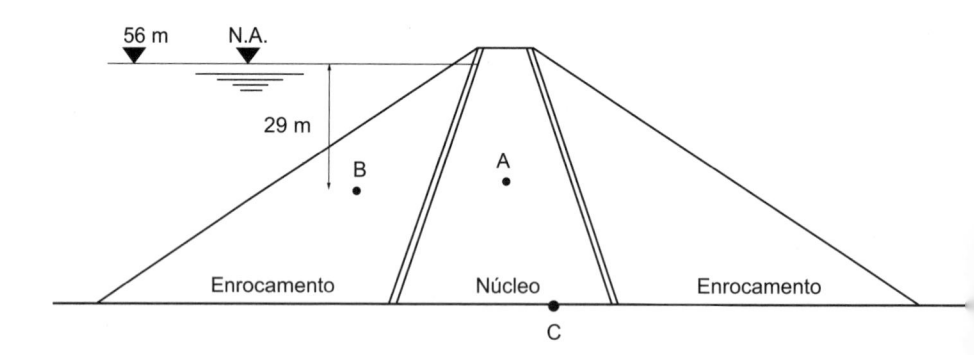

Solução:

a) esboço da rede de fluxo

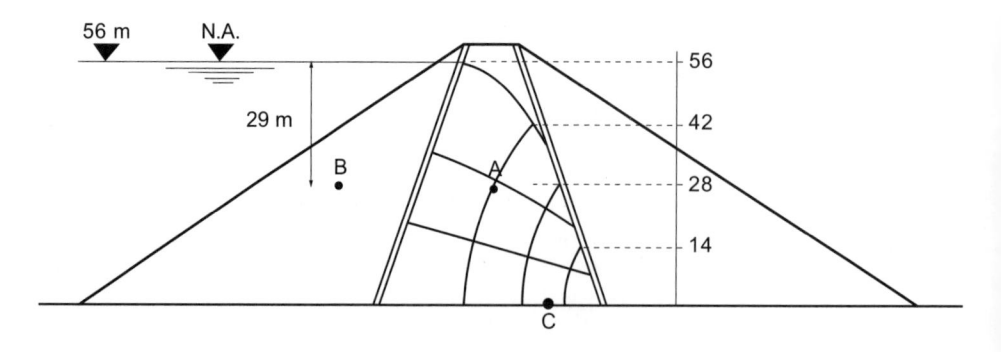

b) $Q = 10^{-8} \cdot 56 \cdot 3/4 = 4{,}2 \cdot 10^{-7} \; m^3/s/m$

c) $u_A = \gamma_o \cdot (h_A - z_A) = 10 \cdot (42 - 27) = 150 \quad kPa \quad$ e $\quad u_B = 290 \quad kPa$

d) $i_C = 14/10 = 1,4$

6. Traçar a rede de fluxo para a barragem de terra homogênea. Determine o fator de forma.

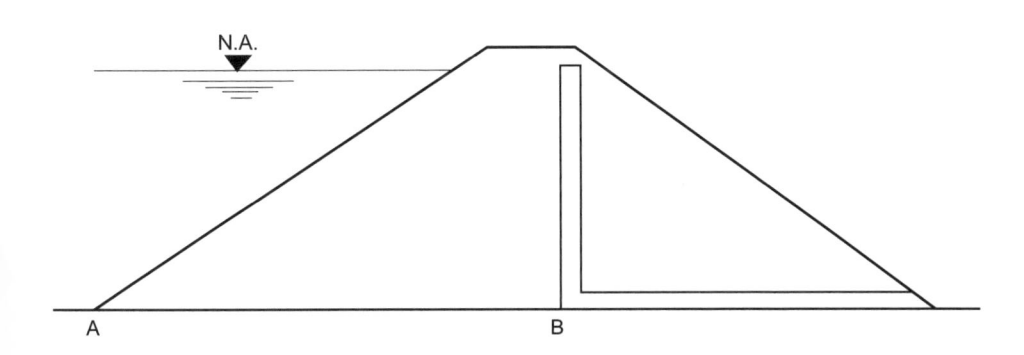

Solução:

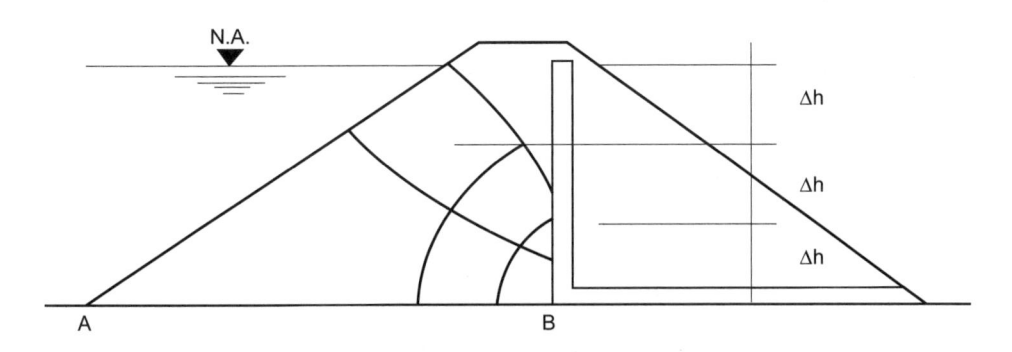

Fator de forma: $n_e/n_q = 2/3$

Apêndice I

Notas sobre a Equação de Laplace

Considere-se um meio isotrópico, para o qual vale a Equação de Laplace (expressão 14). O potencial, dado por $\phi = -kh + \text{const}$, satisfaz esta equação, isto é:

$$\frac{\partial^2 \phi}{\partial x^2} + \frac{\partial^2 \phi}{\partial y^2} = 0$$

Pode-se provar que existe uma outra função χ, tal que:

$$u = \frac{\partial \chi}{\partial y} \qquad e \qquad v = -\frac{\partial \chi}{\partial x} \qquad (\text{I-1})$$

e que também satisfaz a Equação de Laplace, como se pode verificar facilmente. χ é a função de fluxo.

Seja uma linha equipotencial qualquer. Ao longo dela, ϕ é constante, isto é:

$$d\phi = 0$$

Logo:

$$\frac{\partial \phi}{\partial x} \cdot dx + \frac{\partial \phi}{\partial y} \cdot dy = 0$$

ou, tendo em vista as expressões (12), com $k_x = k_y = k$:

$$u \cdot dx + v \cdot dy = 0$$

donde:

$$\frac{dy}{dx} = -\frac{u}{v} \qquad (\text{I.2})$$

Seja agora uma linha de fluxo que corta a equipotencial considerada. De $\chi = \text{const}$, segue, de forma análoga:

$$d\chi = 0$$

e

$$\frac{\partial \chi}{\partial x} \cdot dx + \frac{\partial \chi}{\partial y} \cdot dy = 0$$

ou, tendo em vista as expressões (I.1):

$$-v \cdot dx + u \cdot dy = 0$$

donde:

$$\frac{dy}{dx} = \frac{v}{u} \qquad (I.3)$$

Comparando-se as expressões (I.2) e (I.3) conclui-se que as equipotenciais devem ser perpendiculares às linhas de fluxo.

No caso de haver anisotropia ($k_x \neq k_y$), a função de fluxo χ satisfaz as expressões:

$$u = \sqrt{k_x \cdot k_y} \cdot \frac{\partial \chi}{\partial y} \quad \text{e} \quad v = -\sqrt{k_x \cdot k_y} \cdot \frac{\partial \chi}{\partial x} \qquad (I.4)$$

De forma análoga, redefinindo-se $\phi = -h + \textit{const}$, pode-se provar facilmente que as expressões (I.2) e (I.3) alteram-se para:

$$\frac{dy}{dx} = -\frac{k_y}{k_x} \cdot \frac{u}{v} \qquad (I.5)$$

e:

$$\frac{dy}{dx} = \frac{v}{u} \qquad (I.6)$$

Como o produto dos coeficientes angulares é $-k_y/k_x$, diferente de -1, segue que, para casos de anisotropia, as linhas de fluxo e as equipotenciais, quando se cruzam, não são perpendiculares.

Capítulo 1

Percolação de Água em Obras de Terra

Apêndice II

Alguns Métodos Numéricos para a Solução da Equação de Laplace

Um dos métodos numéricos mais utilizados na solução da Equação de Laplace é o Método das Diferenças Finitas. Os seus fundamentos encontram-se amplamente divulgados em vários livros de Matemática Aplicada. Essencialmente, consiste na substituição da Equação de Laplace por uma equação de diferenças finitas, substituição feita com o auxílio da fórmula de Taylor.

A equação de diferenças finitas de primeira ordem é:

$$h_1 + h_2 + h_3 + h_4 - 4 \cdot h_o = 0$$

que é aplicável aos nós de uma malha quadrada, como a da Figura ao lado.

Uma vez feita a divisão do meio contínuo, em malhas, escrevem-se as equações lineares para cada nó e trata-se de obter a sua solução, por meio da computação eletrônica.

Um outro método que ganhou muitos adeptos é o Método dos Elementos Finitos, que se aplica a qualquer problema de extremos.

O problema da percolação de água em meios porosos saturados, em regime permanente, é também um problema de extremos. Através do cálculo variacional, é possível construir uma função cujo mínimo, dentro da região ocupada pelo meio, é a solução procurada. Uma dedução dessa função, a Função de Dissipação, pode ser encontrada no livro de Zienkiewcz (1977).

O Método dos Elementos Finitos consiste, na sua primeira etapa, na substituição do meio contínuo por elementos discretos, de tal forma que elementos adjacentes tenham alguns pontos em comum (nós externos); os elementos também podem ter nós internos. Aos nós estão associados potenciais, que passam a ser as incógnitas procuradas.

A discretização é completada admitindo-se que o potencial de um ponto qualquer do elemento é uma função das suas coordenadas; em geral, a função é um polinômio, que deve satisfazer algumas condições, como ser completo, para não haver direções preferenciais de fluxo, e permitir a compatibilidade dos valores dos potenciais relativos aos nós comuns a vários elementos.

O mais simples dos elementos é o triangular, com os três nós coincidindo com os três vértices do triângulo; a ele está associado um polinômio do primeiro grau.

Uma vez realizada a discretização, passa-se para a segunda etapa do método, que é a minimização da Função de Dissipação, na região ocupada pelo meio. Com isto chega-se a um sistema de equações lineares, em que as incógnitas são os potenciais nos nós, cuja solução deve ser obtida por meio de computadores, levando-se em conta as condições de contorno.

Bibliografia

BENNETT, P. T. The effects of Blankets on Seepage Through Pervious Foundations. *ASCE Transactions*, v. 111, p. 215 ss, 1946.

BOLTON, M. *A Guide to Soil Mechanics*. London: Macmillan Press, 1979.

CASAGRANDE, A. Percolação de Água Através de Barragens de Terra. *Manual Globo*, 1964, v. 5, 2º tomo, p. 155-192.

CEDERGREN, H. *Seepage, Drainage and Flownets*. New York: John Wiley & Sons, 1967.

HARR, E. *Groundwater and Seepage*. New York: McGraw Hill, 1962.

POLUBARINOVA-KOCHINA, P. YA. *Theory of Ground Water Movement*. New Jersey: Princeton Univ. Press, 1962.

SOUSA PINTO, C. *Curso Básico de Mecânica dos Solos*. São Paulo: Oficina de Textos, 2000.

TAYLOR, D. W. *Fundamentals of Soil Mechanics*. New York: John Wiley & Sons, 1948.

ZIENKIEWCZ, O. C. *The Finite Element Method*. New York: McGraw-Hill, 1977.

Capítulo 2

EXPLORAÇÃO DO SUBSOLO

Entende-se por "Ensaios de Campo", ou "Ensaios *In Situ*", os ensaios feitos no local de construção da obra, nos solos que interessam à obra. Eles permitem a obtenção de parâmetros dos solos, tais como o coeficiente de permeabilidade, o módulo de deformabilidade, o coeficiente de empuxo em repouso e a resistência ao cisalhamento, que são necessários para o dimensionamento de Obras de Terra.

Antes da realização de qualquer ensaio de campo, o engenheiro deve ter uma ideia do subsolo, a mais real possível, o que torna imprescindível, como regra geral, a execução de sondagens de simples reconhecimento, tal como foi estudado no curso de *Mecânica dos Solos* (Sousa Pinto, 2000). Dessa forma, é preciso dispor de informações como tipos de solos que compõem as camadas, suas espessuras e compacidades ou consistências, e a posição do nível freático.

2.1 *Ensaios* in situ *e ensaios de laboratório*

Os ensaios *in situ* são executados quando as amostragens indeformadas são difíceis ou até impossíveis de serem obtidas, como é o caso das areias submersas e dos solos extremamente moles (coesão inferior a 5 kPa), ou quando os resultados dos ensaios de laboratório são de pouca serventia. Nesta última classe cita-se, como exemplo, a determinação do coeficiente de adensamento (C) de uma argila mole que, quando medido em corpos de prova de laboratório, de 4 cm de altura, nada revelam sobre uma eventual drenagem natural, que acaba ocorrendo no campo, feita através de finas camadas ou lentes de areia, imersas na camada de argila mole. Outro exemplo refere-se ao coeficiente de empuxo em repouso de certos solos naturais, impossível de ser determinado em laboratório quando se desconhece a história das tensões, desde a sua formação geológica.

Em geral, os ensaios *in situ* são de custo mais baixo e fornecem resultados mais rápidos do que os ensaios de laboratório. Em certas situações, é necessária uma complementação campo-laboratório. Pense-se, por exemplo, nos ensaios de caracterização, ou na medida da pressão de pré-adensamento em laboratório, ou no estudo da variação do módulo de deformabilidade com a pressão efetiva etc.

Os ensaios *in situ* podem ser usados de duas formas: a primeira consiste na determinação direta de certos parâmetros dos solos, por correlações empíricas com os resultados dos ensaios. A segunda forma requer a construção de modelos matemáticos, os mais próximos possíveis dos fenômenos físicos, que ocorrem durante os ensaios, e que possibilitam a determinação dos citados parâmetros dos solos.

A Fig. 2.1 mostra três tipos de ensaios *in situ*, objeto deste Capítulo, a saber: o de palheta, o penetrométrico e o pressiométrico. Nesses três ensaios, o solo é levado à ruptura, de modos diferentes:

a) por deslocamento, nos ensaios penetrométricos;

b) por rotação, nos ensaios de palheta;

c) por expansão de cavidade cilíndrica, nos ensaios pressiométricos.

Fig. 2.1
*Princípios de funcionamento de três tipos de ensaios **in situ**: ensaio do cone, ensaio da palheta e ensaio pressiométrico*

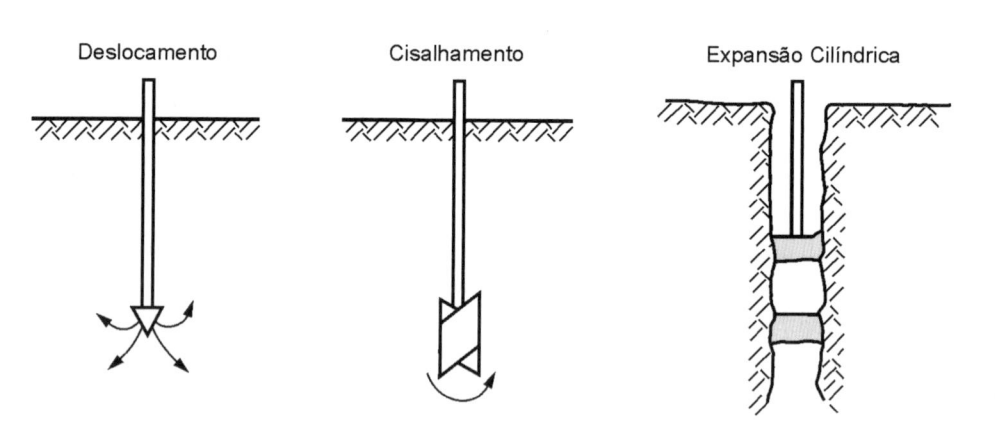

Enquanto o primeiro permite a obtenção de parâmetros de resistência ao cisalhamento de argilas muito moles a moles, os ensaios penetrométricos e pressiométricos, mais completos, possibilitam a determinação de características de deformabilidade e de resistência ao cisalhamento, além do coeficiente de empuxo em repouso, entre outras.

Além desses ensaios, serão abordados os ensaios de permeabilidade *in situ*, executados quer através da abertura de poços (ou furos de sondagens), quer através de ponteiras com pedras porosas ou de permeâmetros (sondas com elemento poroso).

2.2 *Ensaio de Palheta ou* Vane Test

O Ensaio de Palheta ou *Vane Test* surgiu na Suécia, no início do século passado, mas foi aperfeiçoado na década de 1940, e um dos primeiros aparelhos, na sua forma atual, foi construído por Lyman Cadling (Cadling et al., 1950).

O aparelho de ensaio é constituído de um torquímetro acoplado a um conjunto de hastes cilíndricas rígidas, tendo na sua outra extremidade uma "palheta" (Fig. 2.2), formada por duas lâminas retangulares, delgadas, dispostas perpendicularmente entre si.

O conjunto hastes-palheta é instalado no solo estaticamente, até o ponto de ensaio, quando é impresso um movimento de rotação à palheta, até a ruptura do solo, por cisalhamento. São feitos registros dos pares de valores torque-ângulo de rotação. O ensaio de palheta possibilita determinar a resistência não drenada (coesão) de argilas muito moles e moles.

Há dois problemas na execução e interpretação do ensaio: primeiro, o remoldamento do solo, provocado pela introdução da palheta ou pelo tubo de revestimento com sapata, que serve para proteger a palheta (Fig. 2.3); segundo: a ruptura progressiva, ao se imprimir a rotação da palheta, iniciando-se junto às faces das lâminas que empurram o solo. Um número maior de lâminas minimizaria o efeito do segundo problema, mas agravaria o do primeiro.

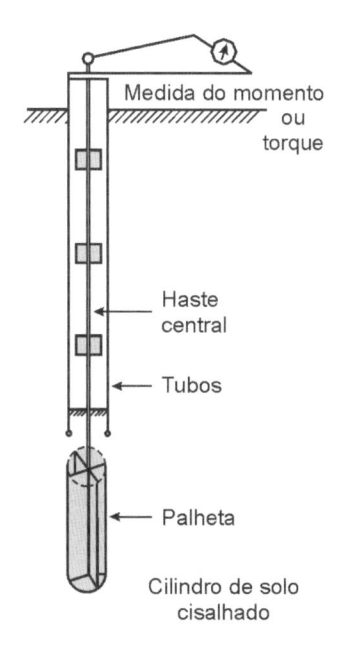

Fig. 2.2
O aparelho do ensaio de palheta; haste e tubo de revestimento

O tubo de revestimento é empregado quando não se consegue cravar o conjunto palheta-hastes no solo. O seu emprego provoca o amolgamento do solo, por isso, deve-se executar o ensaio de *Vane Test* a uma profundidade mínima de 5 vezes o diâmetro do tubo, abaixo de sua ponta (Fig. 2.3).

O modelo matemático usado para o cálculo da coesão c é simples. Supõe que:

a) a resistência é mobilizada uniformemente nas superfícies de ruptura, tanto a cilíndrica (vertical) quanto as planares horizontais (topo e base da palheta), o que permite estabelecer facilmente as equações de equilíbrio no momento da ruptura (equilíbrio limite);

b) o solo comporta-se isotropicamente em termos de resistência ao cisalhamento não drenada, isto é, a coesão c é a mesma, independentemente da direção considerada.

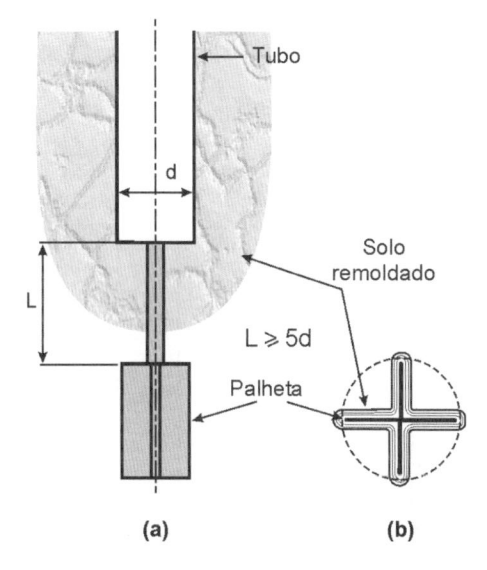

Fig. 2.3
Amolgamento do solo: a) em volta das lâminas da palheta; b) em torno do tubo de revestimento

Obras de Terra

Designando por T o torque máximo aplicado à haste central, pode-se escrever:

$$T = M_L + M_T + M_B \qquad (1)$$

onde M_L, M_T e M_B são, respectivamente, os momentos resistentes desenvolvidos ao longo da superfície cilíndrica, do topo e da base da palheta.

Para determinar o momento resistente na base (ou no topo), pode-se dividi-la em anéis concêntricos de raio r e espessuras dr (Fig. 2.4) e aplicar o cálculo diferencial. Dessa forma, tem-se:

$$M_T = M_B = \int_0^R c \cdot r \cdot 2\pi \cdot r \cdot dr = 2\pi \int_0^R c \cdot r^2 dr = \left(\frac{\pi \cdot D^2}{4} \cdot c\right) \cdot \frac{D}{3}$$

onde D e R, respectivamente, o diâmetro e o raio da palheta.

Do mesmo modo, o momento resistente na superfície cilíndrica (Fig. 2.4) vale:

$$M_L = 2\pi \cdot R \cdot H \cdot c \cdot R = \cdot (\pi \cdot D \cdot H \cdot c) \cdot \frac{D}{2}$$

sendo H a altura da palheta. Assim, a expressão (1) transforma-se em:

$$T = \pi \cdot D \cdot H \cdot \left(\frac{D}{2}\right) \cdot c + 2 \cdot \frac{\pi \cdot D^2}{4} \cdot \frac{D}{3} \cdot c \qquad (2)$$

Para palhetas com relação $H/D = 2$, as mais empregadas, chega-se, finalmente, ao seguinte valor da coesão:

$$c = \frac{6}{7} \cdot \frac{T}{\pi \cdot D^3} \qquad (3)$$

Fig. 2.4 Superfícies de ruptura e resistência ao cisalhamento do solo

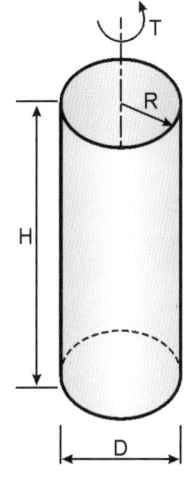

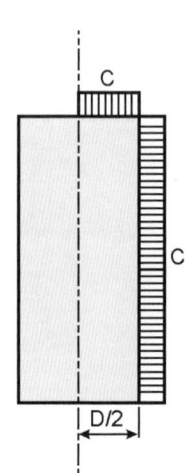

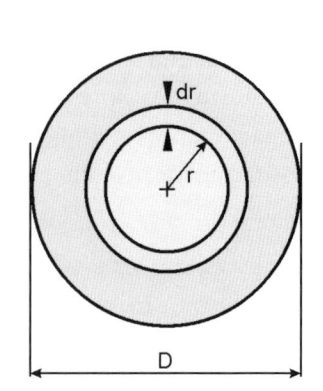

Essa é a expressão adotada pela Norma Brasileira (NBR 10.905). Outras distribuições da resistência não drenada, no topo e na base da superfície de ruptura, foram propostas por vários autores, que, mantida a hipótese de isotropia, diferem muito pouco da expressão (3). Sobre o assunto, veja Schnaid (2000).

Se o momento máximo aplicado for de 6 kN.cm, pode-se medir, para palhetas com dimensões $D = 8$ cm e $H = 16$ cm, uma coesão máxima de 32 kPa; para palhetas de $D = 6,5$ cm e $H = 13$ cm, 60 kPa; e para as dimensões $D = 5,5$ cm e $H = 11$ cm, 98 kPa. Estes valores resultaram da aplicação da expressão (3).

Aumentos da velocidade de rotação, imprimida às hastes na superfície do terreno, implicam maiores valores de torque máximo, portanto maiores valores da coesão, a qual acaba por depender da velocidade do ensaio. A velocidade de rotação é fixada, mais ou menos arbitrariamente, em 0,1 graus/segundo. No entanto, é interessante observar que no ponto de ensaio a velocidade não é constante. De fato, à medida que se executa o ensaio, as hastes absorvem energia por torção, fazendo com que, no início, as palhetas girem com menor velocidade. Uma vez ultrapassado o "pico" de resistência, o solo "amolece" e há uma liberação da energia acumulada, acelerando-se o movimento na posição de ensaio.

O ensaio remoldado é feito girando-se a palheta um certo número de vezes, em função do solo, e, como regra geral, é fixado em 25 rotações completas. Esse número pode ser obtido por tentativas.

A Fig. 2.5a mostra, esquematicamente, o resultado do ensaio numa certa profundidade. Da curva momento de torção-rotação tira-se a resistência não drenada (coesão) do solo "intacto" (valor de pico) e a do solo remoldado. Assim, é possível obter a variação da coesão com a profundidade, como mostra a Fig. 2.5b; e a sensitividade do solo, isto é, a relação entre as resistências não drenadas intacta e remoldada.

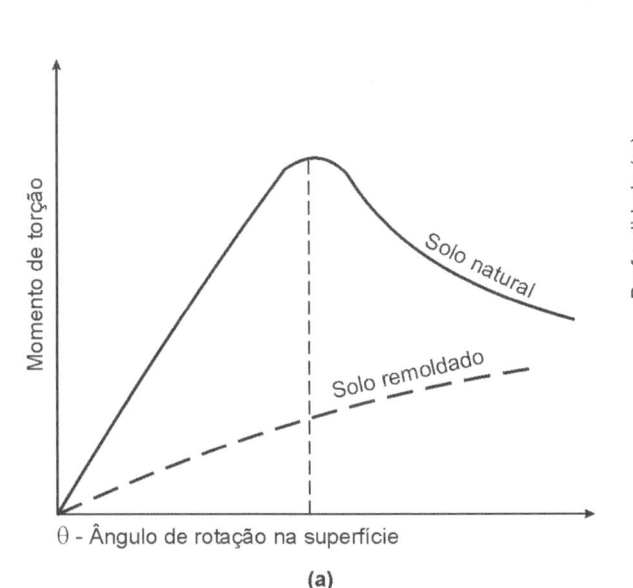

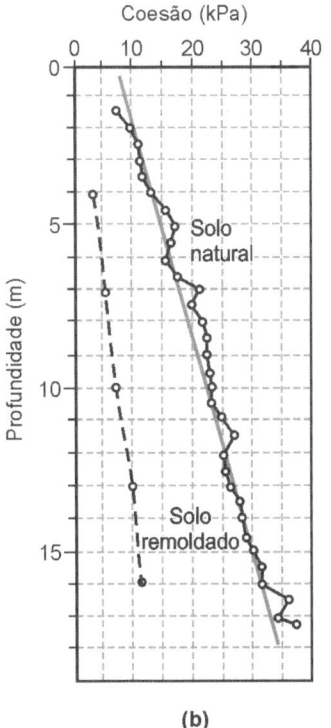

Capítulo 2
Exploração do Subsolo

45

Fig. 2.5

a) Resultado típico do ensaio da palheta numa dada profundidade;
b) a variação da coesão com a profundidade, num local da Baixada Santista (SP)

O ensaio de *Vane Test* perdeu, atualmente, muito da importância que lhe foi atribuída num passado recente. De um lado, a questão do tempo necessário para mobilizar a coesão: no ensaio é de alguns minutos, enquanto no campo, em condições de obra, esse tempo é de algumas semanas ou meses. De outro lado, o efeito da anisotropia: o ensaio mede a coesão em planos verticais; em condições de obra, a coesão é mobilizada em vários planos, além de ocorrerem vários tipos de solicitações (Fig. 2.6). Tal situação levou ao uso de correções empíricas do valor da coesão, como se verá em outro capítulo; ou, pura e simplesmente, ao abandono do *Vane Test*, usando-se então outros ensaios para definir a coesão. Para uma discussão mais aprofundada destes e de outros aspectos ligados à resistência ao cisalhamento de argilas moles, remete-se o leitor a Sousa Pinto (2000).

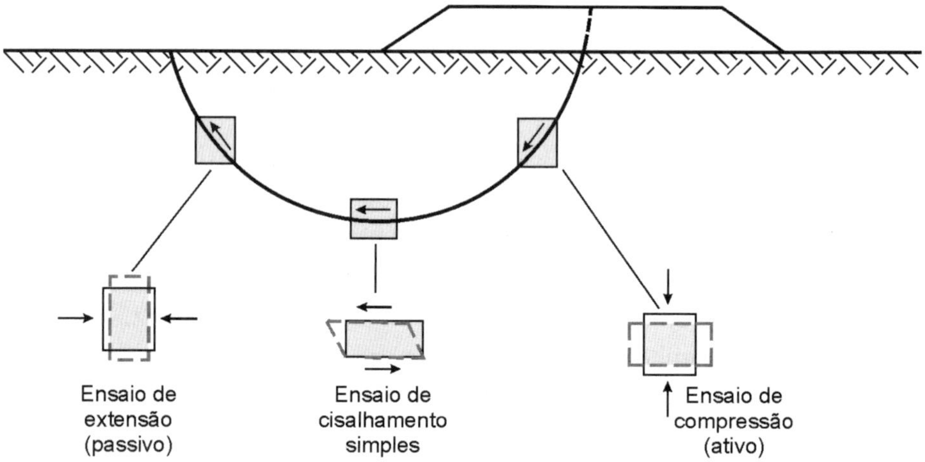

Fig. 2.6
Aterro sobre solo mole: mobilização da resistência ao cisalhamento em vários planos, seguindo trajetórias de tensões diferentes

2.3 *Ensaio de Penetração Estática ou Ensaio do Cone*

O Ensaio de Penetração Estática (EPE), ou *Deep Sounding*, ou ainda Ensaio do Cone, introduzido na Holanda na década de 1930, consiste na cravação, por esforço estático, de um conjunto de ponteira-hastes, com velocidade constante, padronizada em 2 cm/s. Originalmente, a ideia era o seu emprego para o dimensionamento de estacas instaladas em areia mas, com o tempo, as suas potencialidades foram ampliadas, a tal ponto que hoje é empregado, na sua versão mais moderna, na determinação de vários parâmetros dos solos.

2.3.1 Ponteiras mecânicas

As ponteiras mais simples utilizadas no Brasil, do tipo mecânico, são as Delft e Begemann (Fig. 2.7), esta última permitindo a medida do atrito lateral local, graças à existência de uma luva de 13 cm, logo acima do cone. Os

Capítulo 2
Exploração do Subsolo

47

Fig. 2.7
Ponteiras (cones) mecânicas mais utilizadas (Delft e Begemann)

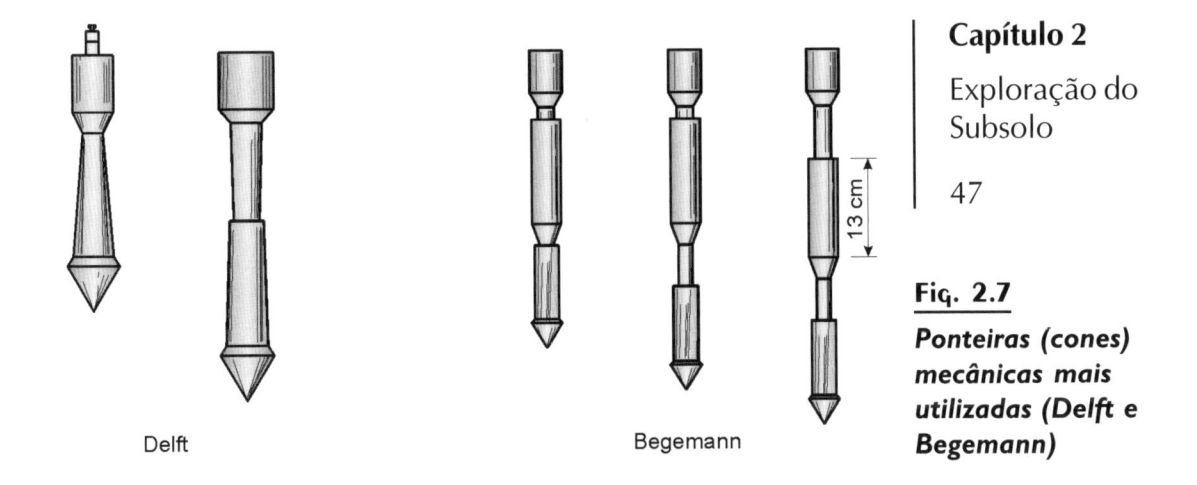

cones dessas ponteiras têm as seguintes dimensões básicas: área de seção transversal de 10 cm² e ângulo de 60°.

Durante a cravação, são feitos registros das forças necessárias para que a ponteira penetre uma certa distância (10 cm na ponteira Delft e 4 cm na Begemann) no solo, com o que se obtém a resistência de ponta. Em seguida, no caso da ponteira Begemann, procede-se ao avanço do conjunto cone-luva, o que possibilita a determinação da resistência lateral local, por diferença.

Praticamente inexiste um modelo matemático que permita a estimativa dos parâmetros de resistência dos solos, a não ser para pequenas profundidades de cravação, graças aos trabalhos desenvolvidos nos EUA para o Projeto Apolo – ida do homem à Lua – (Durgunoglu e Mitchell, 1975). Esses estudos mostraram que o ângulo do cone, a sua rugosidade e dimensões, bem como a profundidade do ensaio e as tensões *in situ* afetam enormemente os valores da resistência de ponta, dificultando a obtenção direta dos parâmetros de resistência, isto é, da coesão e do ângulo de atrito. O fato da rugosidade da ponteira ter uma influência decisiva na resistência de ponta é importante no que se refere ao seu tempo de vida útil, pois com o uso, chegam a se formar estrias na sua superfície em função, principalmente, da presença de pedregulhos e areias grossas no solo.

Para grandes profundidades, existem polêmicas quanto ao modo de ruptura do solo, que conduzem a teorias divergentes nas aplicações práticas. Além da quebra de grãos, no caso de areias, a compressibilidade do solo desempenha um papel relevante, como mostram as teorias de expansão de cavidades cilíndricas.

Essas teorias supõem que a ponteira é plana na sua extremidade inferior (inexistência do cone) e conduzem, para solos coesivos, a expressões do tipo:

$$R_p = p_o + N_c \cdot c \qquad (4)$$

em que R_p é a resistência de ponta; p_o, a tensão efetiva inicial no ponto de ensaio; c, a resistência não drenada (coesão); e N_c um fator de carga, dado por:

$$N_c = 1 + \frac{4}{3} \cdot \left[1 + ln\left(\frac{E}{3c}\right)\right] \qquad (5)$$

para argilas pouco sensíveis. Nessa expressão, E é o módulo de deformabilidade do solo e o termo entre parênteses é o índice de rigidez do solo. Para argilas pouco sensíveis, o índice de rigidez varia na faixa de 250 a 500, o que leva a $N_c \cong 9$. Estudos mais recentes mostram que N_c varia numa faixa ampla de valores, de 8 a 20.

Da expressão (4) resulta:

$$c = \frac{R_p - p_o}{N_c} \qquad (6)$$

que possibilita a estimativa da coesão de depósitos de argilas moles, por exemplo, desde que se tenha validado o valor de N_c, com base em resultados de ensaios de laboratório.

Mesmo com essas restrições quanto a modelos matemáticos, o ensaio é bastante útil, por ser rápido, de fácil execução e econômico; os resultados são mais consistentes do que o SPT e são, às vezes, a base para determinar a capacidade de carga e recalques de fundações em areias, difíceis de serem amostradas. A Fig. 2.8 mostra uma correlação empírica entre ângulo de atrito de areias e a sua resistência de ponta, medida pelo Ensaio do Cone. Finalmente, o uso conjunto da resistência de ponta (R_p) e do atrito lateral local (A_L) possibilita a classificação e a identificação dos solos, como mostra a Fig. 2.9.

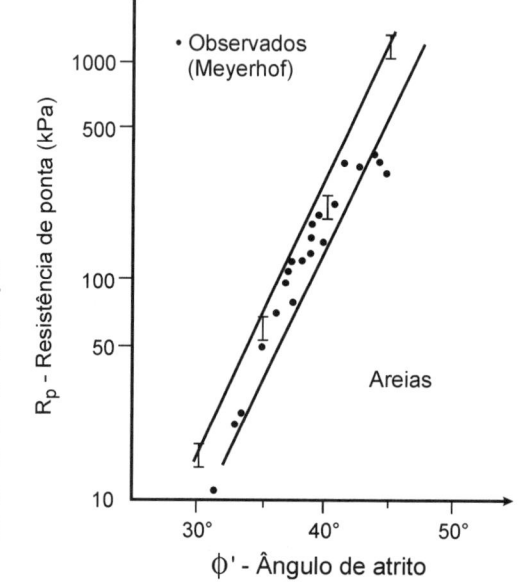

Fig. 2.8
Ensaio do cone mecânico: correlação empírica entre ângulo de atrito de areias e a sua resistência de ponta (Durgunoglu e Mitchell, 1975)

Os resultados de ensaios feitos num aterro hidráulico revelaram valores da resistência de ponta no intervalo de 2 a 5 MPa. A título de comparação, para o aterro-barragem Billings, local da travessia da Rodovia dos Imigrantes, no reservatório Billings, construído pelo lançamento de solo dentro d'água, em ponta de aterro, a variação foi de 0,5 e 2,5 MPa e, para barragens de terra com solos compactados por processos convencionais, tal variação foi de 6 a 10 MPa.

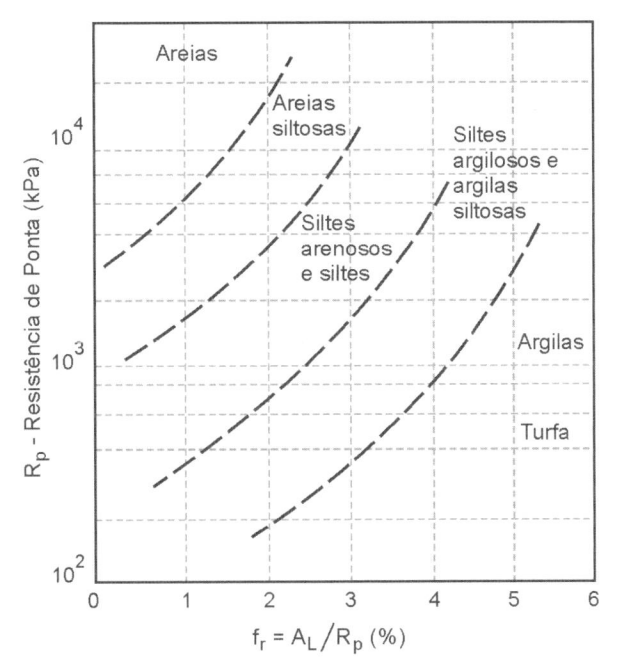

Fig. 2.9
Ensaio do cone mecânico: classificação e identificação dos solos

2.3.2 Ponteiras elétricas e piezocone (CPTU)

Modernamente, empregam-se ponteiras elétricas em vez das mecânicas. Os "cones elétricos" possuem células de carga que permitem uma medida contínua da resistência de ponta, e mesmo do atrito lateral local, valores que podem ser desenhados, em função da profundidade, em gráficos feitos simultaneamente à execução dos ensaios.

Outro tipo de ensaio de penetração estática, de uso cada vez mais intenso, é o do piezocone (CPTU). Como o nome sugere, trata-se de um cone elétrico com uma pedra porosa na sua extremidade, que possibilita também a medida do excesso de pressão neutra gerada pela cravação.

O acompanhamento da dissipação desse excesso de pressão neutra permite a determinação do coeficiente de adensamento horizontal do solo e, portanto, de sua permeabilidade. Nesse sentido, é um poderoso instrumento para detectar a presença de camadas drenantes de areia, por mais delgadas que sejam, imersas em depósitos de argilas moles (Ortigão, 1993).

Outras potencialidades do ensaio referem-se à classificação dos solos, às determinações das pressões de pré-adensamento e do coeficiente de empuxo em repouso (K_0), por correlações empíricas, obtidas por meio de calibração com resultados de ensaios de laboratório (Schnaid, 2000).

Como exemplo de uso do piezocone (CPTU) no Brasil, citam-se os ensaios realizados no início da década de 1990 em Conceiçãozinha, Baixada Santista. Valendo-se de uma correlação empírica proposta por Kulhawy e Maine, em 1990 (Coutinho et al., 1993), a saber:

$$\overline{\sigma}_a = \frac{q_t - \sigma_{vo}}{3} \tag{7}$$

Obras de Terra

sendo q_t a resistência de ponta corrigida e σ_{vo}, a pressão vertical total, Massad (1999) obteve valores de $\bar{\sigma}_a$ (pressão de pré-adensamento) entre 400 e 800 kPa, com média de 500 kPa, para as Argilas Transicionais (AT). Trata-se de solos continentais e marinhos, depositados durante o Pleistoceno, que ocorrem na Baixada Santista, em geral abaixo dos 15 m de profundidade. Valores de pressão neutra, medidos durante a execução dos ensaios de piezocone, estiveram sempre abaixo das pressões hidrostáticas iniciais, indicando dilatação dos solos, comportamento típico de solos muito sobre-adensados, que é uma das características das AT.

2.4 *Ensaios Pressiométricos*

Os ensaios pressiométricos foram introduzidos pelo alemão Kögler, na década de 1930, e aperfeiçoados e difundidos pelo francês Ménard, na década de 1950, com a finalidade de se determinarem não só as propriedades-limite dos solos (resistência ao cisalhamento), como também as suas características de deformabilidade. Basicamente, a sonda pressiométrica é constituída de um tubo cilíndrico, metálico, envolto por uma membrana de borracha, que pode ser expandida pela aplicação de pressões através de água (ou outro fluido) injetada da superfície. Nas primeiras sondas, a quantidade de água injetada permitia inferir a deformação do solo junto à sonda. A Fig. 2.10 mostra, esquematicamente, o princípio de funcionamento de uma sonda pressiométrica do tipo Ménard.

A sonda Ménard é, às vezes, colocada em pré-furos, preenchidos com bentonita, ou cravada a percussão ou estaticamente, deslocando o solo. De

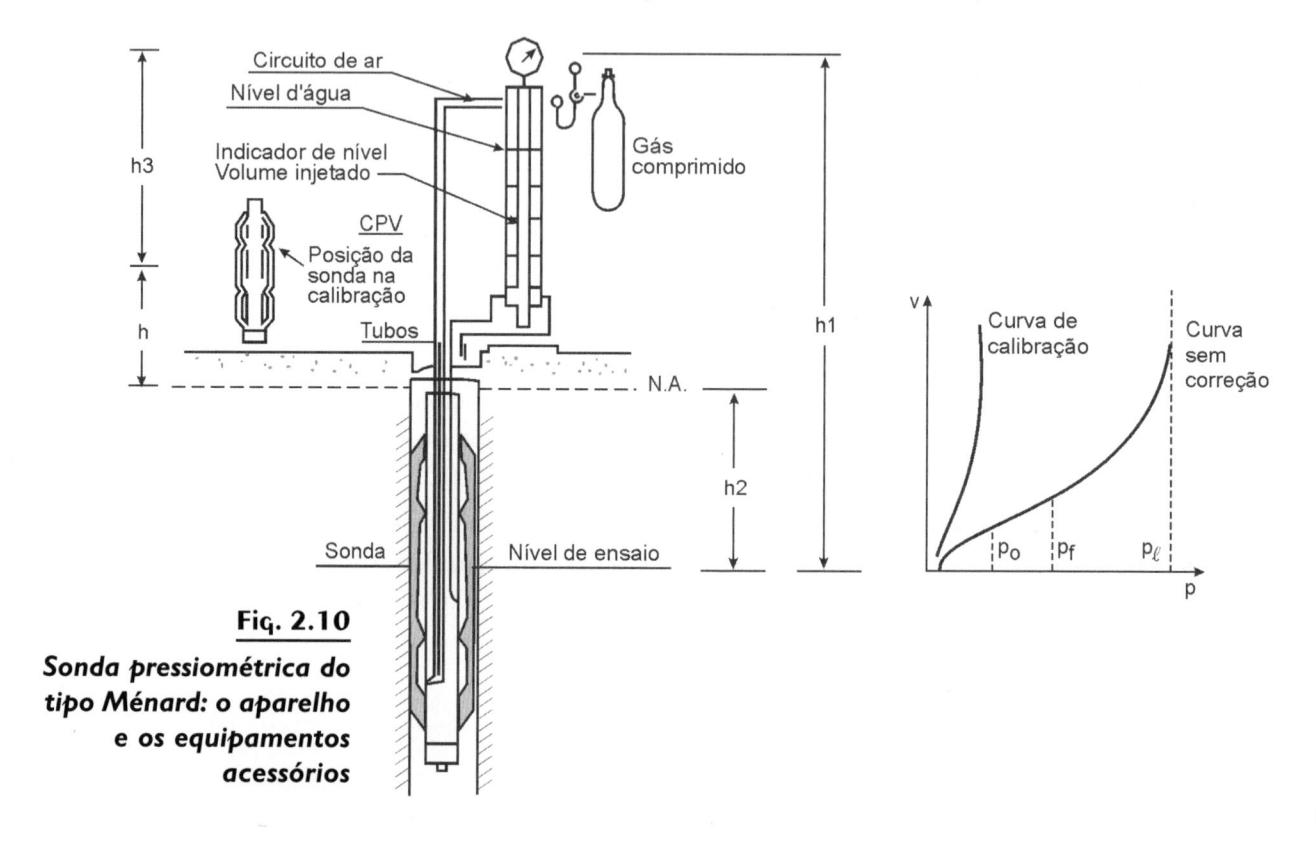

Fig. 2.10
Sonda pressiométrica do tipo Ménard: o aparelho e os equipamentos acessórios

qualquer forma, existe o grave problema do remoldamento de uma coroa de solo em torno do aparelho, o que influi drasticamente nos valores do módulo de deformabilidade, reduzindo-o até à metade do valor real, mas nem tanto no valor da pressão limite, isto é, da pressão que leva o solo à ruptura (ver o gráfico da direita, da Fig. 2.10).

O modelo matemático desenvolvido por Ménard em 1957, para a interpretação dos resultados do ensaio, baseia-se em hipóteses simplificadoras de comportamento elastoplástico do solo; de deformações infinitesimais na fase elástica; e de solo saturado, sem variação de volume durante a execução do ensaio. Com base nos valores das pressões-limite (p_l) e de repouso (p_o), pode-se determinar a resistência não drenada do solo (coesão), pela expressão:

$$c = \frac{p_l - p_o}{\beta} \qquad (8)$$

em que β varia de 5,5 a 12, em função do tipo de solo.

É possível também estimar a capacidade de carga de fundações profundas, a partir das pressões-limite e de repouso; o recalque final de aterros sobre solo mole, valendo-se do módulo pressiométrico etc. As expressões são muito semelhantes àquelas associadas ao uso dos resultados do Deep--Sounding; compare-se, por exemplo, as expressões (6) e (8).

A instalação da sonda por pré-furos ou por deslocamento do solo perturba justamente a região de ensaio. Para superar esse problema, foi desenvolvida na França (Baguelin et al., 1978) e na Inglaterra (Wroth, 1982) uma técnica de "autoperfuração", isto é, a instalação da sonda de medida concomitante à furação do solo (Fig. 2.11). Com esse processo, é possível medir diretamente o coeficiente de empuxo em repouso e determinar a curva tensão-deformação do solo, num solo remoldado o mínimo possível e sem o alívio de tensões que os pré-furos provocam. Em sondas modernas, a deformação é medida no seu interior, na cota do ensaio, através de extensômetros elétricos.

Capítulo 2
Exploração do Subsolo

Fig. 2.11
Ensaio Pressiométrico: técnica de "autoperfuração"

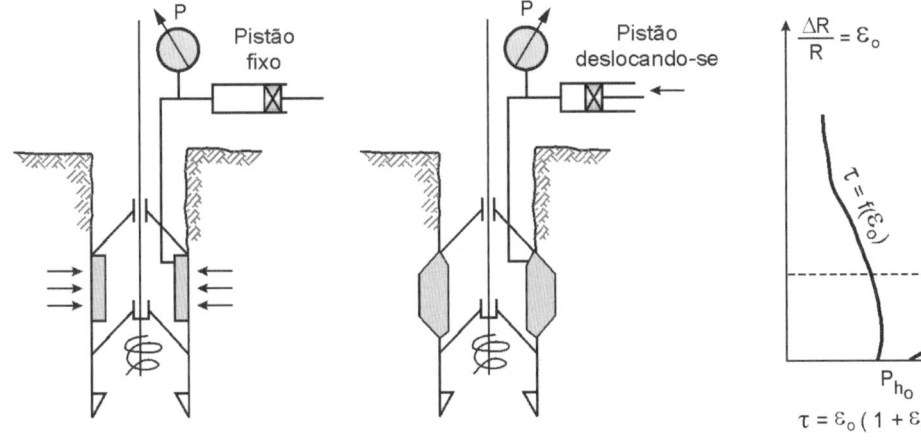

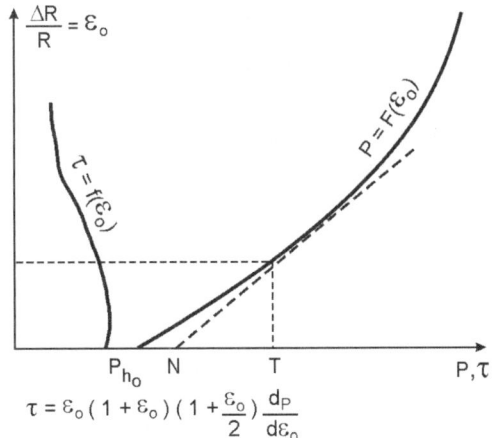

$$\tau = \varepsilon_o (1 + \varepsilon_o)\left(1 + \frac{\varepsilon_o}{2}\right)\frac{dP}{d\varepsilon_o}$$

Obras de Terra

O modelo matemático elaborado para a interpretação dos resultados das medidas é bastante elegante, e as deduções matemáticas foram feitas com base em poucas hipóteses simplificadoras: solo saturado; ensaio rápido sem drenagem; estado de tensões em deformação plana, e inexistência de zonas tracionadas durante o ensaio. Não é levantada nenhuma hipótese quanto à curva tensão-deformação que resulta dos cálculos; a tensão vertical é admitida como sendo a tensão principal intermediária.

As restrições quanto ao uso da técnica de autoperfuração referem-se à impossibilidade de penetração em solos com pedregulhos ou conchas; à necessidade do motor, que imprime rotação ao sistema, trabalhar junto à sonda, evitando rotações excêntricas; e à impossibilidade de interpretação de resultados de ensaios lentos. No entanto, o pressiômetro pode penetrar em solos com resistência de ponta (R_p) do *Deep Sounding* de até 30 MPa.

2.5 *Ensaios de Permeabilidade* In Situ

2.5.1 Bombeamento de água de poços ou de furos de sondagens

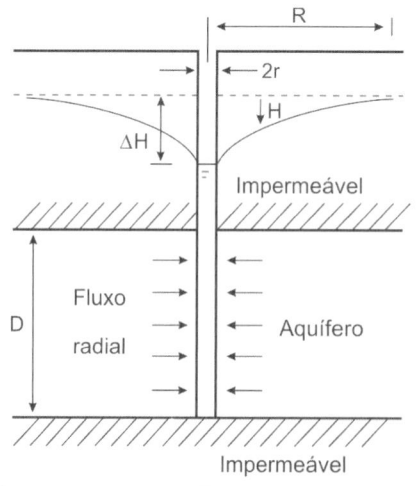

Fig. 2.12
Ensaio de permeabilidade: bombeamento de água de um poço em aquífero confinado

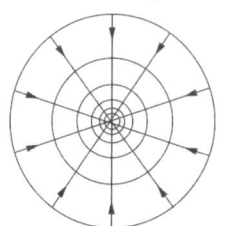

A maneira mais simples e direta de se medir a permeabilidade de uma camada de solo *in situ* é através de poços, ou furos de sondagens, como nas duas situações indicadas nas Figs. 2.12 e 2.13. A água é bombeada do poço, até se atingir um regime permanente de fluxo, quando então se procede à medida da vazão.

A primeira situação (Fig. 2.12) refere-se a um poço atravessando uma camada permeável, confinada no topo e na base por solos impermeáveis.

O modelo matemático associado a essa situação é bastante simples. Reportando-se novamente à Fig. 2.12, pode-se escrever:

$$Q = k \cdot \left(-\frac{dH}{dx}\right) \cdot (2\pi \cdot x \cdot D) \quad (9)$$

De fato, para superfície cilíndrica de raio x e altura D, a área a ser atravessada pelo fluxo é $2\pi x D$. Como o gradiente é dado por $-dH/dx$, resulta então a expressão (9), uma aplicação direta da Lei de Darcy.

A expressão (9) pode ser rearranjada para:

$$dH = -\frac{Q}{2\pi \cdot D \cdot k} \cdot \left(\frac{dx}{x}\right) \qquad (10)$$

Para fixar as condições de contorno do problema, é necessário introduzir o conceito de raio de influência (R) de um poço. Como o próprio nome sugere, é a distância além da qual o poço não exerce nenhuma influência no aquífero, camada permeável de espessura D. Dessa forma, uma primeira condição de contorno é $H = 0$ para $x = R$; uma segunda condição é imediata: $H = \Delta H$, para $x = r$ (raio do poço).

Após a integração da equação (10), tem-se:

$$\Delta H = \frac{Q}{2\pi \cdot D \cdot k} \cdot ln\left(\frac{R}{r}\right)$$

e, finalmente:

$$k = \frac{Q \cdot ln(R/r)}{2\pi \cdot D \cdot \Delta H} \qquad (11)$$

que possibilita a determinação da permeabilidade do solo.

Para avaliar a importância do raio de influência, considere-se o seguinte exemplo:

diâmetro do poço ($2r$)	= 20 cm
espessura do estrato permeável (D)	= 10 m
diferença de carga total (ΔH)	= 10 m
vazão bombeada do poço (Q)	= 2 l/s

Substituindo-se em (11) resulta, com k em m/s:

$$k = 7{,}2 \cdot 10^{-6} \cdot log(R/r) \qquad (12)$$

O quadro abaixo mostra que não é necessário conhecer R com grande precisão.

R - Raio de Influência (m)	k (10^{-5} m/s)
10	1
100	2
1000	3

Capítulo 2

Exploração do Subsolo

É interessante frisar que, em face da concentração do fluxo de água em direção ao poço, atravessando seções que se estreitam, as forças de percolação atingem valores muito altos. De fato, retomando-se o exemplo dado, e tendo em vista as expressões (10) e (11), pode-se escrever a seguinte expressão para o gradiente hidráulico junto às paredes do poço ($x = r$):

$$i = \left(\frac{dH}{dx}\right)_{x=r} = \frac{Q}{2\pi \cdot D \cdot k \cdot r} = \frac{\Delta H}{r \cdot ln(R/r)} \quad (13)$$

Numericamente, para $R = 100$ m chega-se a i da ordem de 15, valor extremamente elevado, que pode perturbar o solo nas imediações do poço. Em Mecânica dos Solos, num fluxo ascendente, valores unitários do gradiente igualam a força de percolação com a da gravidade, provocando o fenômeno de areia movediça. Para reduzir o gradiente a níveis aceitáveis, inferiores a 2, seria necessário trabalhar com valores de ΔH mais baixos, ou empregar ponteiras com pedras porosas (ou mesmo piezômetros), para evitar as perturbações no solo quando a água for bombeada.

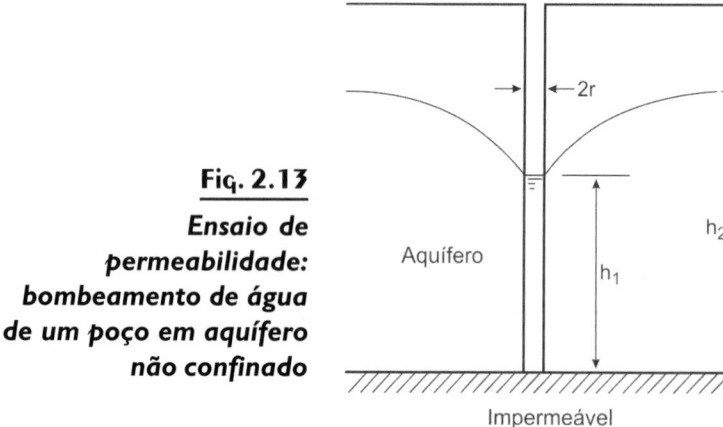

Para a situação indicada na Fig. 2.13, tem-se um poço em aquífero não confinado, com fluxo gravitacional. Nessas condições, vale a seguinte expressão, semelhante à Equação de Dupuit (expressão 29, Cap. 1):

Fig. 2.13
Ensaio de permeabilidade: bombeamento de água de um poço em aquífero não confinado

$$Q = \frac{\pi \cdot k \cdot \left(h_2^2 - h_1^2\right)}{ln(R/r)} \quad (14)$$

da qual se extrai o valor de k.

2.5.2 Permeâmetro de campo

Trata-se de uma sonda, com um elemento poroso cilíndrico, que é introduzida no solo concomitantemente à perfuração, a exemplo do que se viu antes para o pressiômetro autoperfurante. Ao se atingir a cota de ensaio, executa-se um bombeamento de água.

No caso de solos argilosos, o bombeamento de água provoca um adensamento do solo em volta do permeâmetro, possibilitando estimar não só a permeabilidade, como também o coeficiente de adensamento. Note-se que se trata de um adensamento sob tensão total constante e dissipação da pressão neutra em face ao bombeamento de água.

Os entraves mais sérios do ensaio referem-se: a) à formação de uma finíssima película de solo remoldado em torno da sonda, que pode ter efeitos sérios sobre os resultados; b) à necessidade dos ensaios serem feitos por bombeamento, para que o coeficiente de adensamento tenha alguma representatividade, pois injeções de água provocariam uma diminuição da tensão efetiva na região de ensaio; c) à possibilidade de colmatação do elemento poroso.

Como à região ensaiada corresponde um volume de solo cerca de 3.000 vezes maior do que o volume de corpos de prova de laboratório, ela incorpora lentes finas de areia, propiciando a determinação mais realista do coeficiente de permeabilidade e do coeficiente de adensamento de uma camada de solo.

Capítulo 2

Exploração do Subsolo

55

Obras de Terra

Questões para pensar

1. O que são os ensaios *in situ* ou de campo? De um modo geral, para que servem?

Entende-se por ensaios *in situ* ou de campo os ensaios feitos no local de construção da obra, nos solos que interessam à obra. Eles permitem obter parâmetros como a permeabilidade, a deformabilidade ou a compressibilidade e a resistência, necessários para o dimensionamento de Obras de Terra.

2. O que o engenheiro precisa saber antes de realizar um ensaio *in situ*?

Antes da realização de qualquer ensaio de campo o engenheiro deve ter uma ideia do subsolo, a mais real possível, o que torna imprescindível a execução de Sondagens de Simples Reconhecimento. Assim, é preciso dispor de informações como tipos de solos que compõem as camadas, sua compacidade ou consistência e a posição do lençol freático.

3. Em que situações extremas os ensaios *in situ* podem ser indispensáveis?

Os ensaios *in situ* podem se tornar indispensáveis quando as amostragens indeformadas são difíceis ou impossíveis de obter, como é o caso das areias e dos solos extremamente moles. Ou então quando os resultados dos ensaios de laboratório são de pouca serventia, como a determinação da permeabilidade de depósitos naturais ou do Coeficiente de Adensamento (C_v) de uma argila mole.

4. É verdade que os ensaios *in situ* só devem ser feitos em último caso, pois é muito mais fácil, barato e confiável executar ensaios de laboratório, onde são controladas todas as variáveis (temperatura, pressão atmosférica etc.) que possam influenciar os resultados? Assim, ao invés de *Vane Test* pode-se fazer ensaios de compressão simples, em amostras indeformadas, que dão os mesmos resultados?

Não. Em geral, os ensaios *in situ* são mais fáceis de executar, de custo mais baixo e fornecem resultados mais rápidos do que os ensaios de laboratório. Os ensaios de laboratório requerem, muitas vezes, a extração de amostras indeformadas, o que os torna dispendiosos e morosos. Quando bem executados, os ensaios *in situ* são tão confiáveis quanto os ensaios de laboratório. Esses ensaios têm a vantagem de permitir tanto um melhor controle das variáveis que podem afetar os resultados quanto o estudo da inter-relação entre parâmetros. Finalmente, os ensaios de *Vane Test* conduzem a valores de coesão acima do valor real, por fatores como a anisotopia e o tipo de solicitação; e, os ensaios de compressão simples, a valores inferiores ao real, pela perturbação das amostras ditas "indeformadas", que sempre ocorre, em maior ou menor grau.

5. Cite três tipos de ensaios *in situ* que levam o solo à ruptura. Para cada um deles, descreva os parâmetros de solos passíveis de serem determinados.

Ensaio de palheta (ou *Vane Test*), o penetrométrico (do cone ou CPT) e o pressiométrico. Nesses três ensaios, o solo é levado à ruptura de modos diferentes: a) por rotação, nos ensaios de palheta; b) por deslocamento, nos ensaios penetrométricos; e c) por expansão de cavidade cilíndrica, nos ensaios pressiométricos.

Parâmetros de resistência dos solos passíveis de serem obtidos:

a) no *Vane Test*, a coesão e a sensibilidade de argilas muito moles a moles;

b) no ensaio do cone, a coesão de argilas muito moles a moles e o ângulo de atrito de areias, entre outros;

c) nos ensaios pressiométricos, mais completos, as características de deformabilidade e de resistência ao cisalhamento, além do coeficiente de empuxo em repouso.

6. Descreva um procedimento de campo para determinar valores da coesão não drenada de um depósito de argila mole. Indique como usar esses valores em projeto.

A coesão pode ser obtida no campo pelo *Vane Test*. O aparelho de ensaio é constituído de um torquímetro, acoplado a um conjunto de hastes cilíndricas rígidas, tendo na sua outra extremidade uma "palheta" formada por duas lâminas retangulares, delgadas, dispostas perpendicularmente entre si. O conjunto hastes-palheta é cravado no solo estaticamente, até o ponto de ensaio, quando é impresso um movimento de rotação à palheta, até a ruptura do solo, por cisalhamento. São feitos registros dos pares de valores torque-ângulo de rotação. O Ensaio de Palheta possibilita determinar, em várias profundidades, a resistência não drenada (coesão) de argilas muito moles e moles.

Por diversos fatores, como a anisotropia, tipo de solicitação do solo no ensaio etc., os valores da coesão do *Vane Test* superestimam o valor "real". Bjerrum, um engenheiro dinamarquês, por meio de retroanálises de diversos casos de ruptura de aterros sobre solos moles, concluiu que a coesão do *Vane Test* deveria ser reduzida de um certo valor μ, variável de 0,6 a 1,0, em função do IP do solo. Para as argilas moles de Santos, este parâmetro vale cerca de 0,7 (ver seção 5.1.3).

7. Explique, em linhas gerais, o que é um ensaio pressiométrico. Qual a sua utilidade?

Basicamente, a sonda pressiométrica é constituída de um tubo cilíndrico, metálico, envolto por uma membrana de borracha, que pode ser expandida pela aplicação de pressões através de água (ou outro fluido) injetada da superfície. A quantidade de

Capítulo 2

Exploração do Subsolo

água injetada permite inferir a deformação do solo junto à sonda, mas há sondas equipadas com medidores de deformação.

O ensaio é caro e o mais completo: quando são empregados pressiômetros modernos, de autocravação, como o Camkometer, é possível obter: a) o K_o (coeficiente de empuxo em repouso); e b) curvas tensão-deformação completas, donde a possibilidade de determinar os módulos de elasticidade dos solos e os parâmetros de resistência.

8. É verdade que os ensaios de permeabilidade *in situ*, num depósito de argila marinha mole, de grande espessura, permitem estimar os valores do coeficiente de adensamento equivalentes aos dos ensaios de adensamento? Isto é, tanto faz usar um ou o outro desses ensaios?

Não. Os ensaios de permeabilidade *in situ*, por abrangerem um maior volume de solo, permitem estimar o C_v de forma mais realista. Levam em conta a presença de eventuais camadas ou lentes finas de areia, que facilitam a drenagem, e dificilmente são detectadas pelas sondagens. Os ensaios de adensamento envolvem pequenos volumes de material (corpos de prova pequenos) e, por isso, refletem as características das argilas e não do conjunto argilas-lentes de areia.

Apêndice I
Ensaios de Mecânica das Rochas

Em várias situações, o engenheiro defronta-se com obras que se apoiam em maciços rochosos. O exemplo clássico é a barragem de concreto tipo gravidade, que tem de se apoiar em material de fundação com características adequadas de capacidade de suporte, de resistência ao cisalhamento e que apresenta estanqueidade.

Entende-se por maciço rochoso o conjunto rocha-descontinuidades, isto é, a rocha intacta, em forma de blocos, e as fraturas (juntas ou diáclases; falhas etc.) que separam esses blocos. O engenheiro civil projeta obras na superfície do globo, onde as rochas se encontram fraturadas, ou seja, ele tem de se haver com os maciços rochosos, com a "rocha" e a "não rocha" (as descontinuidades). E, a rigor, é nessas descontinuidades que residem os problemas.

I.1 Ensaios de perda d'água

Ao se pensar no problema de uma barragem de concreto gravidade, apoiada num maciço rochoso, interessa saber como será o fluxo de água através das fraturas (juntas). Os blocos de rocha são praticamente impermeáveis. Nessas circunstâncias, costuma-se realizar o ensaio de perda d'água, desenvolvido pelo geólogo suíço Maurice Lugeon, por volta de 1900.

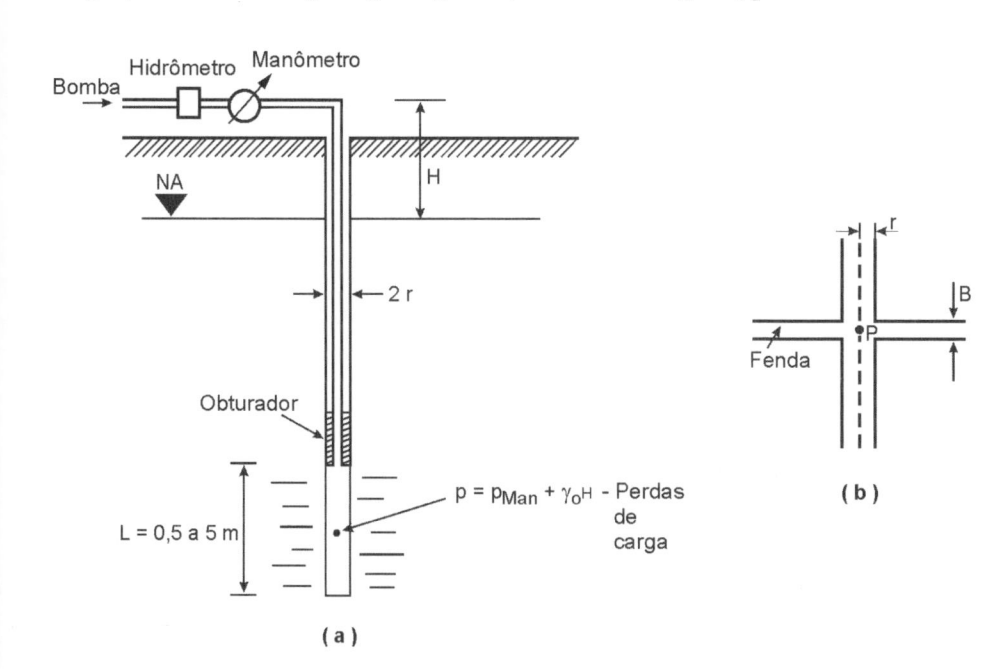

Fig. 2.14 *Ensaio de perda d'água em maciços rochosos*

Trata-se de ensaio feito em furo de sondagem rotativa, em que se usa coroa adiamantada para perfurar a rocha. Através de obturadores (Fig. 2.14a), é possível delimitar um trecho de ensaio, de 0,5 a 5 m de comprimento (L), por onde a água é injetada da superfície sob uma certa pressão p_1, mantida constante. Quando se atinge o regime permanente, registra-se a vazão ou a "absorção" (Q), em l/min. Repete-se o ensaio para outras pressões $p_2 = 2.p_1$ e $p_3 = 2.p_2$, na ida; e $p_4 = p_2$ e $p_5 = p_1$, na volta. Com isso, é possível definir também o "coeficiente de perda d'água" (H), dado por:

$$H = \frac{Q}{L \cdot p} \tag{15}$$

isto é, pela relação entre a absorção por unidade de comprimento ($q = Q/L$) e a pressão de ensaio (p), medida no centro do trecho de ensaio.

Pode-se variar o comprimento do trecho de ensaio (L), na procura dos subtrechos onde, eventualmente, se concentram as fendas.

No caso de existir uma única fenda horizontal no trecho de ensaio, de comprimento L (Fig. 2.14b), e do fluxo ser laminar, pode-se escrever:

$$q = \frac{Q}{L} = \frac{\alpha}{\log(R/r)} \cdot p \cdot B^3 \tag{16}$$

sendo α uma constante; p é pressão no centro do trecho ensaiado; B é a abertura da fenda; R e r são, respectivamente, o raio de influência e o raio do furo de sondagem.

Com as expressões (15) e (16) e o fato da relação R/r afetar pouco nos cálculos, como se viu no contexto dos ensaios de permeabilidade em solos, pode-se escrever:

$$H = const \cdot B^3$$

ou ainda:

$$H = 5 \cdot 10^7 \cdot B^3 \cdot N \tag{17}$$

válida para várias fendas horizontais. Nessa fórmula, devida a Botelho (1966), N é dado em número de fendas por centímetro no trecho de ensaio; B é a abertura das fendas, em centímetro e H resulta em litros por minutos, por unidade de comprimento de trecho ensaiado e por unidade de pressão. Define-se um Lugeon como sendo 1 litro/(min.m.1MPa). Por exemplo, no caso de existirem 10 fendas com 0,10 mm de abertura cada, em um trecho de 5 m tem-se, aplicando a expressão (17):

$$N = 10/(500\ cm) \quad e \quad B = 0{,}01\ cm \quad donde \quad H = 10\ Lugeons$$

Para furos de sondagens de 5 a 10 cm de diâmetro, 1 Lugeon corresponde a um k de mais ou menos 10^{-3} a 2.10^{-3} cm/s.

O ensaio fornece também informações quanto ao tipo de escoamento de água pelas fraturas, isto é, se o fluxo é laminar ou turbulento, se as fendas se abrem elasticamente ou irreversivelmente, se há carreamento do material que preenche as fendas etc.

Portanto, o ensaio possibilita avaliar a "permeabilidade" do maciço rochoso e as suas condições de injetabilidade com nata de cimento, para tornar mais estanques as fundações (como será visto no Cap. 8), conhecer o tipo de escoamento pelas fraturas e obter informações sobre o estado de fraturamento da rocha.

I.2 Determinação do módulo de elasticidade

A determinação do Módulo de Elasticidade em maciços rochosos, ou na rocha intacta, interessa a problemas hiperestáticos, como, por exemplo, no estudo das fundações de barragens em arco de dupla curvatura. Ela pode ser feita por meio de várias técnicas, algumas parecidas com as empregadas para maciços terrosos. Trata-se aqui de apenas listar algumas dessas técnicas, sem entrar em detalhes, pois escapam ao escopo deste livro.

- Provas de carga em placas, a exemplo do que se faz em solos.

- Ensaios dilatométricos, em furos de sondagens, semelhantes aos ensaios pressiométricos.

- Ensaios em galerias ou túneis (trechos de galerias encamisadas e submetidas a pressões de água, por exemplo).

- Macacos planos, que são "almofadas" metálicas de pequena espessura, infláveis, introduzidas em ranhuras feitas na rocha com serras especiais.

I.3 Ensaio de cisalhamento direto

Em muitas circunstâncias, interessa saber a resistência ao cisalhamento de maciços rochosos, isto é, a resistência ao longo de descontinuidades. Para a sua medida, pode-se usar o Ensaio de Cisalhamento Direto *in situ*, que é semelhante ao ensaio feito em amostras de solos, abordado no curso de *Mecânica dos Solos* (Sousa Pinto, 2000).

A diferença é que o ensaio é feito no campo, em corpos de prova com dimensões na escala do metro. Além disso, como mostra a Fig. 2.15, aplica-se uma força normal, mantida constante, e uma força pouco inclinada em relação à horizontal (p. ex., 15°), que é variável. Essa força é aumentada até a ruptura, o que possibilita a definição de um círculo

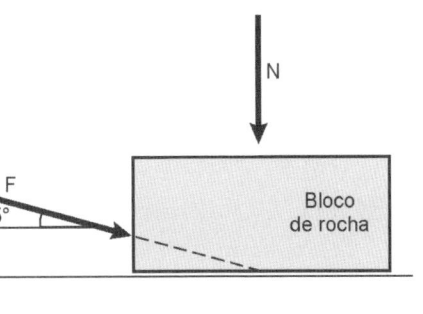

Fig. 2.15
Ensaio de cisalhamento direto in situ em maciços rochosos

de Mohr na ruptura. Diante dos custos envolvidos no preparo dos corpos de prova, recorre-se ao que se chama ensaio em estágios múltiplos, isto é, para o mesmo corpo de prova, após a ruptura, aumenta-se a força normal e repete-se o ensaio até nova ruptura, o que define o novo círculo de Mohr, e assim sucessivamente, até a obtenção da envoltória de Mohr-Coulomb.

Bibliografia

BAGUELIN, F., JÉZÉQUEL, J. F.; SHIELDS, D. H. The Pressuremeter and Foundation Engineering. *Trans Tech Publications* (TTP), 1978.

BOTELHO, H. Tentativa de Solução Analítica de Alguns Problemas de Injeção de Cimento em Rocha. In: CONGRESSO BRASILEIRO DE MECÂNICA DOS SOLOS E FUNDAÇÕES, 3., Belo Horizonte. *Anais...* Belo Horizonte, v. 1, 1966. p. V-1-V-22.

BRIAUD, J. L. *The Pressuremeter*. Rotterdam: Balkema, 1992.

CADLING, L.; ODENSTAD, S. *The Vane Borer*. Royal Swedish Geotech: Institute Proceedings, n. 2, 1950.

COUTINHO, R. Q.; OLIVEIRA, J. T. R. de; DANZIGER, F. A. B. Caracterização geotécnica de uma argila mole do Recife. *Revista Solos e Rochas* (ABMS), São Paulo, v. 16, n. 4, p. 255-266, 1993.

COUTINHO, R. Q.; OLIVEIRA, J. T. R. de. Caracterização geotécnica de uma argila mole do Recife. *COPPEGEO*, Rio de Janeiro, 1993.

DURGUNOGLU, H. T.; MITCHELL, J. K. Static Penetration Resistance of Soils I and II. *Proc. of the Specialty Conf. on In Situ Measurements of Soil Properties*, ASCE, Raleigh, June, v. 1, p. 151-189, 1975.

MASSAD, F. Baixada Santista: implicações da história geológica no projeto de fundações. *Revista Solos e Rochas*, v. 22, n. 1, p. 3-49, 1999.

MELLO, V. F. B. de. *Maciços e Obras de Terra*: anotações de apoio às aulas. São Paulo: EPUSP, 1975.

ORTIGÃO, J. A. R. *Introdução à Mecânica dos Solos dos Estados Críticos*. Rio de Janeiro: Livros Técnicos e Científicos, 1993.

RICHARDS, A. F. *Vane Test Strength Testing in Soils* – field and laboratory studies. Philadelphia: ASTM, 1988.

SANGLERAT, G. *The Penetrometer and Soil Exploration*. Amsterdam: Elsevier Publishing, 1972.

SCHNAID, F. *Ensaios de Campo e suas Aplicações à Engenharia de Fundações*. São Paulo: Oficina de Textos, 2000.

SOUSA PINTO, C. *Curso Básico de Mecânica dos Solos*. São Paulo: Oficina de Textos, 2000.

WROTH, C. P. British Experience with Self-Boring Pressuremeter. *Proc. International Symposium on Pressuremeter and its Marine Application*, Paris, p. 143-164, 1982.

Capítulo 3

ANÁLISE DE ESTABILIDADE DE TALUDES

Os métodos para a análise da estabilidade de taludes, atualmente em uso, baseiam-se na hipótese de haver equilíbrio numa massa de solo, tomada como corpo rígido-plástico, na iminência de entrar em um processo de escorregamento. Daí a denominação geral de "métodos de equilíbrio-limite".

Com base no conhecimento das forças atuantes, determinam-se as tensões de cisalhamento induzidas, por meio das equações de equilíbrio. A análise termina com a comparação dessas tensões com a resistência ao cisalhamento do solo em questão.

A observação dos escorregamentos na natureza levou as análises a considerar a massa de solo como um todo (Método do Círculo de Atrito), ou subdividida em lamelas (Método Sueco), ou em cunhas (Método das Cunhas).

A partir de 1916, motivados pelo escorregamento que ocorreu no cais de Stigberg, em Gotemburgo, os suecos desenvolveram os métodos de análise hoje em uso, baseados no conceito de "equilíbrio-limite", tal como foi definido acima. Constataram que as linhas de ruptura eram aproximadamente circulares e que o escorregamento ocorria de tal modo que a massa de solo instabilizada se fragmentava em fatias ou lamelas, com faces verticais. O conceito de "círculo de atrito" e a divisão da massa de solo em "lamelas" (ou fatias) já eram praticadas naquele tempo, e o que Fellenius fez, na década de 1930, foi estender a análise para levar em conta também a coesão na resistência ao cisalhamento do solo, além de considerar casos de solo estratificado.

Documentaram-se escorregamentos com linha de ruptura não circular, como, por exemplo, os escorregamentos planares que ocorrem na Serra do Mar, que serão objeto de estudo no Cap. 4. Outros exemplos estão na Fig. 3.1. Trata-se de seções de barragens zoneadas, em que as análises de estabilidade são feitas com superfícies de ruptura planas, representadas no desenho por "linhas" de ruptura poligonais.

Obras de Terra

No estudo da estabilidade de taludes naturais, e de taludes de barragens de terra, costuma-se definir o coeficiente de segurança (F) como a relação entre a resistência ao cisalhamento do solo (s) e a tensão cisalhante atuante ou resistência mobilizada (τ), esta última obtida por meio das equações de equilíbrio, isto é,

$$F = \frac{s}{\tau} \qquad (1)$$

s, em termos de tensões efetivas, é dada por:

$$s = c' + \overline{\sigma} \cdot tg\,\phi' \qquad (2)$$

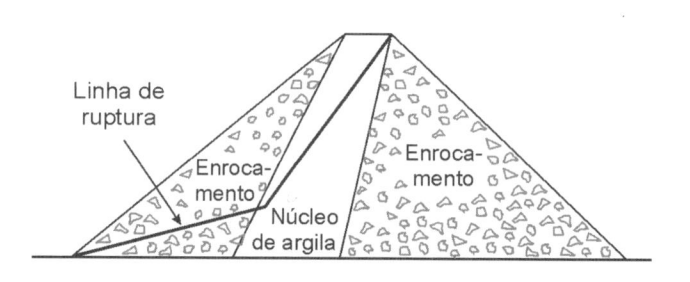

Fig. 3.1
Exemplos de casos em que a linha de ruptura é não circular

Evidentemente, não se conhece a posição da linha de ruptura ou da "linha crítica", isto é, da linha à qual está associado o coeficiente de segurança mínimo, o que se consegue por tentativas. Atualmente, essa tarefa é facilitada graças aos recursos de computação eletrônica disponíveis.

3.1 *Métodos de Equilíbrio-Limite*

Os Métodos de Equilíbrio-Limite partem dos seguintes pressupostos:

a) o solo se comporta como material rígido-plástico, isto é, rompe-se bruscamente, sem se deformar;

b) as equações de equilíbrio estático são válidas até a iminência da ruptura, quando, na realidade, o processo é dinâmico;

c) o coeficiente de segurança (F) é constante ao longo da linha de ruptura, isto é, ignoram-se eventuais fenômenos de ruptura progressiva.

Na classe de métodos de equilíbrio-limite existem diversas variantes, conforme o quadro abaixo:

Capítulo 3
Análise de Estabilidade de Taludes

65

métodos de equilíbrio-limite	método do círculo de atrito	
	método sueco	método de Fellenius
		método de Bishop Simplificado
		método de Morgenstern-Price
	método das cunhas	

Existem muitas variantes do Método Sueco, não indicadas no quadro. Serão abordados neste Capítulo os métodos de Fellenius e Bishop Simplificado, que permitem resolver muitos problemas de estabilidade de taludes de obras de terra. Esses dois métodos serão comparados com o método de Morgenstern-Price, tomado como referência por ser mais rigoroso (Whitman et al., 1967).

3.1.1 Hipóteses simplificadoras

Para esses dois métodos, admite-se que a linha de ruptura seja um arco de circunferência; além disso, a massa de solo é subdividida em lamelas ou fatias, como mostra a Fig. 3.2.

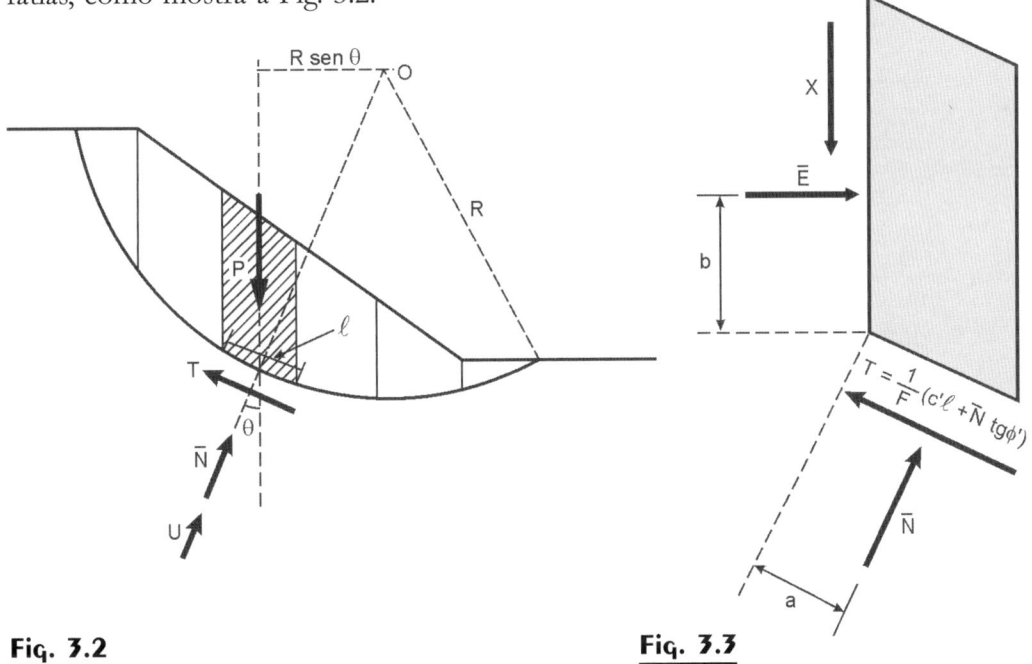

Fig. 3.2
Método sueco ou das lamelas

Fig. 3.3
Forças na lamela genérica

A Fig. 3.3 ilustra uma lamela genérica, com a indicação das forças e dos parâmetros desconhecidos. O equilíbrio das forças ainda envolve o peso (P) da lamela; as forças resultantes das pressões neutras, tanto na base (U) quanto nas faces da lamela (não mostradas nos desenhos); e as forças dos tipos E e X, atuantes na face direita da lamela.

A força T mede a resistência mobilizada que, pela expressão (1), é uma fração da resistência total ao cisalhamento, isto é,

$$T = \tau \cdot \ell = \frac{1}{F} \cdot s \cdot \ell \qquad (3)$$

em que ℓ é o comprimento da base de uma lamela. Logo, tendo em vista a expressão (2):

$$T = \frac{1}{F} \cdot \left(c' \, \ell + \overline{N} \cdot tg\,\phi' \right) \qquad (4)$$

pois $\overline{N} = \overline{\sigma} \cdot \ell$ é a força normal ("efetiva"), atuante na base da lamela.

Um balanço das forças atuantes e resistentes (tabela) permite estabelecer o número de incógnitas e de equações disponíveis, no caso de haver n lamelas.

Incógnitas			Equações Disponíveis	
Tipo	Número	Subtotal	Tipo	Número
$\overline{N}$	n			
F	1	3n-1	equilíbrio de forças	2n
$\overline{E}$	n-1			
X	n-1			
a	n	2n-1	equilíbrio de momentos	n
b	n-1			
nº total de incógnitas		5n-2	nº total de equações	3n

Vê-se que, tal como foi colocado, o problema é estaticamente indeterminado, pois existem (*5n-2*) incógnitas e apenas *3n* equações disponíveis. Para se levantar essa indeterminação, são adotadas algumas hipóteses que simplificam o esquema das forças associadas às lamelas. Como existem muitas maneiras de se levantar essa indeterminação, é grande a quantidade de métodos atualmente em uso. A diferença fundamental entre os métodos de Fellenius e Bishop Simplificado está na direção da resultante das forças laterais $\overline{E}$ e X, que atuam nas faces verticais das lamelas. No caso do Método de Fellenius, a resultante é paralela à base das lamelas (Fig. 3.5); no de Bishop Simplificado, ela é horizontal (Fig. 3.7).

3.1.2 Dedução da fórmula do coeficiente de segurança

Reportando-se novamente à Fig. 3.2, a primeira equação que se escreve é a do equilíbrio dos momentos atuantes e resistentes. O momento das forças atuantes é dado por:

$$\sum \left(P \cdot R \cdot sen\,\theta \right)$$

e, o momento das forças resistentes:

$$\Sigma\,(T\cdot R)$$

ambas tomadas em relação ao centro do círculo de ruptura. Veja-se também a Fig. 3.4 para a convenção de sinais de θ. Note-se, ademais, que as forças entre lamelas (tipos $\overline{E}$ e X na Fig. 3.3) não geram momento, pelo princípio da ação e reação (como em duas lamelas adjacentes). Assim, igualando-se os momentos atuante e resistente, tem-se:

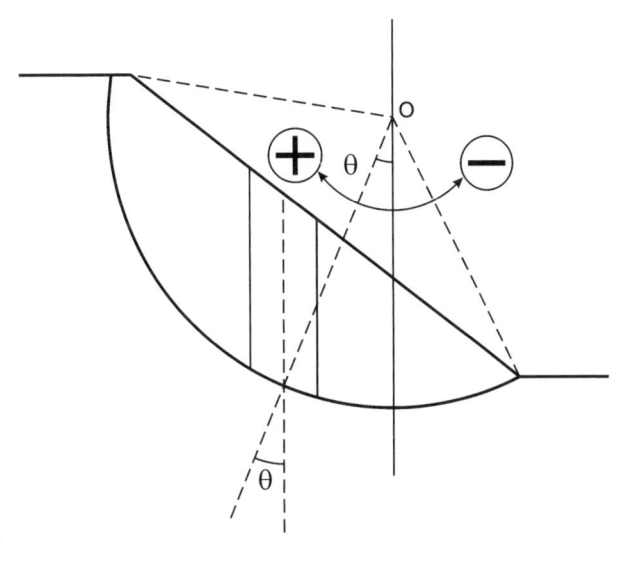

Fig. 3.4
Convenção de sinais do ângulo θ

$$\Sigma\,(P\cdot R\cdot sen\,\theta) = \Sigma\,(T\cdot R)$$

ou, como R é constante, e tendo-se em conta a expressão (4):

$$F = \frac{\Sigma\,(c'\cdot \ell + \overline{N}\cdot tg\,\phi')}{\Sigma\,(P\cdot sen\theta)} \qquad (5)$$

Esta expressão permite o cálculo do coeficiente de segurança, associado ao arco de circunferência em análise, linha potencial de ruptura, e é válida para os dois métodos, Fellenius e Bishop Simplificado.

Pesquisa do círculo crítico

Antes de abordar detalhadamente esses dois métodos, expor-se-á uma etapa comum a eles: a pesquisa da posição do círculo crítico, isto é, do arco de circunferência ao qual está associado o coeficiente de segurança mínimo (F_{min}). Para tanto, define-se uma malha de centros de círculos a pesquisar, impõe-se uma condição, como círculos passando por determinado ponto ou tangenciando uma linha, e determina-se o valor de F correspondente a cada centro. Dessa forma é possível traçar curvas de igual valor de F, que possibilitam determinar o F_{min} e a posição do círculo crítico.

3.2 Método de Fellenius

A aplicação da expressão (5) requer o conhecimento das forças normais às bases das lamelas ($\bar{N}$). Atinge-se este objetivo, no que concerne ao método de Fellenius, fazendo-se o equilíbrio das forças na direção da normal à base da lamela (direção do raio do círculo de ruptura), Fig. 3.5. Disso resulta:

Fig. 3.5 *Lamela de Fellenius*

$$\bar{N} + U = P \cdot \cos\theta$$

ou:

$$\bar{N} = P \cdot \cos\theta - u \cdot \Delta x \cdot \sec\theta \qquad (6)$$

A substituição da expressão (6) em (5) permite o cálculo do coeficiente de segurança F, sem maiores dificuldades. Obtém-se:

$$F = \frac{\sum \left[c' \cdot \ell + (P \cdot \cos\theta - u \cdot \Delta x \cdot \sec\theta) \cdot tg\,\phi' \right]}{\sum (P \cdot sen\,\theta)} \qquad (7)$$

O método de Fellenius pode levar a graves erros, pelo tratamento que dá às pressões neutras. A rigor, as forças resultantes das pressões neutras atuam também nas faces entre lamelas. Como são forças horizontais, elas têm componentes na direção da normal à base das lamelas, que é a direção de equilíbrio das forças, como se viu acima.

As Figs. 3.6a e 3.6b, extraídas de Whitman e Bayley (1967), ilustram esse efeito. Vê-se que, quanto maior a pressão neutra, dada pelo coeficiente $\bar{B}$ (definido mais adiante, pelas expressões 10 e 11), maior é a diferença em relação ao método de Morgenstern-Price. Este método é mais rigoroso do

Fig. 3.6 *Método de Fellenius: influência das pressões neutras no coeficiente de segurança (Whitman et al., 1967)*

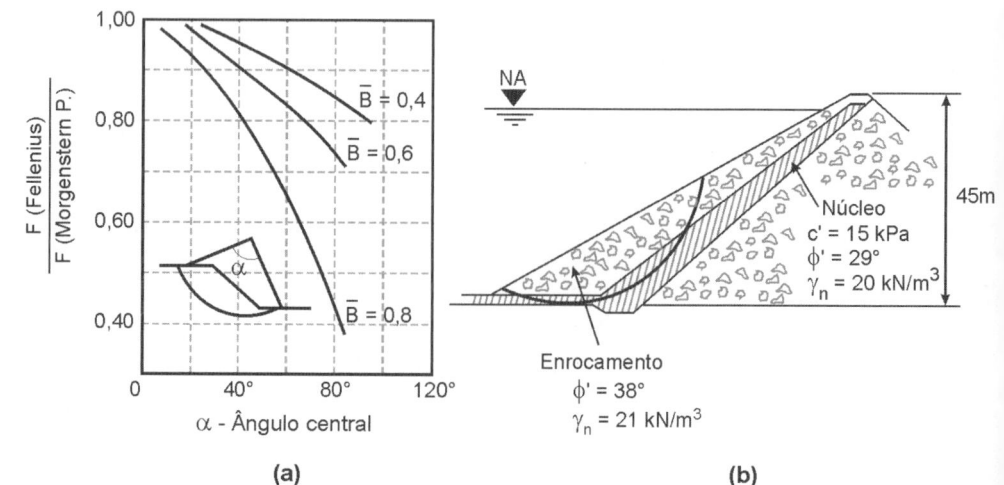

que os métodos de Fellenius e Bishop e foi tomado como referência. No mesmo sentido, a Fig. 3.6b mostra o caso hipotético do talude submerso (água dos dois lados), em que a aplicação do método de Fellenius conduziu a $F = 1,1$, em comparação com $F = 2$, obtido pelo método mais rigoroso. A hipótese de haver água dos dois lados foi feita para exagerar, propositalmente, os valores das pressões neutras, realçando os seus efeitos no método de Fellenius.

Na prática, pressões neutras elevadas implicam valores de $\overline{N}$ negativos, expressão (6), quando então são tomados como nulos, na sequência dos cálculos.

A despeito desse fato, o método de Fellenius continua usado pela sua simplicidade. Ele é, em geral, mais conservativo do que os outros métodos mais rigorosos, como o de Bishop Simplificado, que se passa a descrever.

3.3 *Método de Bishop Simplificado*

No caso do método de Bishop Simplificado, o equilíbrio das forças é feito na direção vertical conforme indica a Fig. 3.7.

Tem-se, pois:

$$(\overline{N} + U) \cdot cos\theta + T \cdot sen\theta = P$$

ou, tendo em vista (4):

$$\overline{N} = \frac{P - u \cdot \Delta x - \dfrac{c' \cdot \Delta x \cdot tg\theta}{F}}{cos\theta + \dfrac{tg\phi' \cdot sen\theta}{F}} \qquad (8)$$

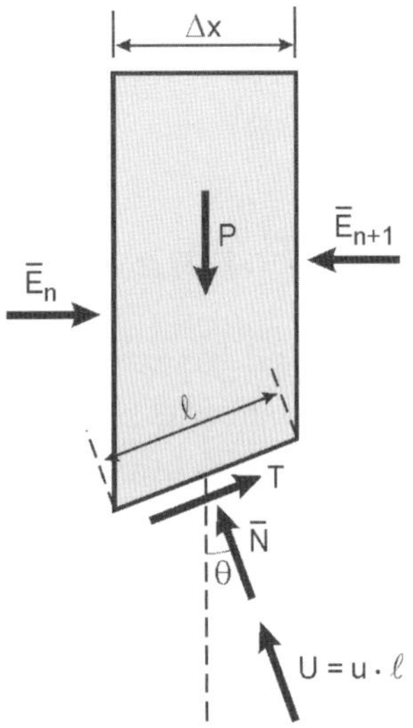

Fig. 3.7
Lamela de Bishop

que, substituída em (5), permite o cálculo de F, por processo iterativo (pois $\overline{N}$ é função de F, que se procura). De fato, a substituição da expressão (8) em (5) resulta em:

$$F = \frac{\sum \left[c' \cdot \ell + \dfrac{P - u \cdot \Delta x - c' \cdot \Delta x \cdot tg\theta/F}{cos\theta + tg\phi' \cdot sen\theta/F} \cdot tg\phi' \right]}{\sum (P \cdot sen\theta)} \qquad (9)$$

O cálculo iterativo do coeficiente de segurança F é feito da seguinte forma: adota-se um valor inicial F_1, entra-se na expressão (9), extrai-se novo valor do coeficiente de segurança F_2, que é comparado ao inicial F_1. Para os problemas correntes, basta obter precisão decimal no valor de F. Se a precisão

Capítulo 3
Análise de Estabilidade de Taludes

escolhida não foi atingida, repete-se o procedimento. Entra-se com F_2 na expressão (9), extrai-se novo valor do coeficiente de segurança F_3, e assim por diante, até obter a precisão desejada. Em geral, três ciclos de iteração são suficientes. Se for necessário atingir uma precisão maior, pode-se recorrer ao método de Newton-Raphson para acelerar o processo, como indicado por Whitman e Bailey (1967).

Analisando-se a expressão (8), que permite o cálculo de $\overline{N}$, pode-se também prever algumas dificuldades na aplicação do método de Bishop Simplificado. De fato:

a) na região do pé de um talude, θ pode ser negativo e, consequentemente, o denominador de $\overline{N}$ pode ser também negativo, ou, pior ainda, nulo; e

b) se F for menor do que 1, e se a pressão neutra u for suficientemente grande, então o denominador de $\overline{N}$ pode se tornar negativo.

Quando isso ocorrer, deve-se tentar aplicar outro método mais rigoroso. Finalmente, a título de curiosidade, o método de Bishop incluía, originariamente, forças entre lamelas do tipo X, conforme indica a Fig. 3.3. No entanto, a não consideração dessas forças conduzia a um erro de aproximadamente 1% no valor de F. Daí Bishop ter recomendado o esquema da Fig. 3.7, sem as forças X, razão pela qual foi agregado ao nome do método o termo "Simplificado".

3.4 *Formas de Considerar as Pressões Neutras*

Os dois próximos itens tratam dos dados de entrada (*input*) para o cálculo da estabilidade: pressões neutras e parâmetros de resistência. E é justamente aí que se encontram as maiores dificuldades, fazendo com que a análise da estabilidade de taludes seja, prioritariamente, um problema geotécnico, e não matemático.

Iniciar-se-á com a consideração das pressões neutras que intervêm nos processos de cálculo de estabilidade.

Em final de construção de uma barragem de terra, ou então logo após o lançamento de um aterro sobre solos moles, pode-se determinar a pressão neutra (u) num ponto qualquer, a uma profundidade z, através do parâmetro:

$$\overline{B} = \frac{u}{\sigma_v} \tag{10}$$

onde σ_v é o acréscimo de tensão total no ponto. Para barragens de terra, tem-se, aproximadamente:

$$\overline{B} \approx r_u = \frac{u}{\gamma_n \cdot z} \tag{11}$$

Capítulo 3
Análise de Estabilidade de Taludes

Esses parâmetros são obtidos por ensaios especiais de laboratório, em que os corpos de prova são carregados de forma a simular o carregamento e as condições de drenagem de campo (ver Cruz, 1980), ou pela observação de obras semelhantes, ou de aterros experimentais, com piezômetros.

Em outras situações, como, por exemplo, uma barragem de terra operando há algum tempo, em que existe uma rede de fluxo em regime permanente, pode-se fazer a análise supondo que o solo esteja submerso, e incluir as forças de percolação na equação de equilíbrio. A Fig. 3.8 mostra a composição de forças para uma lamela. Observe-se que a força oriunda da pressão neutra não aparece na base da lamela.

Fig. 3.8
Lamela genérica: esquema de forças alternativo, com o uso da força de percolação (J) e do peso submerso

P_{sub} - Peso submerso
J - Força de percolação ($\gamma_0 \cdot i \cdot$ volume)
R - Resultante

Pode-se demonstrar que esse procedimento é idêntico àquele, adotado no desenvolvimento deste capítulo, em que se considera a pressão neutra atuando na superfície da lamela (Fig. 3.9). O Apêndice I mostra essa identidade para um caso particular.

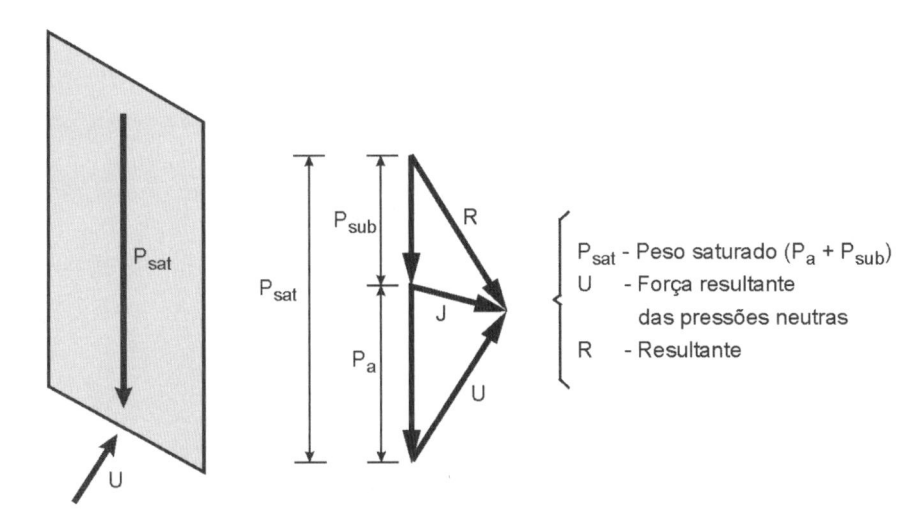

Fig. 3.9
Lamela genérica: esquema de forças empregado neste capítulo, com o uso da força de pressão neutra (U) e do peso total saturado

P_{sat} - Peso saturado ($P_a + P_{sub}$)
U - Força resultante das pressões neutras
R - Resultante

Retomando-se o exemplo do talude submerso da Fig. 3.6b, um cálculo de estabilidade pelo método de Fellenius, usando o sistema de forças P_{sub} e J (força de percolação), levou a $F = 1,8$, em comparação a $F = 1,1$, mencionado anteriormente, em que o sistema de forças foi P_{sat} e U (forças de pressões neutras).

Obras de Terra

Um outro caso que merece menção é o talude com submersão parcial, como indicado na Fig. 3.10a. Nessas condições, é preciso levar em conta a pressão de água ao longo de MLD, cuja resultante atua como força estabilizadora a um eventual escorregamento.

Isso pode ser feito de uma forma indireta, ignorando-se as pressões ao longo de MLD, mas tomando parte do peso das lamelas como sendo submerso P_{sub} (Fig. 3.10b); a pressão neutra a considerar nos cálculos deve ser u_e, o excesso em relação ao nível da água de submersão.

Fig. 3.10
Método de Bishop Simplificado: talude com submersão parcial (Bishop, 1955)

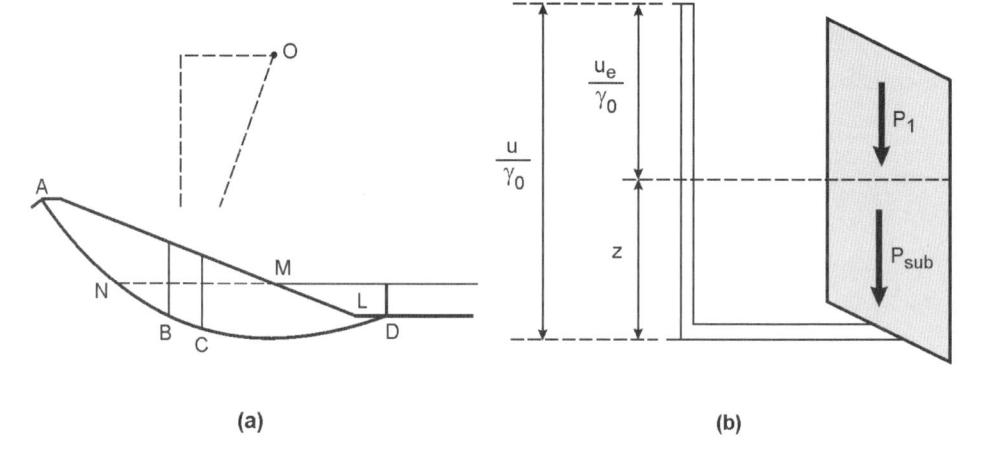

(a)   (b)

O valor de F, pelo método de Bishop Simplificado, é dado por:

$$F = \frac{\Sigma\,(c' \cdot \ell + \overline{N} \cdot tg\,\phi')}{\Sigma\,(P_1 + P_{sub}) \cdot sen\,\theta} \qquad (12)$$

com:

$$\overline{N} = \frac{(P_1 + P_{sub}) - u_e \cdot \Delta x - \dfrac{c' \cdot \Delta x \cdot tg\,\theta}{F}}{cos\,\theta + \dfrac{tg\,\phi' \cdot sen\,\theta}{F}} \qquad (13)$$

3.5 Parâmetros de Resistência ao Cisalhamento

A resistência ao cisalhamento de um solo (s), dada pela expressão (2), depende de fatores como: a) o valor da tensão normal efetiva ($\overline{\sigma}$); b) as condições de drenagem; c) a trajetória das tensões (sequência de carregamento); d) a história das tensões (pressão de pré-adensamento); e) a estrutura e outras características dos solos.

A influência desses fatores já foi objeto de estudos no curso de *Mecânica dos Solos* (Sousa Pinto, 2000). Interessa aqui destacar, com alguns exemplos, a importância das condições de drenagem e da trajetória das tensões (sequência do carregamento). Considere-se novamente uma barragem de terra "homogênea", construída com solo argiloso, de baixa permeabilidade, apoiada em terreno de fundação firme, mais resistente do que o maciço compactado. Existem três situações no "tempo de vida útil" da barragem que precisam ser analisadas: a) final de construção; b) barragem em operação, com o nível de água na sua posição máxima, há vários anos; c) abaixamento "rápido" do nível de água, que, na realidade, pode levar alguns meses para ocorrer, mas que nem por isso deixa de ser "rápido", pela baixa permeabilidade do solo compactado.

Na primeira situação, final de construção, interessa analisar o talude de jusante, o mais íngreme. Como, em geral, a barragem leva alguns meses para ser construída, não há tempo para as pressões neutras se dissiparem, por causa da baixa permeabilidade do solo compactado. Dessa forma, os ensaios triaxiais, os mais utilizados em laboratório para a medida da resistência, têm de ser do tipo rápido (Q ou UU), isto é, sem drenagem. Aplica-se a pressão de câmara e rompe-se o corpo de prova logo em seguida, rapidamente. O ensaio todo leva, aproximadamente, três horas.

Para uma barragem em operação, funcionando em carga (*N.A.* máximo), durante cinco anos, houve tempo suficiente não só para que a rede de fluxo, em regime permanente, se instale no maciço, como também para que o processo de adensamento do solo compactado, a montante e a jusante, tenha terminado. Nessa condição, o talude "crítico" é o de jusante, pois o talude de montante está submerso, e as forças de percolação atuam num sentido e direção que tendem a estabilizá-lo. Os ensaios triaxiais mais adequados, nessa situação, são o Rápido Pré-adensado (R ou CU) ou o Lento (S ou CD), havendo de comum entre eles a fase de adensamento do corpo de prova logo após a aplicação da pressão de câmara, que demora um dia. A diferença entre eles está no tempo necessário para romper o corpo de prova: nos ensaios R ou CU, a fase do carregamento até a ruptura é rápida, sem drenagem (digamos, três horas); nos ensaios S ou CD, esta fase é lenta (algo como três semanas), com drenagem. A decisão por um ou outro ensaio vai depender do julgamento do engenheiro projetista, em função das causas que podem levar a barragem à ruptura, como, por exemplo, um sistema de drenagem interna ineficiente, ou a colmatação gradual dos filtros, com o passar do tempo.

Finalmente, para a situação de abaixamento rápido do N.A., o talude crítico é o de montante, em virtude da rede de fluxo que se instala gerar forças de percolação praticamente paralelas ao talude, na direção, portanto, de um eventual escorregamento. Para reproduzir as condições de campo, os corpos de prova são submetidos à saturação prévia, deixados para adensar e rompidos rapidamente, sem drenagem. Daí o ensaio triaxial ser o Rápido Pré-adensado com saturação prévia do corpo de prova (R_{sat} ou CD_{sat}).

Capítulo 3

Análise de Estabilidade de Taludes

Se as pressões neutras forem medidas em qualquer um desses ensaios triaxiais, podem-se obter envoltórias de Mohr-Coulomb em termos de *tensões efetivas*.

As análises de estabilidade também podem ser feitas em termos de *tensões totais*, isto é, trabalhando-se com a equação:

$$s = c + \sigma \cdot tg\phi$$

Os dois tratamentos, em termos de tensões totais ou efetivas, são, teoricamente, equivalentes. O segundo deles (tensões efetivas), mais correto conceitualmente, baseia-se na hipótese de que as pressões neutras são conhecidas ao longo da linha de ruptura, por ocasião da ruptura; o primeiro (tensões totais) admite que as pressões neutras desenvolvidas nos ensaios triaxiais, que tentam simular as condições de carregamento e drenagem de campo, sejam iguais às que existirão no maciço de terra.

Existe uma variante da primeira forma de tratamento, denominada híbrida, e que consiste em se trabalhar com as envoltórias de Mohr-Coulomb em termos de tensões totais e incluir, na análise de estabilidade, as pressões neutras devidas ao carregamento externo, por exemplo, obtidas de redes de fluxo. Os ensaios triaxiais empregados são os convencionais (pressão de câmara constante e carga axial crescente monotonicamente), sem a preocupação quanto à simulação do carregamento de campo. Nesse tratamento, está implícita a hipótese de que as pressões neutras a desenvolver no momento da ruptura, no maciço de terra, são aquelas que ocorrem no corpo de prova, submetido ao carregamento convencional de laboratório.

A seguir ilustra-se a aplicação desses conceitos em alguns tipos de obras geotécnicas.

a) Para os aterros construídos sobre argilas moles, costuma-se fazer as análises de estabilidade em termos de tensões totais. Há uma base empírica para esse procedimento, mais ou menos sólida, elaborada ao longo de anos de experiência em vários países. Modernamente, os esforços concentram-se nas análises em termos de tensões efetivas, com estimativas de pressões neutras baseadas em observações de aterros experimentais, levados à ruptura.

b) Para taludes naturais infinitos, que se encontram naturalmente na iminência de ruptura (na próxima chuva), e em que as causas de um eventual colapso são as pressões neutras geradas por um fluxo de água, é comum dar um tratamento híbrido à análise de estabilidade, isto é, consideram-se as envoltórias em termos de tensões totais e incluem-se as pressões neutras da rede de fluxo.

Capítulo 3
Análise de Estabilidade
de Taludes

Questões para pensar

1. **O que são os Métodos de Equilíbrio-Limite? Quais as hipóteses básicas?**

   Esses métodos consideram uma massa de solo, tomada como corpo rígido-plástico, na iminência de entrar em um processo de escorregamento, e admitem como válidas as equações de equilíbrio da Estática. Daí a denominação geral de "Métodos de Equilíbrio-Limite".

   As 3 hipóteses básicas são: a) o solo comporta-se como material rígido-plástico, isto é, rompe-se bruscamente, sem se deformar; b) as equações de equilíbrio da Estática são válidas até a iminência da ruptura, quando, na realidade, o processo é dinâmico; c) o coeficiente de segurança (F) é constante ao longo da linha de ruptura, isto é, ignoram-se eventuais fenômenos de ruptura progressiva.

2. **Indique as hipóteses implícitas no Método de Fellenius. Comente as vantagens e desvantagens de usar esse método em detrimento ao de Bishop Simplificado.**

   O Método de Fellenius admite que as forças entre lamelas são paralelas a suas bases; além disso, ignora forças resultantes de pressões neutras atuantes nas faces entre lamelas. A vantagem desse método é a simplicidade da expressão do coeficiente de segurança, sem cálculos iterativos, que é uma característica do Método de Bishop Simplificado. A desvantagem manifesta-se em casos em que as pressões neutras são elevadas, situação em que o Método de Fellenius não consegue levar em conta as forças resultantes dessas pressões nas faces verticais das lamelas. No caso de $u \cong 0$, este efeito é inconsequente.

3. **Desenhe a lamela do Método de Bishop Simplificado, indique as forças atuantes e defina sua natureza. Destaque as diferenças com relação à lamela do Método de Fellenius. Sem deduzir nenhuma expressão, quais as implicações dessas diferenças na expressão do coeficiente de segurança?**

   Desenho: ver a Fig. 3.7. A diferença fundamental entre os dois métodos está na direção das forças entre lamelas. Outra diferença reside no eixo de projeção das forças atuantes.

   Implicações das diferenças: a expressão do coeficiente de segurança é do tipo $F = f(F)$, e requer um cálculo iterativo para a sua determinação. Além disso, fornece resultados mais realistas que o Método de Fellenius quando a pressão neutra é elevada.

4. **Considere dois cálculos de estabilidade do talude de montante de uma barragem de terra "homogênea", com filtros vertical e horizontal, numa situação**

Obras de Terra

de rebaixamento rápido do nível d'água do reservatório, um deles pelo Método de Fellenius e o outro, por Bishop Modificado. Qual deles fornecerá o menor coeficiente de segurança? Por quê?

O Método de Fellenius, porque ocorrem pressões neutras significativas, que constituem o seu "calcanhar de Aquiles". O Método ignora a ação das forças de pressão neutra entre lamelas, que, no caso, são importantes diante da sua magnitude.

5. Na questão anterior, quais seriam as respostas se o talude fosse o de jusante, com a barragem em operação há 5 anos, supondo que o sistema de drenagem funcione às "mil maravilhas"?

Nessas condições, as pressões neutras são praticamente nulas, e assim os dois métodos fornecem o mesmo coeficiente de segurança.

6. Numa área industrial, em região com subsolo constituído por argila orgânica preta e mole, será construído um aterro de 6 m de altura, com bermas e taludes brandos.

a) Determine, pelo Método de Fellenius, o coeficiente de segurança para o círculo do desenho, levando-se em conta a resistência própria do aterro compactado.

b) Idem, desprezando a resistência do aterro compactado.

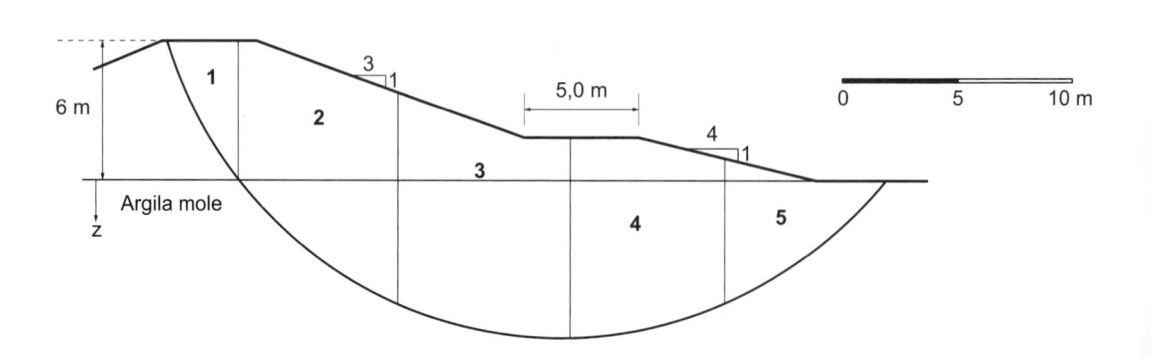

Outros dados:

		γ_n	14 (kN/m³)
Argila mole		Vane Test (*)	c = 7 + 2z (kPa)
Solo compactado		γ_n	18 (kN/m³)
	Parâmetros de resistência		c = 20 kPa ϕ = 24°
	Pressão neutra		$\overline{B}$ = 15%

* já com a correção de Bjerrum

Solução:

a) Considerando a resistência própria do aterro compactado:

Lamela	θ	c	φ	ℓ	P	N = P·cos θ	u	U = u·ℓ	N-U	T = P·sen θ	c·ℓ
1	63	20	24	6,9	173	78,5	8,1	56	22,5	154	138
2	38	14	0	9,2	903	–	–	–	–	556	129
3	13	20,4	0	7,5	964	–	–	–	–	217	153
4	-10	20,1	0	7,0	861	–	–	–	–	-150	141
5	-36	14,4	0	8,3	377	–	–	–	–	-222	117
										555	678

$$F = \frac{678 + 22,5 \cdot tg(24^O)}{555} = 1,24$$

b) Sem considerar a resistência própria do aterro compactado:

Lamela	θ	c	P	N = P·cos θ	u	U = u·ℓ	N-U	T = P·sen θ	c·ℓ
1	63	0	173	78,5	0	0	78,5	154	0
2	38	14	903	–	–	–	–	556	129
3	13	20,4	964	–	–	–	–	217	153
4	-10	20,1	861	–	–	–	–	-150	141
5	-36	14,4	377	–	–	–	–	-222	117
								555	540

$$F = \frac{678 - 138}{555} = 0,97$$

Notas:

1) Os cálculos foram feitos por metro de largura do talude, com a expressão (7) do Cap. 4. e de forma híbrida (ver p. 74).

2) As distâncias estão em m; as forças, em kN e as pressões, em kPa.

7. Calcule o coeficiente de segurança para o círculo no talude abaixo. O maciço é formado por solo residual homogêneo, com coesão de 5 kPa, ângulo de atrito de 28° e peso específico natural de 18 kN/m³. Usar o Método de Fellenius.

Obras de Terra

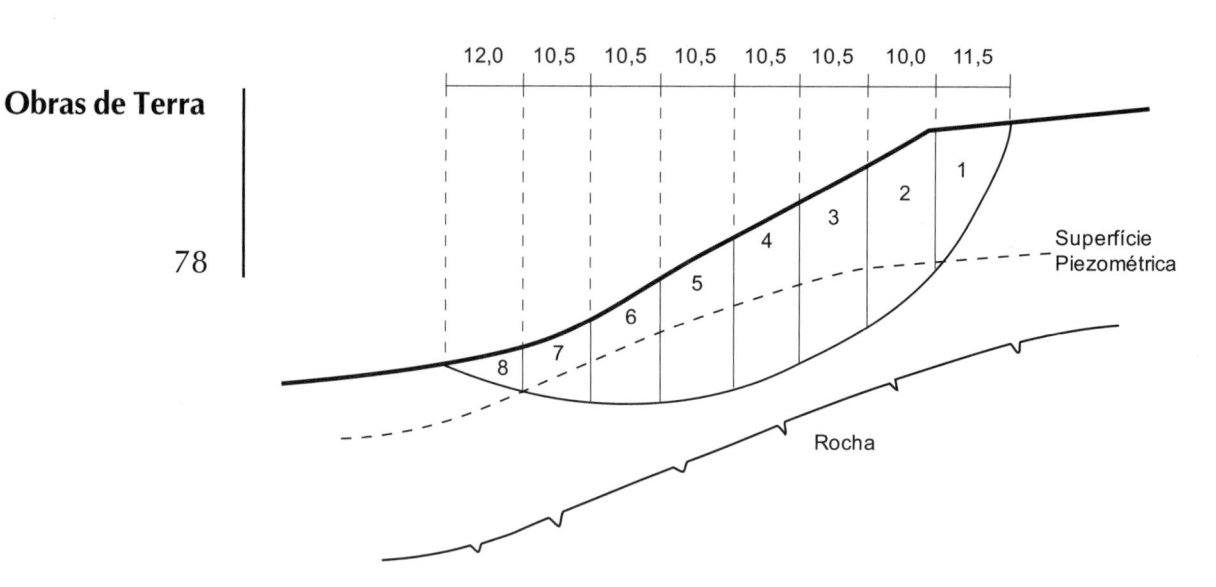

Solução:

Lamela	θ	c	φ	Δx	ℓ	H	P	N = P·cos θ	u	U = u·ℓ	(N-U)·tgφ	T = P·sen θ	c·ℓ
1	61,3	5	28	11,5	23,9	10,5	2.174	1.044	0	0	555	1.906	119,7
2	42	5	28	10	13,5	22	3.960	2.943	50	673	1.207	2.650	67,3
3	33,7	5	28	10,5	12,6	24	4.536	3.774	100	1.262	1.335	2.517	63,1
4	20,9	5	28	10,5	11,2	23	4.347	4.061	110	1.236	1.502	1.551	56,2
5	10,8	5	28	10,5	10,7	21	3.969	3.899	115	1.229	1.419	744	53,4
6	0	5	28	10,5	10,5	16	3.024	3.024	85	893	1.133	0	52,5
7	-10,8	5	28	10,5	10,7	10	1.890	1.857	30	321	817	-354	53,4
8	-20,6	5	28	12	12,8	3,5	756	708	0	0	376	-266	64,1
											8.344	8.748	529,7

$$F = \frac{529,7 + 8.344}{8.748} = 1,01$$

Notas:

1) H é a altura média da lamela

2) Os outros símbolos são os mesmos usados no texto do Cap. 4.

3) Os cálculos foram feitos por metro de largura do talude, com a expressão (7) do Cap. 4. e de forma híbrida (ver p. 74).

4) As distâncias estão em m; as forças, em kN e as pressões, em kPa.

8. Faça um programa de investigação do subsolo adequado para efetuar análises da estabilidade de um talude infinito. Liste primeiro as informações e os parâmetros dos solos necessários e, em seguida, indique a forma de obtê-los.

Informações necessárias: determinar os tipos de solos e rochas, que constituem o talude, e a posição do lençol freático (se existente). Sondagens de simples reconhecimento, associadas a sondagens rotativas, fornecem essas informações, com dados sobre a consistência ou compacidade dos solos e o estado do maciço rochoso quanto ao fraturamento.

Parâmetros dos solos: coesão; ângulo de atrito e peso específico natural, obtidos a partir de amostras indeformadas extraídas de poços e submetendo-as a ensaios triaxiais ou de cisalhamento direto.

Apêndice I
O Uso Alternativo das Forças de Percolação

Com o objetivo de ilustrar a equivalência entre os sistemas de forças constituídos, de um lado, pelo peso total e pelas pressões neutras, e, de outro, pelo peso submerso e pelas forças de percolação, tomar-se-ão como exemplo os "taludes infinitos". Trata-se de taludes de encostas naturais, que se caracterizam pela sua grande extensão, com centenas de metros, e pela reduzida espessura do manto de solo, de alguns metros, a tal ponto que o modelo matemático, criado para representá-los, denomina-se Talude Infinito. Para simular situações de chuvas intensas e prolongadas, gatilho do escorregamento, e ainda na dependência de certas condições hidrogeológicas, objeto de estudo do Cap. 4, costuma-se empregar uma rede de fluxo essencialmente paralela ao talude, como indica a Fig. 3.11.

Como a superfície do terreno é uma linha freática, as pressões neutras ao longo de AB, linha potencial de ruptura, valem:

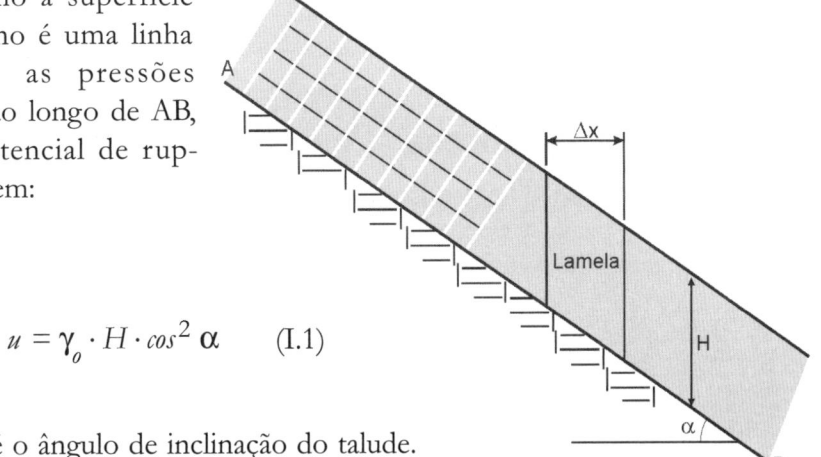

$$u = \gamma_o \cdot H \cdot cos^2 \alpha \qquad (I.1)$$

Fig. 3.11
Talude infinito: rede de fluxo paralela ao talude

onde α é o ângulo de inclinação do talude. Além disso, o gradiente hidráulico, em qualquer ponto da rede vale:

$$i = sen\,\alpha \qquad (I-2)$$

I.1 Sistema de forças: Peso Total (γ_{sat}) e Pressões Neutras (u)

Reportando-se à Fig. 3.12, as equações de equilíbrio são:

$$\overline{N} + U = P_{sat} \cdot cos\,\alpha$$

$$T = P_{sat} \cdot sen\,\alpha$$

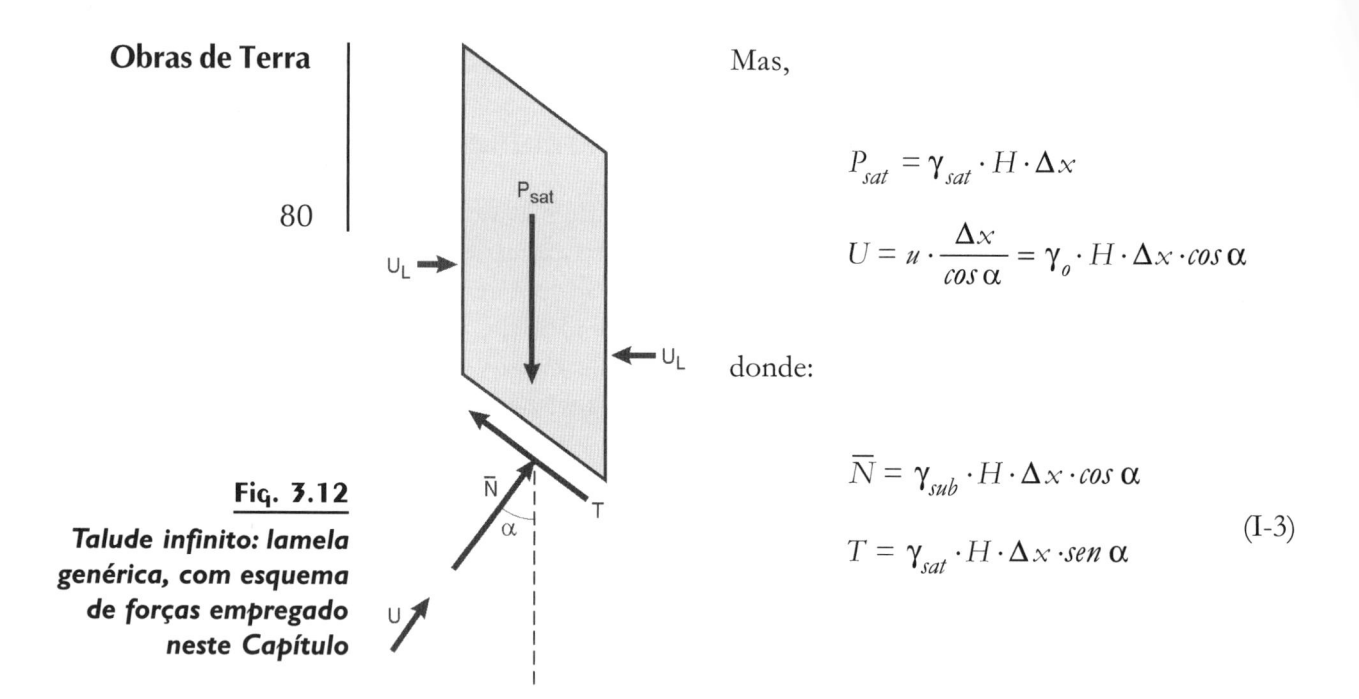

Obras de Terra

Fig. 3.12
Talude infinito: lamela genérica, com esquema de forças empregado neste Capítulo

Mas,

$$P_{sat} = \gamma_{sat} \cdot H \cdot \Delta x$$

$$U = u \cdot \frac{\Delta x}{\cos\alpha} = \gamma_o \cdot H \cdot \Delta x \cdot \cos\alpha$$

donde:

$$\overline{N} = \gamma_{sub} \cdot H \cdot \Delta x \cdot \cos\alpha$$
$$T = \gamma_{sat} \cdot H \cdot \Delta x \cdot sen\,\alpha \qquad (I\text{-}3)$$

I.2 Sistema de forças: Peso Submerso (γ_{sub}) e Forças de Percolação (J)

As equações de equilíbrio (Fig. 3.13) passam a ser

$$\overline{N} = P_{sub} \cdot \cos\alpha$$
$$T = J + P_{sub} \cdot sen\,\alpha$$

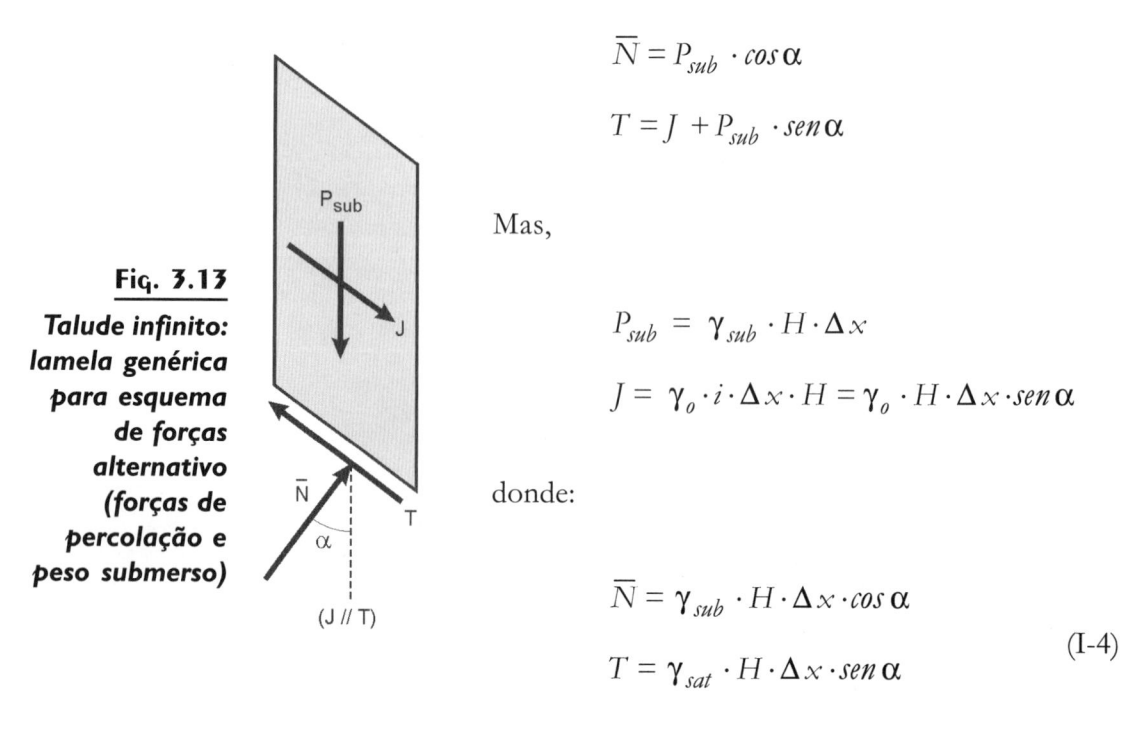

Fig. 3.13
Talude infinito: lamela genérica para esquema de forças alternativo (forças de percolação e peso submerso)

Mas,

$$P_{sub} = \gamma_{sub} \cdot H \cdot \Delta x$$
$$J = \gamma_o \cdot i \cdot \Delta x \cdot H = \gamma_o \cdot H \cdot \Delta x \cdot sen\,\alpha$$

donde:

$$\overline{N} = \gamma_{sub} \cdot H \cdot \Delta x \cdot \cos\alpha$$
$$T = \gamma_{sat} \cdot H \cdot \Delta x \cdot sen\,\alpha \qquad (I\text{-}4)$$

Comparando-se as expressões (I-3) e (I-4), vê-se que os dois sistemas de forças são equivalentes. Para completar a análise, o valor de F pode ser obtido pela expressão (4).

Bibliografia

BISHOP, A. W. The Use of the Slip Circle in the Stability Analisys of Slopes. *Géotéchnique*, v. 5, p. 7-17, 1955.

CRUZ, P. T. *Estabilidade de Taludes*. São Paulo: DLP/EPUSP, 1980.

SOUSA PINTO, C. *Curso Básico de Mecânica dos Solos*. São Paulo: Oficina de Textos, 2000.

TAYLOR, D. W. *Fundamentals of Soil Mechanics*. New York: McGraw-Hill, 1948.

WHITMAN, R. V.; BAILEY, W. A. Use of Computers for Slope Stability Analisys. *Proc. Journal of the Soil Mechanics and Foundation Division*, ASCE, v. 93, n. SM4, p. 475-498, 1967.

Capítulo 4

ENCOSTAS NATURAIS

O problema da estabilidade de encostas naturais tem afetado muito a população brasileira. Basta lembrar a "queda de barreiras" em nossas estradas, ou as tragédias sobre os habitantes das periferias de algumas de nossas maiores cidades, por ocasião de chuvas intensas e prolongadas, em grande parte pela ocupação desordenada de encostas de morros.

As causas dos escorregamentos são "naturais", pois há uma tendência na natureza à peneplanização, no sentido amplo da palavra: os solos das encostas tendem a descer para atingir um nível de base. Assim, pode-se dizer que os coeficientes de segurança das encostas naturais estão, em geral, próximos de 1, bastando uma chuva atípica, ou uma pequena intervenção do homem para disparar o "gatilho" do escorregamento. E a ação do homem é a outra causa dos escorregamentos, na medida em que precisa implantar obras, mas não toma os devidos cuidados com a natureza.

Só com o conhecimento dos solos e dos mecanismos dos escorregamentos será possível projetar obras seguras, com a preservação do meio ambiente, inclusive no que se refere à erosão, que é um dos maiores males que se pode causar à natureza.

4.1 *Os Solos das Encostas Naturais*

Os solos se formam por decomposição das rochas. Estas apresentam-se, próximo à superfície da terra, fraturadas e fragmentadas, em função da sua própria origem (esfriamento de lavas no caso de rochas basálticas, por exemplo), ou em virtude de movimentos tectônicos (nos quartzitos, que são rochas friáveis), ou ainda pela ação do meio ambiente (expansão e contração térmicas etc.).

Obras de Terra

É através destas fraturas ou fendas que se dá o ataque do meio ambiente, sob a ação das águas e das variações de temperatura. As águas de chuvas, aciduladas por ácidos orgânicos provenientes da decomposição de vegetais, penetram pelas fraturas e provocam alterações químicas dos minerais das rochas, transformando-os em areias e argilas. Os solos podem ser encarados como o resultado de uma espécie de equilíbrio temporário entre o meio ambiente e as rochas.

4.1.1 Solos residuais

Os solos de decomposição de rocha, que permaneceram no próprio local de sua formação, são denominados solos residuais ou solos de alteração. O tipo de solo resultante vai depender de uma série de fatores, tais como: a natureza da rocha matriz; o clima; a topografia; as condições de drenagem; e os processos orgânicos. A título de ilustração, em clima tropical úmido: a) os granitos, constituídos pelos minerais quartzo, feldspato e mica, decompõem-se, dando origem a solos micáceos, com partículas de argila (do feldspato) e grãos de areia (do quartzo); b) os gnaisses e micaxistos geram solos predominantemente siltosos e micáceos; c) os basaltos, constituídos de feldspatos, alteram-se essencialmente em argilas; d) os arenitos, que não contêm feldspato nem mica, mas quartzo cimentado, decompõem-se liberando o quartzo e dando origem a solos arenosos. Nas regiões do pré-cambriano, como as da Serra do Mar e da Mantiqueira, ocorrem os solos residuais de gnaisses, micaxistos e granitos, enquanto no interior do Estado de São Paulo encontram-se os solos de alteração de basalto, as terras roxas (argilas vermelhas), e de arenito, os solos arenosos finos.

A Fig. 4.1 mostra um perfil de intemperismo, isto é, um perfil de subsolo proveniente da alteração ou decomposição de rochas metamórficas (a) e ígneas (b). Vê-se que a ação do intemperismo continua a se processar a maiores profundidades. A linha de ataque é mais profunda, através das juntas (fraturas) da rocha. Os blocos de pedra, imersos numa matriz de solo, chamados de matacões pelos engenheiros, são pedaços de rocha mais resistentes à decomposição.

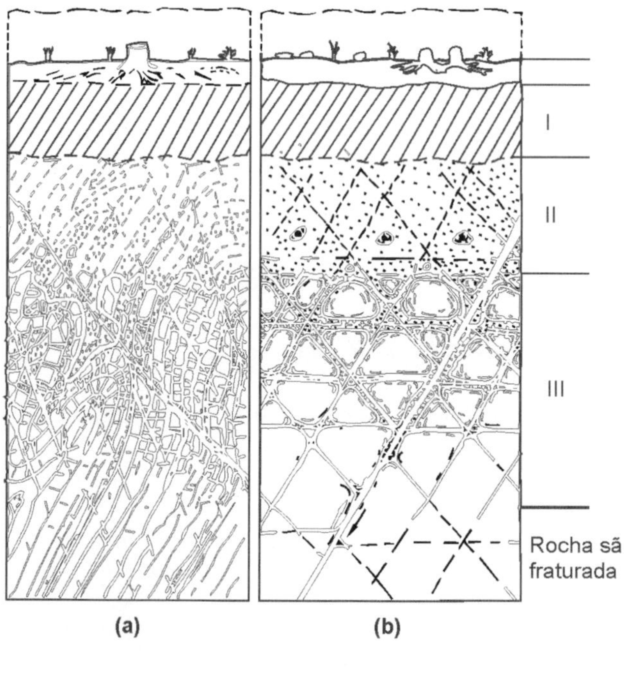

Vargas (1977) propôs uma classificação dos solos de alteração que ocorrem na região Centro-Sul do Brasil. Ele subdividiu

Fig. 4.1
*Perfis de intemperismo:
(a) rochas metamórficas;
(b) rochas ígneas (Deere, 1971)*

Capítulo 4
Encostas Naturais

os solos residuais em três horizontes (Fig. 4.2), em função da intensidade de intemperismo: (I) maduros; (II) saprolíticos; (III) blocos em material alterado. Esta classificação também se aplica aos dois perfis da Fig. 4.1.

Os solos residuais maduros (I) são os que perderam toda a estrutura original da rocha matriz e tornaram-se relativamente homogêneos.

Quando essas estruturas herdadas da rocha, que incluem veios intrusivos, juntas preenchidas, xistosidades etc., se mantêm, têm-se os solos saprolíticos ("pedra podre") ou solos residuais jovens (II). Trata-se de materiais que aparentam ser rochas, mas que se desmancham com a pressão dos dedos ou com o uso de ferramentas pontiagudas.

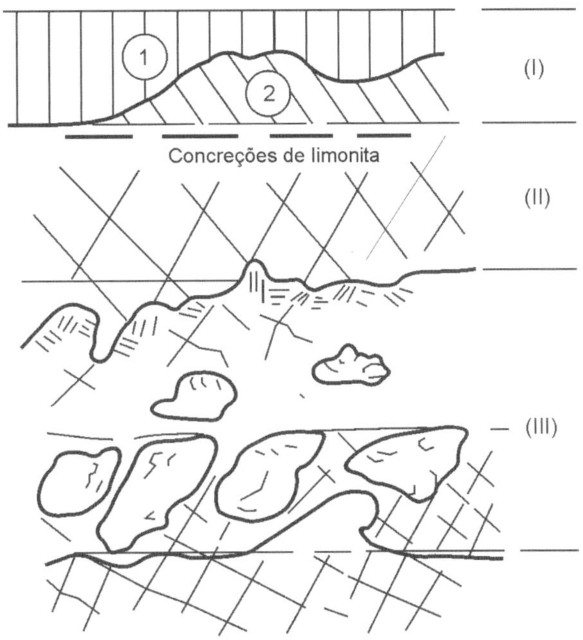

Os blocos em material alterado (III) correspondem ao horizonte de rocha alterada, em que a ação intempérica progrediu ao longo das fraturas ou zonas de menor resistência, deixando intactos grandes blocos da rocha original, envolvidos por solo. Trata-se de um material de transição entre solo e rocha, no qual se encontra, no presente, a frente de ataque do meio ambiente.

Fig. 4.2
Solos de alteração na região Centro-Sul do Brasil (Vargas, 1977)

Os solos residuais, principalmente os saprolíticos, apresentam em geral baixa resistência à erosão e, por isso, precisam ser protegidos em obras que envolvem cortes e escavações em encostas naturais. Os solos saprolíticos possuem elevada resistência ao cisalhamento. Não raro, no entanto, apresentam planos de maior fraqueza ao longo das estruturas herdadas da rocha, como, por exemplo, juntas ou fraturas preenchidas com solo de baixa resistência que, numa situação de corte ou escavação, podem levar o talude a um escorregamento.

4.1.2 Solos coluvionares (tálus)

Quando o solo residual é transportado pela ação da gravidade, como nos escorregamentos, a distâncias relativamente pequenas, recebe o nome de solo coluvionar, ou coluvião, ou ainda tálus. Em geral, esses solos encontram-se no pé das encostas naturais e podem ser constituídos de solos misturados com blocos de rocha. A Fig. 4.3 ilustra o processo de formação desse tipo de solo, por vários escorregamentos que se sucederam ao longo do tempo.

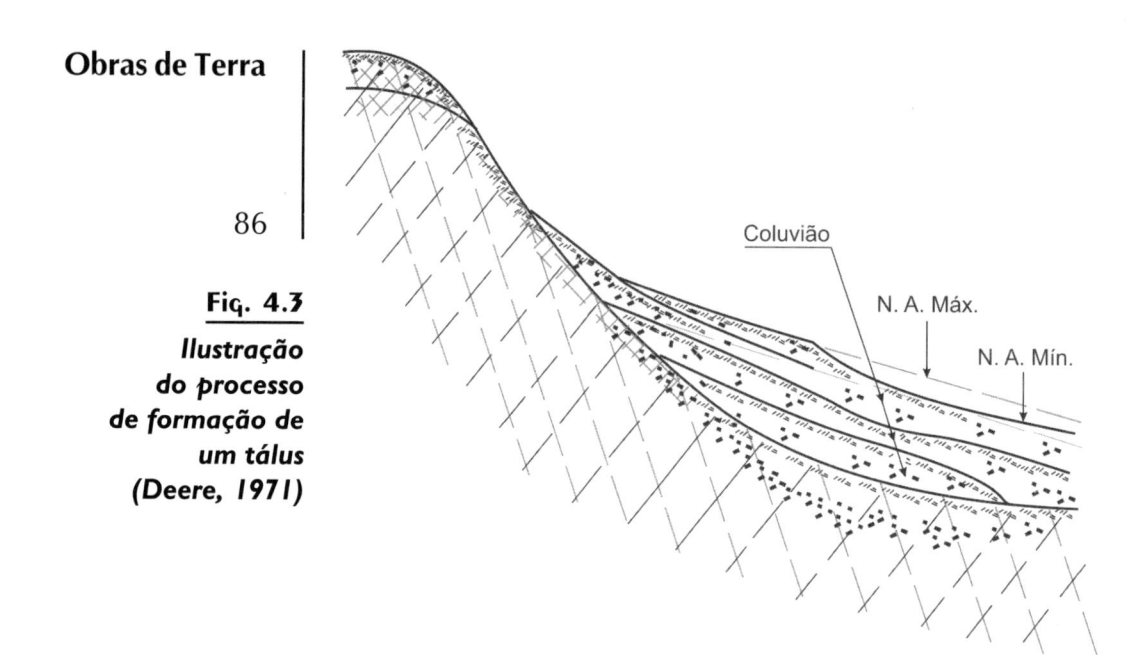

Fig. 4.3
Ilustração do processo de formação de um tálus (Deere, 1971)

Os solos superficiais bem drenados, isto é, situados acima do nível freático, sofrem ainda a ação de processos físico-químicos e biológicos complexos, em regiões de clima quente e úmido, típicas de países tropicais como o nosso. Esses processos compreendem a lixiviação (carreamento pela água) de sílica e bases, e mesmo de argilominerais, das camadas mais altas para as camadas mais profundas, deixando na superfície um material rico em óxidos hidratados de ferro e alumínio. Pode-se dizer que esses solos superficiais são solos "enferrujados". Algumas de suas características mais marcantes são os macroporos, visíveis a olho nu, e a caolinita como argilomineral dominante, além das cores vermelha e marrom.

A laterização pode ocorrer em qualquer tipo de solo superficial: nos solos residuais, nos coluvionares e mesmo nos sedimentares. A condição é que haja drenagem e o clima seja úmido e quente. Exemplos de ocorrência de solos lateríticos são: a) os solos porosos da região Centro-sul do Brasil, oriundos de solos residuais dos mais variados tipos de rochas (granitos, gnaisses, basaltos, arenitos, etc., conforme Fig. 4.4); e b) as argilas vermelhas do centro da cidade de São Paulo, originariamente sedimentares.

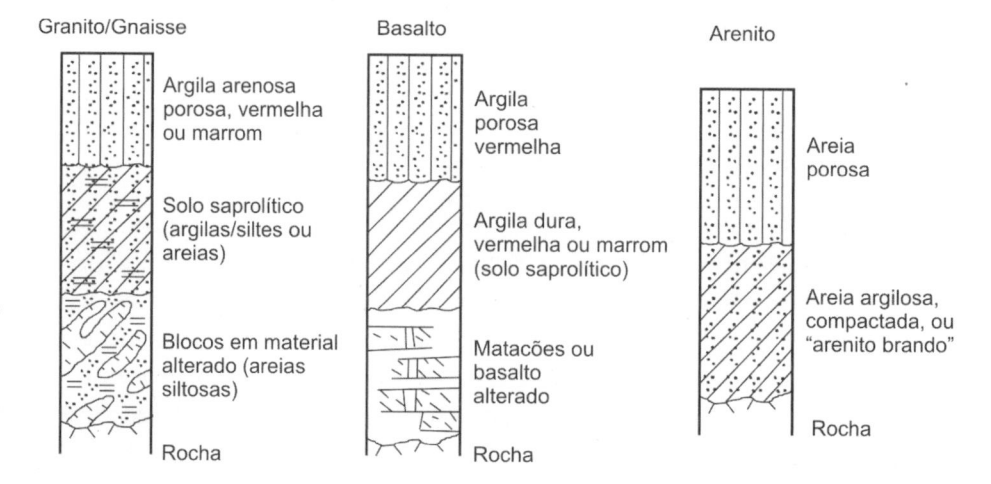

Fig. 4.4
Perfis de intemperismo na região Centro-Sul do Brasil (Vargas, 1977)

Os solos lateríticos apresentam elevada resistência contra a erosão em face da ação cimentante dos óxidos de ferro. Suportam também cortes e escavações subverticais, de até 10 m de altura, sem maiores problemas. No entanto, os seus macroporos conferem-lhes uma elevada compressibilidade, além de serem solos colapsíveis, isto é, sofrem deformações bruscas quando saturados sob carga.

4.2 Tipos e Causas de Escorregamentos das Encostas Naturais

Na Serra do Mar têm ocorrido vários tipos de escorregamentos, que foram classificados da seguinte forma por Vargas (1977): a) *creep* ou rastejo; b) escorregamentos verdadeiros; c) deslizamentos de tálus (liquefação); d) deslocamentos de blocos de rocha; e) avalanches ou erosão violenta. É preciso ter em mente que esta classificação é uma abstração da realidade, que é muito mais complexa do que se pensa.

Creep ou rastejo

O *creep* é um movimento lento de camadas superficiais de solo, encosta abaixo, com velocidades muito pequenas, de alguns milímetros por ano, que se acelera por ocasião das chuvas e se desacelera em épocas de seca, daí o nome de "rastejo" que lhe é atribuído.

Em geral são de pouca importância para a Engenharia, exceto quando afetam uma estrutura situada na massa em movimento, por exemplo, pilares de um viaduto. Durante a construção da primeira pista da rodovia dos Imigrantes, na década de 1970, foi necessário proteger os pilares de alguns viadutos, envolvendo-os com tubos de concreto, de forma a deixar um espaço anelar vazio entre eles. A ideia era que o empuxo de terra, provocado pelo rastejo, atuasse somente nos tubos, sem provocar esforços indesejáveis na estrutura. Esta solução requer permanente vigilância e, se necessário, reinstalar os tubos de forma a garantir o espaço anelar vazio.

Os rastejos são detectáveis, na Serra do Mar, pelas árvores inclinadas na direção do talude. Um rastejo pode, com o tempo, evoluir para um escorregamento verdadeiro.

Escorregamentos verdadeiros

Os escorregamentos verdadeiros referem-se a deslizamentos de volumes de solos ao longo de superfícies de ruptura bem definidas, cilíndricas ou planares. São, a rigor, os únicos que podem ser submetidos a análises estáticas, do tipo métodos de equilíbrio-limite, objeto do Cap. 3. Várias são as causas que levam a esse fenômeno:

Obras de Terra

a) alteração da geometria do talude, quer através do descalçamento do seu pé, por cortes ou escavações, quer de retaludamentos, com o aumento da sua inclinação (Figs. 4.5a e b). Euclides da Cunha usou o termo "taludar" para significar "rasgar em degraus" as encostas;

b) colocação de sobrecargas no topo das encostas (Fig. 4.5c);

c) infiltração de águas de chuvas, que podem elevar as pressões neutras (reduzindo, portanto, a resistência do solo), ou provocar um "amolecimento" do solo (diminuição dos parâmetros de resistência, principalmente da coesão aparente);

d) desmatamento e poluição ambiental, que levam à destruição da vegetação, que tem um papel importante na estabilização das encostas, pela absorção de parte das águas de chuva, porque facilita o escoamento dessas águas, e ainda pelo reforço que suas raízes imprimem à resistência ao cisalhamento dos solos que as suportam.

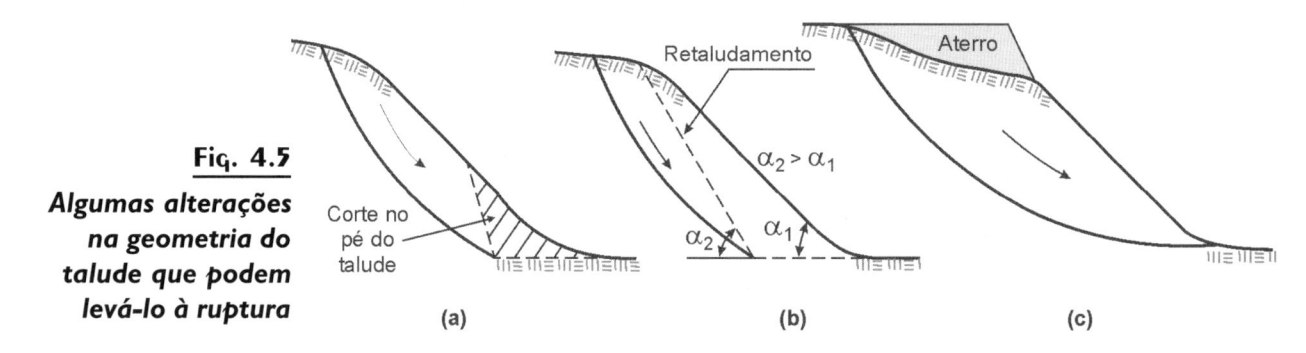

Fig. 4.5
Algumas alterações na geometria do talude que podem levá-lo à ruptura

Deslizamentos de tálus

Os tálus, detritos de escorregamentos antigos, encontram-se, em geral, saturados, e podem sofrer deslizamentos sob a ação conjunta da gravidade e das pressões neutras. A massa de material (solo e blocos de rocha) escoa como se fosse um fluido ou líquido viscoso, sem uma linha de ruptura bem definida. Os tálus secos, não alimentados por água subterrânea, podem ser estáveis.

Esse tipo de fenômeno pode ser agravado pelo efeito de cortes ou escavações nas partes mais baixas do corpo de tálus, ou do lançamento de aterros nas suas cabeceiras. Um caso que ganhou notoriedade foi o da cota 95, na Via Anchieta: as escavações feitas para a sua construção, no final da década de 1940, próximas ao pé de um corpo de tálus, provocaram movimentos que interromperam a pista inúmeras vezes e que cessaram somente após várias tentativas de estabilização, principalmente com o recurso de técnicas de drenagem profunda.

Deslocamentos de blocos de rochas

Em algumas encostas naturais ocorrem blocos ou lascas de rocha intactos, resistentes ao intemperismo, que podem sofrer queda livre por ocasião de chuvas intensas e prolongadas, provocam erosão e solapamento do material junto às suas bases, ou pela ação do homem, ao executar cortes e escavações de forma inadequada. O fenômeno ocorre em locais com escarpas rochosas, como nas cidades do Rio de Janeiro, Santos, Vitória e Salvador, por vezes com consequências fatais.

Avalanches ou fluxo de detritos

As avalanches ou erosões violentas, também conhecidas como "fluxo de detritos" (*Debris Flows*), são fenômenos classificados como "desastres naturais", pelo seu alto poder destrutivo e pelos danos que podem provocar em instalações e equipamentos urbanos ou à própria natureza. São movimentos de massas que se desenvolvem em períodos de tempo muito curtos (segundos a poucos minutos) e que têm algumas peculiaridades como velocidades elevadas (5 a 20 m/s); alta capacidade de erosão e destruição, em razão das grandes pressões de impacto (30 a 1.000 kN/m^2); transporte de "detritos" (galhos e troncos de árvores, blocos de rocha, cascalho, areia e lama) a grandes distâncias, mesmo em baixas declividades (5° a 15°).

Ocorrem, em geral, após longos períodos de chuva, quando uma incidência pluviométrica mais intensa (6 a 10 mm em 10 minutos) provoca escorregamentos de solo e rocha para dentro de um curso d'água. A massa de solo mistura-se com água em abundância e é dirigida para as vertentes, arrastando árvores e remobilizando materiais pedregosos que encontra pelo caminho. Ademais, a erosão das margens tende a ampliar o leito do rio. A concentração de sólidos, em volume, pode variar em ampla faixa, de 30 a 70%. A vazão de pico de um fluxo de detritos pode alcançar um valor de 10 a 20 vezes (ou mais) a vazão de cheia (água), para a mesma bacia hidrográfica e mesma chuva (Massad et al., 1997).

Fenômenos desse tipo ocorreram em 1967, na Serra das Araras, Rio de Janeiro, e em Caraguatatuba; e, em 1995, em Timbé do Sul, Santa Catarina, com efeitos catastróficos: destruição de estradas e de habitações, em larga escala, danos a propriedades privadas, além de ceifar vidas humanas.

4.3 *Métodos de Cálculo de Estabilidade de Taludes*

Para os escorregamentos verdadeiros (Fig. 4.6a), com linha de ruptura bem definida, aplicam-se os métodos de equilíbrio-limite, estudados no Cap. 3. Se a linha de ruptura for circular, pode-se valer, por exemplo, do Método de Bishop Simplificado.

Na sequência, mostra-se como se calcula a estabilidade para rupturas planares e apresenta-se a ideia dos ábacos para análises expeditas da estabilidade, tanto para escorregamentos planares quanto circulares.

Obras de Terra

4.3.1 Taludes infinitos

O escorregamento do Morro da Caneleira, em Santos, ocorreu em 24 de maio de 1956, com vários outros, quando a precipitação pluviométrica foi excessiva, atingindo cerca de 950 mm, quatro vezes a média anual: somente na noite do dia 24 para o 25 choveu 264 mm. A Fig. 4.6b mostra uma seção transversal desse morro e ilustra bem o que se convencionou chamar de talude infinito.

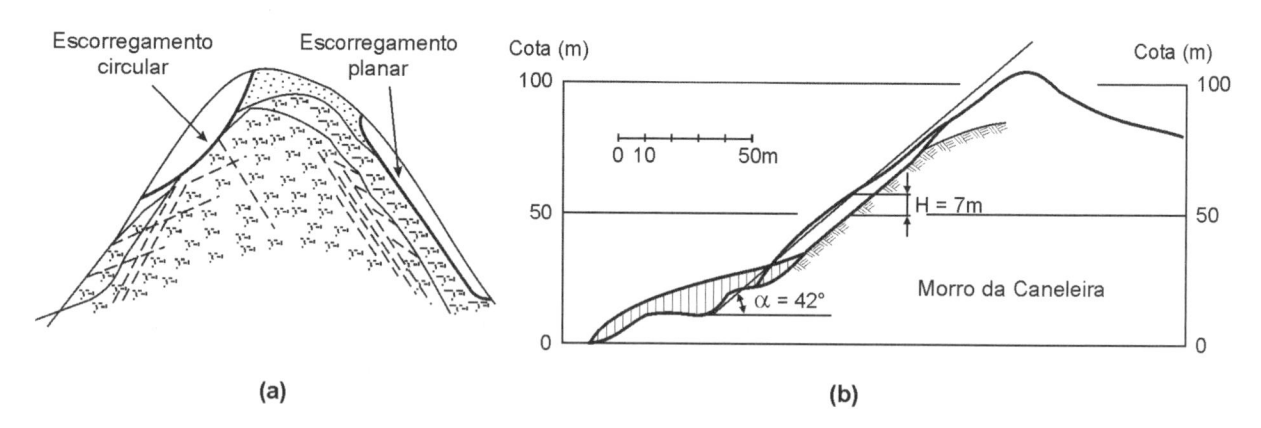

Fig. 4.6

Seção transversal do Morro da Caneleira, em Santos (Vargas e Pichler, 1957)

Trata-se de taludes de encostas naturais, que se caracterizam pela sua grande extensão, centenas de metros, e pela reduzida espessura do manto de solo, de alguns metros. A ruptura, quando ocorre, é do tipo planar, com a linha crítica situada no contato solo-terreno firme.

Dedução da fórmula do coeficiente de segurança

No Apêndice I do Cap. 3 deduziu-se, por duas vias, as seguintes equações de equilíbrio:

$$\overline{N} + U = P \cdot \cos\alpha$$
$$T = P \cdot \mathrm{sen}\,\alpha \tag{1}$$

relativas à Fig. 3.11 ou 4.7, que representam, esquematicamente, um talude infinito.

Designando-se por γ o peso específico do solo, pode-se escrever:

$$P = \gamma \cdot H \cdot \Delta x$$

e

$$U = u \cdot \frac{\Delta x}{\cos\alpha}$$

donde:

$$\overline{N} = \gamma \cdot H \cdot \Delta x \cdot \cos \alpha - u \cdot \frac{\Delta x}{\cos \alpha}$$

$$T = \gamma \cdot H \cdot \Delta x \cdot sen\, \alpha$$

(2)

Capítulo 4
Encostas Naturais

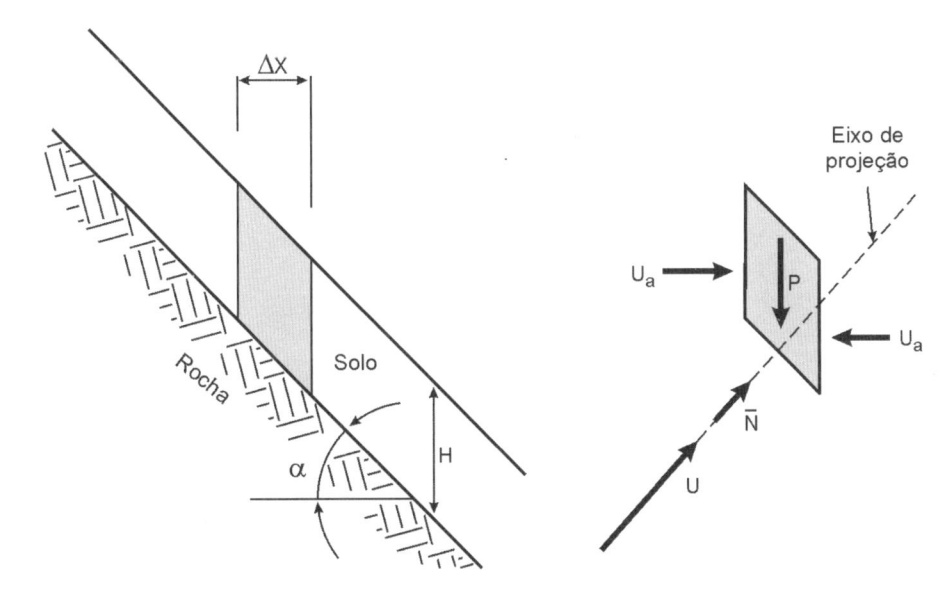

Fig. 4.7
Representação esquemática de um talude infinito. Forças atuantes numa lamela genérica

Por outro lado, tem-se:

$$T = \frac{1}{F} \cdot (c' \cdot \ell + \overline{N} \cdot tg\, \Phi')$$

(3)

que é a expressão (4) do Cap. 3. Substituindo-se a expressão (2) na expressão (3) e lembrando-se de que:

$$\ell = \frac{\Delta x}{\cos \alpha}$$

vem, após algumas transformações:

$$F = \frac{c' + (\gamma \cdot H \cos^2 \alpha - u) \cdot tg\, \phi'}{\gamma \cdot H\, sen\, \alpha\, \cos \alpha}$$

(4)

ou, em forma adimensionalizada:

$$F = \frac{2N}{sen\,2\alpha} + \left(1 - \frac{\overline{B}}{cos^2\alpha}\right) \cdot \frac{tg\,\phi'}{tg\,\alpha} \qquad (5)$$

em que N é o número de estabilidade de Taylor (1948), dado por:

$$N = \frac{c'}{\gamma H} \qquad (6)$$

e $\overline{B}$ é o parâmetro de pressão neutra, definido por:

$$\overline{B} = \frac{u}{\gamma H} \qquad (7)$$

Uma outra forma de se chegar à expressão (4) é pela determinação da tensão total normal (σ_n) e da tensão de cisalhamento (τ), que atuam ao longo da linha potencialmente crítica. Reportando-se à Fig. 4.8, pode-se escrever:

$$\sigma_n = \frac{P\,cos\,\alpha}{\ell \cdot 1} = \gamma \cdot H\,cos^2\alpha \qquad (8)$$

$$\tau = \frac{P\,sen\,\alpha}{\ell \cdot 1} = \gamma \cdot H\,sen\,\alpha\,cos\,\alpha \qquad (9)$$

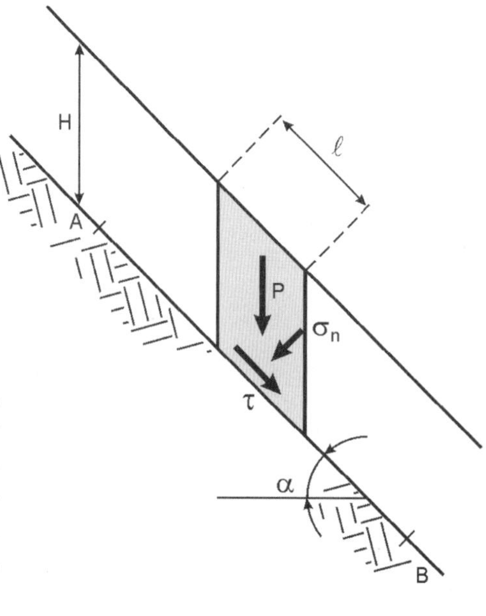

Das expressões (1) e (2) do Cap. 3 resulta:

$$s = c' + (\sigma_n - u) \cdot tg\,\phi' \qquad (10)$$

$$F = \frac{s}{\tau} \qquad (11)$$

Substituindo-se (8), (9) e (10) em (11) resulta a expressão (4).

Fig. 4.8
Taludes infinitos: outra forma de considerar as forças atuantes numa lamela genérica

Posição da linha crítica

Uma análise da expressão (5) leva à importante conclusão de que se o solo de um talude infinito for homogêneo, a linha crítica do escorregamento, isto é, a linha à qual está associado um coeficiente de segurança mínimo, corresponde a um H máximo. Em outras palavras, a linha crítica coincide com o contato entre o solo e o substrato rochoso, confirmando a afirmação anterior. De fato, como $\overline{B}$ é, em geral, constante, quanto maior for H, menor será o número de estabilidade de Taylor (N) e, consequentemente, o coeficiente de segurança (F).

Para enfatizar a importância desse resultado, considerem-se os dois taludes da Fig. 4.9. Se ambos forem bem drenados ($u = 0$) e o solo for o mesmo, com $c' = 40$ kPa, $\phi' = 25°$ e $\gamma = 20$ kN/m³, qual dos dois taludes será mais estável? Aparentemente, é o que tem inclinação menor, portanto, o da esquerda. No entanto, este talude apresenta o menor valor de N, $40/260 = 0,154$, contra $40/150 = 0,267$ do talude da direita. Feitos os cálculos, obtém-se $F \cong 1$ para ambos os taludes.

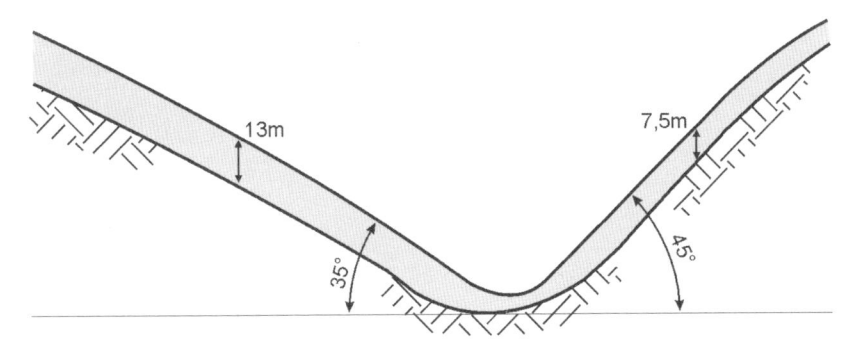

Fig. 4.9
Qual dos dois taludes é mais estável?

Para o caso de subsolo heterogêneo, como na Fig. 4.10a, em que os horizontes de solos possuem parâmetros de resistência (c' e ϕ') diferentes, é necessário pesquisar a posição da linha crítica. Para tanto, basta construir um

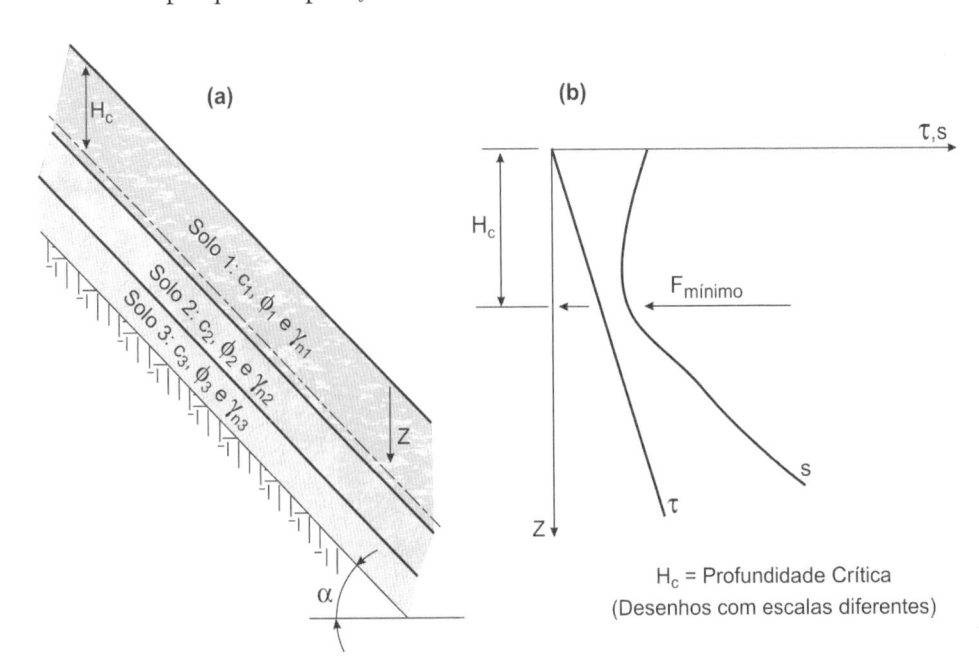

Fig. 4.10
Taludes infinitos: determinação da profundidade crítica para subsolo heterogêneo

gráfico como o da Fig. 4.10b, com base nas expressões (9) e (10), e o valor da profundidade crítica resulta facilmente, avaliando-se, por simples inspeção, onde ocorre o valor mínimo de F, dado pela expressão (11).

Ilustração com alguns casos particulares

Considere-se um solo com coesão efetiva muito baixa, a ponto do número de estabilidade de Taylor (N) poder ser desprezado (N=0). Imaginem-se também as 4 seguintes situações: a) talude seco; b) talude com substrato rochoso impermeável; c) talude com substrato rochoso muito permeável (talude bem drenado); e d) talude com fluxo horizontal. Para cada uma dessas situações, em que há percolação de água, existe uma rede de fluxo simples, com linha freática conhecida, o que torna fácil determinar a pressão neutra ao longo da linha crítica. A aplicação da expressão (5), com $N=0$, permite o cálculo de F.

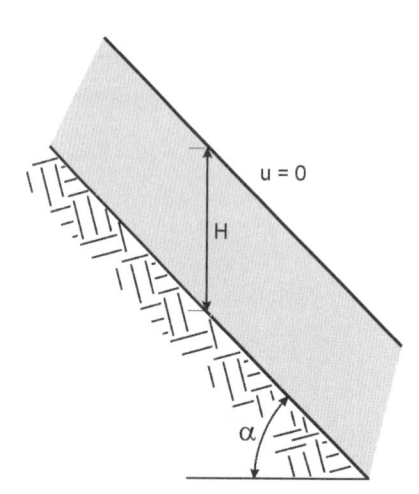

Fig. 4.11
Talude infinito Seco

a) **Talude seco**

Neste caso $u = 0$, isto é, $\overline{B} = 0$, e:

$$F = \frac{tg\,\phi'}{tg\,\alpha} \qquad (12)$$

b) **Talude com substrato rochoso "impermeável"** (fluxo paralelo ao talude)

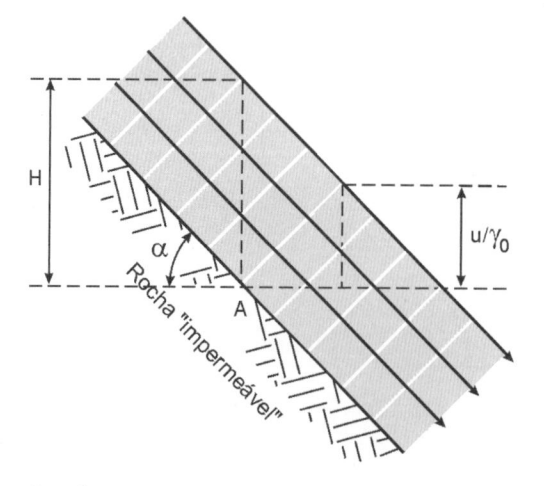

É fácil verificar que :

$$u = \gamma_o\, H\, cos^2\alpha \qquad (13)$$

e

$$\overline{B} = \frac{\gamma_o\, cos^2\alpha}{\gamma}$$

Fig. 4.12
Talude infinito com fluxo de água horizontal

donde:

$$F = \frac{tg\,\phi'}{2\cdot tg\,\alpha} \qquad (14)$$

para γ = 20 kN/m³. Ademais, vê-se que, quando $N = 0$ e o fluxo é paralelo ao talude, F cai para a metade do valor correspondente a talude seco.

c) **Talude com substrato rochoso muito permeável** (talude drenado)

Como as equipotenciais são horizontais, tem-se:

$$u = 0 \quad \text{ou} \quad \overline{B} = 0$$

donde:

$$F = \frac{tg\,\phi'}{tg\,\alpha} \quad (15)$$

isto é, o mesmo coeficiente de segurança que no caso de talude seco.

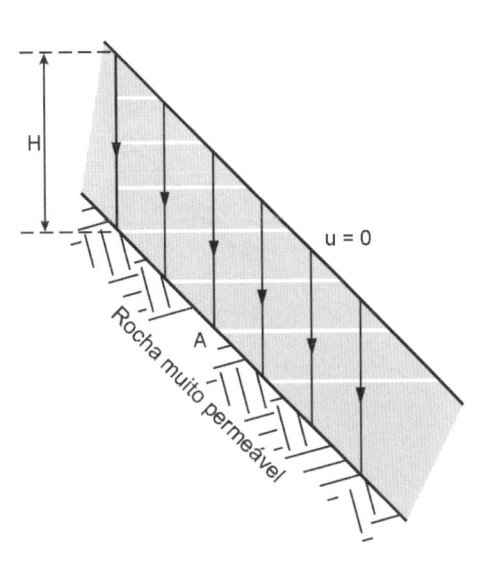

Fig. 4.13
Talude infinito drenado

d) **Talude com fluxo horizontal**

Também é fácil verificar que:

$$u = \gamma_o H \quad \text{ou} \quad \overline{B} = \frac{\gamma_o}{\gamma} \quad (16)$$

donde:

$$F = \frac{tg\,\phi'}{tg\,2\alpha} \quad (17)$$

para γ = 20 kN/m³.

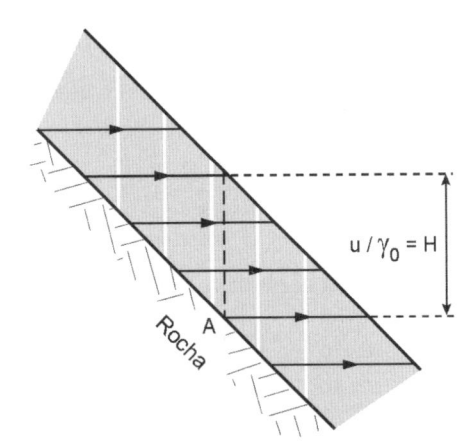

Fig. 4.14
Talude infinito com fluxo de água horizontal

4.3.2 Método de Culmann

Considere-se o talude de corte esquematizado na Fig. 4.15. Quando se encontra seco, isto é, com $u = 0$, e a sua inclinação (α) for próxima de 90°, talude subvertical, pode-se utilizar o Método de Culmann, com boa precisão.

Obras de Terra

O Método de Culmann baseia-se na hipótese de que a ruptura ocorre ao longo de um plano que passa pelo pé do talude. Como mostra a Fig. 4.15a, a única força que tende a instabilizar o talude é o peso da massa de solo (cunha). As forças C_d e R são de reação e constituem um par de forças equivalentes a N e T, utilizadas no Cap. 3.

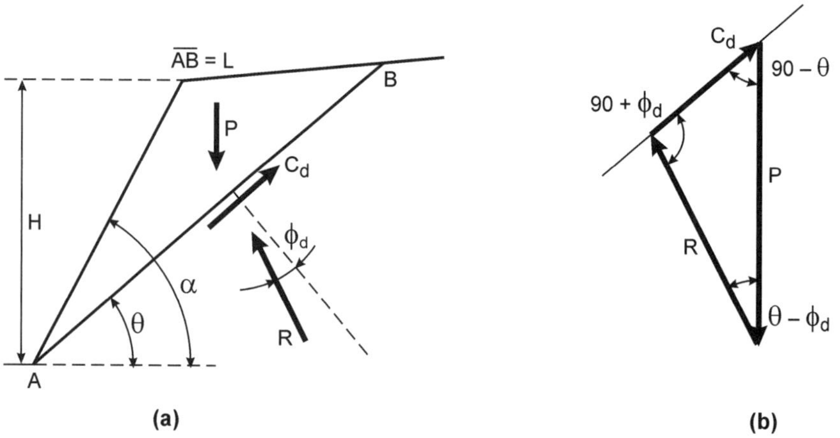

Fig. 4.15
*Método de Culmann:
a) forças atuantes na cunha de solo;
b) polígono de forças*

De fato, em termos de tensões totais, a força T vale:

$$T = \frac{1}{F} \cdot (c \cdot L + N \cdot tg\phi) \tag{18}$$

Definindo-se C_d e c_d como sendo, respectivamente, a força de coesão e a coesão *desenvolvidas* (mobilizadas), isto é:

$$C_d = \frac{c}{F} \cdot L = c_d \cdot L \tag{19}$$

e ϕ_d como o ângulo de atrito desenvolvido (mobilizado), tal que:

$$tg\phi_d = \frac{tg\phi}{F} \tag{20}$$

pode-se reescrever a expressão (18):

$$T = C_d + N \cdot tg\phi_d \tag{21}$$

Designando-se por R a resultante entre $N.tg\phi_d$ e N, conclui-se que tanto faz considerar o par de forças T e N quanto o par C_d e R.

Com a aplicação da Lei dos Senos ao polígono de forças indicado na Fig. 4.15b, pode-se escrever:

$$\frac{P}{sen(90+\phi_d)} = \frac{C_d}{sen(\theta-\phi_d)} \tag{22}$$

Mas o peso da cunha de solo vale:

$$P = \gamma_n L \cdot H \frac{sen(\alpha - \theta)}{sen\,\alpha} \qquad (23)$$

Substituindo-se (19) e (23) em (22) vem, após algumas transformações:

$$\frac{c_d}{\gamma H} = \frac{1}{2} \frac{sen(\alpha - \theta) \cdot sen(\theta - \phi_d)}{sen\,\alpha \cdot cos\,\phi_d} \qquad (24)$$

Qual o valor do ângulo crítico (θ_c), isto é, qual a posição do plano crítico, associado ao $F_{mín}$? Para encontrá-lo, basta maximizar o segundo membro de (24), pois $c_d = c/F$, conforme a expressão (19). Isto feito, chega-se a:

$$\theta_c = \frac{\alpha + \phi_d}{2} \qquad (25)$$

A substituição de θ por θ_c em (24) resulta, após algumas transformações:

$$\frac{c_d}{\gamma H} = \frac{1 - cos(\alpha - \phi_d)}{4\,sen\,\alpha \cdot cos\,\phi_d} \qquad (26)$$

que é a solução analítica de Culmann.

O mesmo problema comporta uma solução gráfica, por tentativas, através de uma iteração em F e uma variação paramétrica em θ. O procedimento é o seguinte:

- escolhe-se um valor de θ (pesquisa do plano crítico) e calcula-se o peso P da cunha de solo;
- adota-se um valor para $F = F_1$, calcula-se ϕ_d, expressão (20), e fecha-se o polígono de forças (Fig. 4.15b); isto é possível, pois são conhecidas a força P e as direções de R e C_d;
- obtém-se, assim, o valor de C_d e, pela expressão (19), determina-se um novo valor de $F = F_2$, que deve ser comparado a F_1; se $F_1 \neq F_2$, adota-se novo valor para F ($F = F_2$, por exemplo) e repete-se a iteração, até a convergência; com isto, obtém-se o valor de F associado ao θ (plano potencial de ruptura) escolhido;
- finalmente, adota-se novo valor para θ (variação paramétrica) e repetem-se os itens acima. O valor de $F_{mín}$ é então determinado e, com ele, o ângulo θ_c (crítico).

Obras de Terra

Apesar das hipóteses simplificadoras (ruptura planar e talude seco), o Método de Culmann é útil em situações de talude subvertical ($\alpha \cong 90$), como mostra a Tab. 4.1, extraída de Taylor (1948, p. 457), que apresenta valores do número de estabilidade de Taylor (N) calculados pelo método de Culmann e pelo método das fatias ou das lamelas. Todos os valores de N referem-se a círculo crítico passando pelo pé do talude, exceto aqueles assinalados com asterisco (*), que correspondem a círculos abaixo do pé do talude (ver Fig. 4.16).

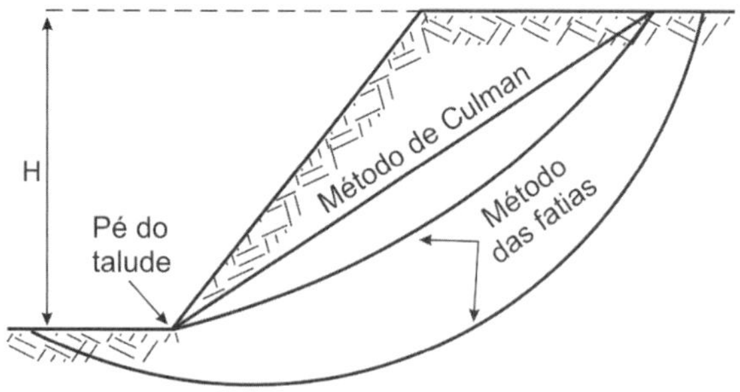

Tab. 4.1 Valores de $N = c_d/\gamma H$

α (°)	ϕ_d (°)	M. Culmann	M. Fatias
90	0	0,250	0,261
	5	0,229	0,239
	15	0,192	0,199
	25	0,159	0,165
60	0	0,144	0,191
	5	0,124	0,165
	15	0,088	0,120
	25	0,058	0,082
30	0	0,067	0,156
	5	0,047	0,114
	15	0,018	0,048
	25	0,002	0,012

Fig. 4.16
Comparação entre os métodos de Culmann e das fatias ou lamelas

Essa proximidade entre os valores de N ocorre em virtude da linha de ruptura quase coincidir com uma reta quando os taludes são subverticais. Isto é, o arco da circunferência (linha de ruptura) praticamente se confunde com a sua corda.

4.3.3 Ábacos para análises expeditas da estabilidade

Um exame das expressões (5) e (26) revela que, de um modo geral, o coeficiente de segurança F é uma função: a) dos parâmetros de resistência (c' e ϕ'); b) da pressão neutra; e c) da geometria do talude. Essa dependência pode ser explicitada de uma forma mais condensada, pelos adimensionais N, o número de estabilidade de Taylor (expressão 6), e de $\overline{B}$, o parâmetro de pressão neutra (expressão 7). Isto é:

$$F = \phi(N, \overline{B}, \alpha, \phi') \qquad (27)$$

Daí ter surgido a ideia de se construirem ábacos relativamente simples e precisos e que permitissem, de forma rápida, quer uma estimativa do coeficiente de segurança, quando se conhece a geometria do talude, quer a indicação de um ângulo de talude (α), para uma dada altura de encosta (H) e um certo valor do coeficiente de segurança (F).

Os ábacos de Taylor (1948) foram os primeiros a serem preparados. A estabilidade foi calculada para rupturas circulares, mas as pressões neutras foram consideradas nulas, isto é, os taludes foram supostos secos ou completamente drenados.

Modernamente, para fazer frente a situações em que $u \neq 0$, de taludes saturados e submetidos a percolação de água, pode-se recorrer aos ábacos de Hoek (1974), desenvolvidos originariamente para problemas de estabilidade de escavações de minas a céu aberto. A linha de ruptura pode ser planar ou circular e o autor empregou o método de Bishop nos seus cálculos de estabilidade.

Capítulo 4

Encostas Naturais

4.4 *Estabilização de Encostas Naturais*

Na natureza, os coeficientes de segurança estão em torno de 1 para situações críticas, isto é, chuvas intensas e prolongadas, infiltração de água e saturação do solo, portanto, a intervenção do homem deve ser planejada para alterar o mínimo possível a geometria da encosta. Deve-se minimizar os cortes, valendo-se, quando possível, de níveis diferenciados de escavações, acompanhando a declividade da encosta ou seguindo o modelado do relevo da área.

Outra providência, de caráter geral, é a proteção dos taludes após cortes e escavações, para evitar a erosão. Para tanto, pode-se utilizar um eficiente sistema de drenagem, associado ao plantio de vegetação (gramíneas ou leguminosas).

Há, evidentemente, situações em que uma obra vai colocar em risco a estabilidade de uma encosta. Nesses casos, o projetista tem de pensar numa solução de estabilização, que permita a execução da obra de forma segura e econômica. Serão apresentados, a seguir, alguns dos processos de estabilização de encostas, mais usados entre nós.

Drenagem superficial

O objetivo da drenagem é diminuir a infiltração de águas pluviais, captando-as e escoando-as por canaletas dispostas longitudinalmente, na crista do talude e em bermas, e, transversalmente, ao longo de linhas de maior declividade do talude. Para declividades grandes, pode ser necessário recorrer a escadas d'água, para minimizar a energia de escoamento das águas. As bermas, com cerca de 2 m de largura, devem ser construídas com espaçamento vertical de 9 a 10 m, também para diminuir a energia das águas (Fig. 4.17).

Esta solução é de custo muito baixo e não exige pessoal especializado.

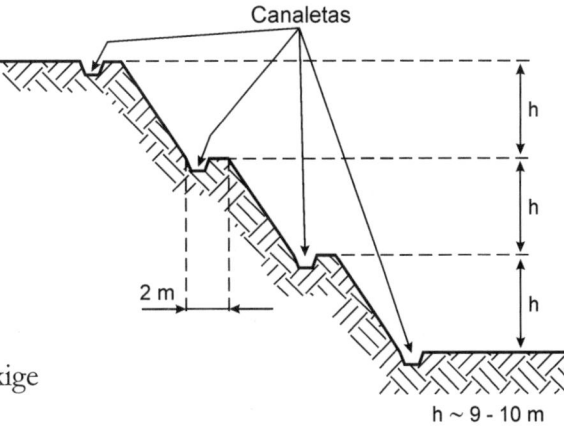

Fig. 4.17

Drenagem superficial: posição das bermas e das canaletas

Obras de Terra

Retaludamentos

Consistem em alterar a geometria do talude, quando houver espaço disponível, fazendo-se um jogo de pesos, de forma a aliviá-los junto à crista e acrescentá-los junto ao pé do talude (Fig. 4.18). Assim, uma escavação ou corte feito junto à crista do talude diminui uma parcela do momento atuante; analogamente, a colocação de um contrapeso (berma) junto ao pé do talude tem um efeito contrário, estabilizador.

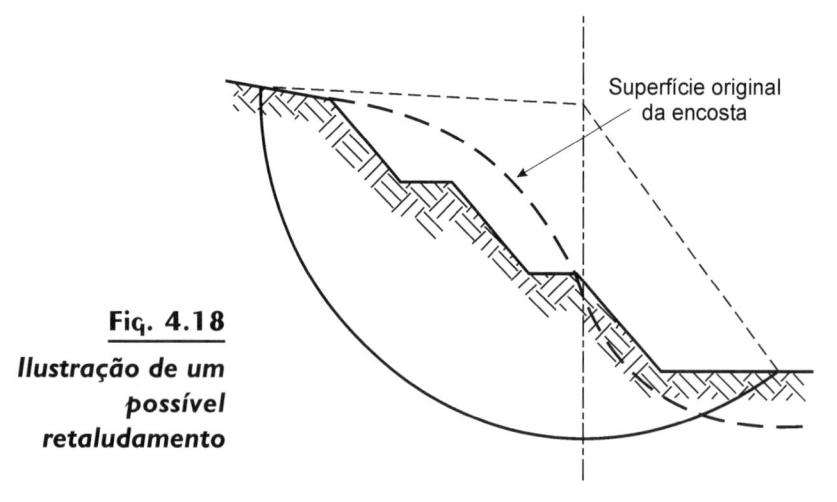

Em certas situações, como, por exemplo, quando o horizonte instável é uma capa delgada de solo, é mais econômico e mais fácil alterar a geometria do talude pela remoção do material instável.

Fig. 4.18
Ilustração de um possível retaludamento

Drenagem profunda

A ideia desta solução é abaixar o nível freático, reduzindo, assim, as pressões neutras e, consequentemente, aumentar a estabilidade do talude, com drenos sub-horizontais profundos.

O processo consiste em executar com sondagens mistas, a percussão e rotativa, furos de 2" a 3" de diâmetro, levemente inclinados em relação à horizontal, onde são instalados tubos de PVC previamente preparados. Os tubos são perfurados e envolvidos por tela fina ou manta de geossintético. Esta solução requer a observação de campo, através de piezômetros e medidores de nível d'água, como garantia do pleno funcionamento do sistema de drenagem, que pode sofrer, com o tempo, uma colmatação.

Quanto à execução, requer pessoal especializado e equipamento para as sondagens rotativas (abertura dos furos), mas os custos são relativamente baixos.

Impermeabilização superficial

A finalidade deste processo é evitar ou diminuir a infiltração das águas de chuvas, pela pintura com material asfáltico, por exemplo. Em áreas mais restritas, pode-se usar concreto projetado (gunita). O inconveniente dessa solução refere-se ao seu desagradável efeito estético: em vez do verde das plantas, passa-se a ter na paisagem a cor do asfalto ou a do concreto. Além disso, requer manutenção, pois a pintura de recobrimento deteriora-se com o tempo, abrindo espaço para a passagem da água.

Cortinas atirantadas

No caso de taludes subverticais, podem ser empregadas as cortinas atirantadas, que são constituídas de placas de concreto de pequenas dimensões, atirantadas. As placas são instaladas de cima para baixo, à medida que se progride nas escavações do corte (Fig. 4.19). Os tirantes protendidos visam, basicamente, aumentar a resistência ao cisalhamento do solo, expressão (10), com um aumento da tensão normal (σ_n) atuante ao longo da linha de ruptura. Ou então, dependendo da inclinação dos tirantes, introduzir uma parcela adicional de força, tangencial e ao longo da linha de ruptura.

A carga necessária nos tirantes pode ser determinada por equilíbrio estático, por métodos como o de Culmann, por exemplo, ou o de Bishop Simplificado. O comprimento dos tirantes deve ser tal que os seus bulbos estejam além do plano ou da superfície de escorregamento crítica.

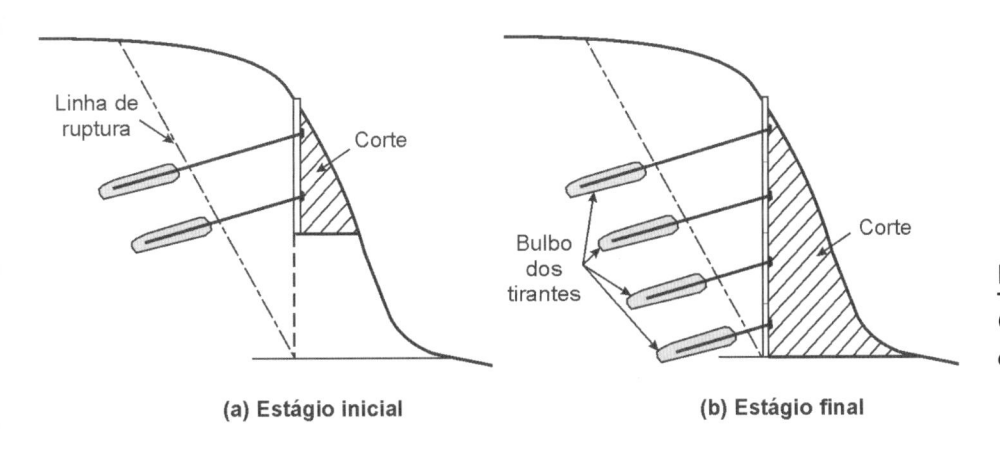

Fig. 4.19 *Cortinas atirantadas*

(a) Estágio inicial (b) Estágio final

O processo executivo envolve, numa primeira fase, a perfuração do solo, a introdução do tirante e a injeção de nata de cimento para formar o bulbo de ancoragem. Numa segunda fase, após o endurecimento da nata de cimento, os cabos do tirante são protendidos e ancorados junto às placas de concreto (ancoragem ativa). Por vezes, é necessário associar a essas cortinas atirantadas um sistema de drenagem, para aliviar os efeitos das pressões neutras, ou então considerá-las nos cálculos de estabilidade.

Os custos são muito elevados, e a execução demanda tempo e requer pessoal e equipamentos especializados. A permanência, ao longo do tempo, das cargas dos tirantes, bem como a corrosão do aço, são ainda assuntos de controvérsia. A instalação de células de cargas nos tirantes e a proteção dos cabos de aço com tintas anticorrosivas visam contornar essas dificuldades. Há países em que a legislação só permite o emprego de tirantes em obras de contenção temporárias.

Capítulo 4
Encostas Naturais

Estacas raiz

Consistem em barras metálicas, ou mesmo tubos de aço, introduzidos em pré-furos feitos no maciço da encosta e que são, posteriormente, solidarizados ao terreno por injeção de nata de cimento ou argamassa de concreto. Funcionam como um reforço do solo, isto é, ao longo do plano de ruptura, acresce-se a resistência ao cisalhamento da seção de aço das estacas.

Define-se uma malha de pontos na superfície do talude a ser tratado e, a partir de cada nó, pode-se instalar um grupo de estacas raiz, penetrando no terreno em várias direções, com comprimentos tais que as suas pontas fiquem além da superfície crítica de escorregamento. O conjunto todo forma um retículo de estacas raiz. Cada grupo de estacas é capeado por um bloco de concreto ou por vigas de concreto, dispostas ao longo de curvas de nível.

Também aqui os custos são elevados, principalmente quando as estacas penetram em maciço rochoso, e a execução exige pessoal e equipamentos especializados.

Solos reforçados

Quando se trata da recomposição de taludes rompidos, pode-se lançar mão de aterros compactados. Por vezes, esses taludes são íngremes, até mesmo verticais. Para garantir a estabilidade, pode-se reforçar o solo compactado com a inserção ou inclusão de materiais resistentes à tração. Esses materiais podem ser rígidos, como as tiras metálicas usadas na técnica da terra armada, ou extensíveis, como os chamados produtos geossintéticos. Dentre esses produtos, citam-se as mantas de geotêxtil, muito usadas entre nós, e as geogrelhas. Qualquer tendência de movimento do maciço implicará a solicitação dos reforços, por tensões cisalhantes no contato com o solo compactado. As tiras têm de se estender além da superfície crítica de escorregamento do maciço reforçado. A construção é feita de baixo para cima, com a inserção dos reforços entre camadas de solo compactado. Os custos são relativamente elevados, pois alguns desses reforços são importados ou pagam *royalties*.

A obra é concluída com a construção de um paramento de concreto armado, ou de elementos pré-fabricados, ou de concreto projetado, que forma, juntamente com o reforço, um verdadeiro muro de arrimo. Daí se poder falar em muro de terra armada e muro de solo reforçado com geossintéticos. Cuidados devem ser tomados com a drenagem interna, através de barbacãs, e superficial, com canaletas convenientemente dispostas.

Outra técnica muito usada no Brasil é a do solo grampeado, para estabilizar taludes de corte ou de escavação. Consiste na instalação de barras sub-horizontais de aço num solo natural, por cravação (grampos cravados), ou em pré-furos preenchidos com nata de cimento (grampos injetados). Em seguida, executa-se um paramento, que pode ser de elementos pré-fabricados ou de concreto projetado. O comprimento das barras pode atingir até 70%

da altura do talude, para grampos cravados, ou 120%, para grampos injetados. A construção é feita de cima para baixo, como no caso das cortinas atirantadas; requerem poucos equipamentos de construção e seu custo é relativamente baixo.

Esse campo de solos reforçados é muito fértil, pois está aberto à criatividade e à engenhosidade. Outros tipos de muros são empregados, além dos citados: a) muros de pedras argamassadas; b) muros de gabiões; c) muros de solo-cimento compactado ou ensacado; d) muros de solos compactados, reforçados com pneus.

Para este último tipo, envidaram-se esforços no Brasil para o uso, em aterros de solos compactados, de pneus descartados, ligados entre si por cordas, fitas ou grampos metálicos. Além de o custo ser relativamente mais baixo, essa técnica tem ainda o atrativo de contribuir para a preservação do meio ambiente e para a melhora das condições sanitárias, ao dar um destino que não seja o lixo aos pneus descartados.

Todas essas inserções de reforços funcionam se solicitadas, isto é, são ancoragens passivas. Contrapõem-se, assim, aos tirantes, que são ancoragens ativas, isto é, entram logo em funcionamento, pois são protendidos após a sua instalação.

Para o caso de solos reforçados com tiras ou inserções extensíveis, procede-se, inicialmente, a uma verificação da estabilidade externa, como se faz com qualquer muro de arrimo, considerando os seguintes modos de ruptura: escorregamento, tombamento e ruptura da fundação. Em seguida, é feita a verificação da estabilidade interna, visando garantir a segurança contra a ruptura e o arrancamento do reforço (*pull out*). Modernamente, existem métodos de análise da estabilidade interna que levam em conta a rigidez relativa solo-reforços e os efeitos da compactação do solo nos valores das forças de tração que atuam nos reforços (Ehrlich et al., 1994).

Capítulo 4
Encostas Naturais

Questões para pensar

1. Considere o talude infinito com solo homogêneo apoiado sobre rocha. Aonde se situa o plano de ruptura? Por quê?

O plano de ruptura é paralelo ao talude e atinge a maior profundidade possível, isto é, no contato com a rocha.

Porque quanto maior a profundidade que a linha de ruptura pode atingir, menor o Número de Estabilidade de Taylor, portanto menor o valor do Coeficiente de Segurança.

2. As seguintes afirmações são verdadeiras ou falsas? Justifique suas respostas, corrigindo as falsas.

a) Quanto mais íngreme for um talude infinito, tanto menor será o seu coeficiente de segurança, independentemente da espessura de solo.

Não, para um mesmo solo e mesmas condições de drenagem, além do ângulo do talude, o coeficiente de segurança depende do Número de Estabilidade de Taylor ($N=c'/\gamma H$), portanto de H (espessura do solo).

b) A estabilidade de um talude infinito, em que um solo residual, praticamente homogêneo, apoia-se sobre rocha muito fraturada, depende exclusivamente do ângulo de atrito do solo e do Número de Estabilidade de Taylor.

Falsa. Para um mesmo solo, e mesmas condições de drenagem, no caso fluxo vertical, portanto com $u = 0$, o coeficiente de segurança é dado por: $F = 2N/\text{sen}\, 2\alpha + tg\phi'/tg\alpha$ (ver a expressão (5) do Cap. 4). Portanto, F depende do Número de Estabilidade de Taylor ($N=c'/\gamma H$), do ângulo do talude (α) e do ângulo de atrito do solo (ϕ').

c) Para estabilizar um corte numa encosta natural, com água minando na face do talude, deve-se impermeabilizá-lo com capa asfáltica.

Falsa. A impermeabilização impede a entrada de água de chuvas, mas não resolve o problema do fluxo interno (água minando). Neste caso, deve-se pensar em drenagem, com DHPs ("Drenos Horizontais Profundos").

d) O Método de Culmann, por adotar a linha de ruptura circular, conduz a bons resultados no cálculo da estabilidade de qualquer talude natural.

Falsa. O Método de Culmann adota a linha de ruptura reta (superfície plana). A prática mostra que as linhas de ruptura circulares são mais representativas da realidade.

No entanto, quando o talude é subvertical, ou com inclinação ≥70°, o Método de Culmann fornece bons resultados, pois a linha reta (corda) praticamente coincide com o arco de circunferência, que a subtende.

3. O que é um solo reforçado? Em que situações ele pode ser empregado? Em que ele difere das cortinas atirantadas? Conceitualmente, que condição básica se impõe ao comprimento dos reforços?

Trata-se, em geral, de uma técnica que consiste na inserção ou inclusão de materiais resistentes à tração num maciço compactado. Estes materiais podem ser rígidos, como as tiras metálicas, ou extensíveis, como os assim chamados produtos geossintéticos.

Podem ser empregados na recomposição de taludes rompidos, íngremes, e até mesmo verticais.

As inserções (reforços) são passivas, isto é, funcionam se solicitadas, contrapondo-se, assim, aos tirantes (das cortinas atirantadas), que são ancoragens ativas, isto é, entram logo em funcionamento, pois são protendidos após a sua instalação.

Os reforços devem ter um comprimento tal que se estendam além da provável linha de ruptura do maciço.

4. O que vem a ser a "drenagem horizontal profunda" (DHP)? Em que condições ela é empregada? Indique esquematicamente como é executada e as vantagens e desvantagens de seu uso.

A DHP é uma técnica de estabilização de taludes que consiste em abaixar o lençol freático, reduzindo, assim, as pressões neutras e, consequentemente, aumentando a estabilidade do talude. Ela é empregada quando existe um lençol freático (mina d´água) no maciço.

Executam-se furos de sondagens de 2" a 3" de diâmetro, levemente inclinados em relação à horizontal, onde são instalados tubos de PVC previamente preparados. Os tubos são perfurados e envolvidos por tela fina ou manta de geossintético.

Vantagens: custo relativamente baixo.

Desvantagens: esta solução requer a observação de campo, através de piezômetros, como garantia do pleno funcionamento do sistema de drenagem, que pode sofrer uma colmatação com o tempo. Quanto à execução, requer pessoal especializado e equipamento para as sondagens (abertura dos furos).

5. O que vem a ser uma cortina atirantada? Indique, esquematicamente, um roteiro para a sua implantação na estabilização de um talude de corte. Conceitualmente, que condição básica se impõe ao comprimento dos tirantes e à posição dos seus bulbos?

Cortina atirantada é uma técnica de estabilização de taludes naturais. Consiste na instalação de placas de concreto de pequenas dimensões, associadas a tirantes. Após a protensão, os tirantes aumentam a resistência ao cisalhamento do solo, através de um incremento da tensão normal, atuante ao longo da linha de ruptura. Ou então, dependendo da inclinação dos tirantes, introduzem uma parcela adicional de força tangencial e ao longo da linha de ruptura.

Roteiro: Para taludes de corte ou de escavação, que em geral são verticais ou subverticais, as placas são instaladas de cima para baixo, à medida que se progride nos cortes ou escavações. O processo executivo envolve, numa primeira fase, a perfuração do solo, a introdução do tirante e a injeção de nata de cimento para formar o bulbo de ancoragem. Numa segunda fase, os cabos do tirante são protendidos e ancorados junto às placas de concreto (ancoragem ativa).

Os tirantes devem ter um comprimento tal que os seus bulbos de ancoragem fiquem além da provável linha de ruptura do maciço.

6. O que vem a ser "solo grampeado" na estabilização de um talude? Como esta técnica difere da "terra armada"? O que há em comum entre essas técnicas?

Solo Grampeado é uma técnica usada para estabilizar taludes de corte ou de escavação. Consiste na instalação de barras sub-horizontais de aço num solo natural, por cravação (grampos cravados), ou em pré-furos preenchidos com nata de cimento (grampos injetados). A construção é feita de cima para baixo, como no caso das cortinas atirantadas.

Terra armada é uma técnica que consiste na inserção ou inclusão de materiais resistentes à tração num maciço compactado. Esses materiais podem ser rígidos, como as tiras metálicas, ou extensíveis, como os chamados produtos geossintéticos. Podem ser empregados na recomposição de taludes rompidos, íngremes, e até mesmo verticais. A construção é feita de baixo para cima, com a colocação dos materiais resistentes gradualmente, à medida que o aterro compactado ganha altura.

Em ambos os casos as inserções (reforços) são passivas, isto é, funcionam se solicitadas; e executa-se um paramento, que pode ser de elementos pré-fabricados ou de concreto projetado.

7. Num loteamento popular, em região com morros e vales, nas vizinhanças de São Paulo, estão previstas operações de cortes e aterros. a) Que parâmetros do talude e do subsolo devem ser considerados no projeto? b) Liste algumas técnicas de estabilização de taludes cuja aplicação você considera imprescindível.

a) Parâmetros do talude: altura e inclinação. Parâmetros do subsolo: densidades natural e saturada, coesão, ângulo de atrito e posição do lençol freático.

b) Técnicas de estabilização imprescindíveis: um eficiente sistema de drenagem superficial (canaletas), com a colocação de terra vegetal e o plantio de grama. Se a posição do lençol freático for problemática, pensar em drenagem interna (DHPs).

8. Faça um planejamento geotécnico preliminar e conceitual para a implantação de loteamento em região de morros, nos entornos da Grande São Paulo. Justifique.

Implantar um loteamento nos entornos da Cidade de São Paulo implica fazer cortes (em morros) e aterros (em vales). Portanto, é preciso pensar, inicialmente, na estabilidade dos taludes dos cortes e dos aterros.

Ademais, esses taludes devem ser protegidos contra a ação erosiva das águas de chuva. Isto pode ser feito com vegetação e drenagem superficial. Para os taludes de aterros, além dessas medidas, usar o solo "nobre", laterizado, como envoltória do solo compactado, que resiste mais à ação erosiva das águas.

Outros cuidados: usar tubos transpassantes em aterros de arruamentos que podem bloquear o fluxo de água em linhas de drenagem naturais (grotas), evitando os aterro-barragens. Providenciar uma drenagem eficiente nas vias de acesso aos lotes. Proteger os pés dos aterros próximos aos córregos. Evitar a construção de grandes platôs, dando preferência a uma ocupação que segue a topografia da região (platôs em vários níveis, por exemplo). Preservar o meio ambiente.(Ver seção 6.6.3.)

9. a) Considere os taludes apresentados nas figuras abaixo, suas respectivas condições de contorno, e os parâmetros dos solos envolvidos. Pede-se: a) determinar o fator de segurança de cada um dos taludes; b) comentar os resultados das análises e apresentar recomendações, se se desejar fatores de segurança mínimos de 1,3 em ambos os casos. Salienta-se que: no caso (a) a rocha é pouco fraturada; e, no caso (b), a rocha possui um forte fraturamento vertical e o talude está submetido a uma intensa chuva. Outros dados: para o caso a: s=15+σ´.tg35; e, para o caso b: s=25+ σ´.tg32 (s em kPa). Em ambos os casos tomar a densidade do solo como sendo 18kN/m³.

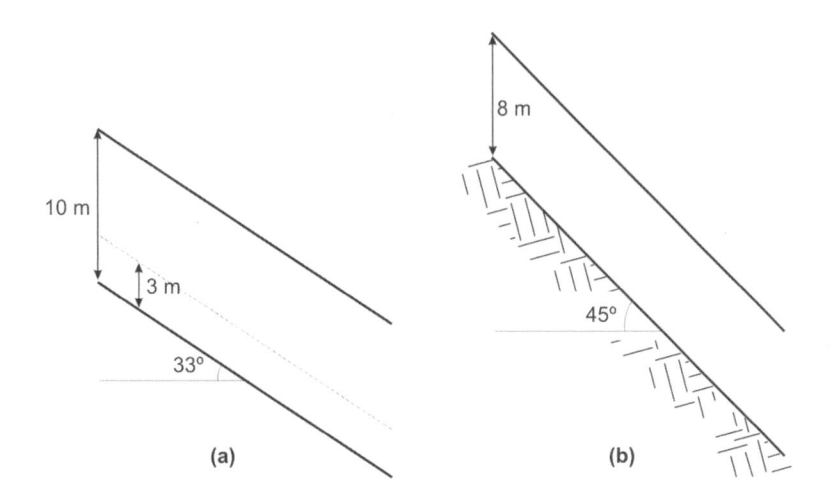

Capítulo 4
Encostas Naturais

107

a)   Cálculos do Coeficiente de Segurança usando a expressão (4) do Cap. 4.

Caso a: Fluxo paralelo ao talude

$u = \gamma_o H \cos^2 \alpha = 10.3.\cos^2 33$

donde:

$$F = \frac{15 + (18.10.\cos^2 33 - 10.3.\cos^2 33).tg35}{18.10.sen33.\cos33} \cong 1,1$$

Caso b: fluxo vertical

$u = 0$

donde:

$$F = \frac{25 + (18.8.\cos^2 45).tg32}{18.8.sen45.\cos45} \cong 1,0$$

b) Comentários sobre os resultados das análises e recomendações para se ter $F \geq 1,3$

Os Coeficientes de Segurança (F) dos dois casos estão abaixo do mínimo, de 1,3. A estabilidade do caso (a) pode ser melhorada com drenos sub-horizontais (DHPs).

No caso (b), é necessário utilizar uma solução que aumente a resistência do solo, como as estacas raiz, que devem ser embutidas na rocha; ou então tirantes, com bulbos na rocha, para aumentar a tensão normal no plano de ruptura, que se situa no contato solo-rocha.

10. a) Considere os 2 taludes da Fig. 4.9 do Cap. 4. Qual dos dois é o mais estável? Justifique a sua resposta com cálculos apropriados.

a) Aparentemente, é o que tem inclinação menor, portanto o da esquerda. No entanto, esse talude apresenta o menor valor de N (número de estabilidade de Taylor), 40/(20*13)=0,154, contra 40/(20*7,5=0,267 do talude da direita. Feitos os cálculos, com a expressão (5) do Cap. 4 obtém-se $F \cong 1$ para ambos os taludes, como resume a tabela abaixo.

H (m)	N = c' / γH	$\overline{B}$ = u/γH	α	F
7,5	0,267	0	45	1
13	0,154	0	35	1

b) Caso um desses taludes apresente coeficiente de segurança menor que 1,5, faz sentido empregar a técnica de "drenagem horizontal profunda (DHP)" para atingir este valor mínimo? Por quê?

Não, porque a pressão neutra é nula.

c) Além dessa técnica, que outra poderia ser usada para melhorar a estabilidade e atingir o valor mínimo de 1,5 para coeficiente de segurança? Descreva-a brevemente, indicando o mecanismo de seu funcionamento.

Pode-se usar a técnica das estacas raiz, embutidas na rocha.

Consistem em barras metálicas ou mesmo tubos de aço, introduzidos em pré-furos feitos no maciço da encosta, e que são, posteriormente, solidarizados ao terreno por injeção de nata de cimento ou argamassa de concreto. Funcionam como um reforço do solo, isto é, ao longo do plano de ruptura acresce-se a resistência ao cisalhamento da seção de aço das estacas.

Alternativa: tirantes, com bulbos na rocha.

O processo executivo envolve, numa primeira fase, a perfuração do solo, a introdução do tirante e a injeção de nata de cimento para formar o bulbo de ancoragem. Numa segunda fase, os cabos do tirante são protendidos e ancorados junto às placas de concreto (ancoragem ativa). Funcionamento: aumentam a resistência ao cisalhamento através de um aumento da tensão normal do plano de ruptura ou crítico.

Capítulo 4

Encostas Naturais

Apêndice I
Escorregamentos Planares nas Encostas da Serra do Mar

Nas encostas da Serra do Mar, no Estado de São Paulo, ocorrem escorregamentos planares de grandes extensões, envolvendo mantos de solos com cerca de 1 m de espessura apenas. São, portanto, escorregamentos do tipo taludes infinitos.

Em muitos desses locais, os solos e rochas apresentam trincas, com evidências de que as águas de chuvas percolam num fluxo vertical, de cima para baixo, o que faz com que as pressões neutras de percolação sejam nulas, conforme a seção 4.3.1. Os taludes são, portanto, drenados.

Em geral, os ângulos dos taludes (α) variam na faixa de 40 a 45°; o ângulo de atrito interno do solo superficial (ϕ') é da ordem de 36° e a sua densidade saturada (γ_{sat}) vale cerca de 18kN/m³. Estes e outros dados foram extraídos de Wolle (1988). A substituição desses valores na expressão (5) leva, aproximadamente, a:

$$F \cong 2N + \frac{tg\,\phi'}{tg\,\alpha} \cong 2N + 0{,}8$$

na hipótese de $u = 0$.

Ora, os valores de c' são da ordem de 1 kPa apenas, o que conduz a:

$$N = \frac{1}{18 \cdot 1} = 0{,}056 \quad \text{e} \quad F_{u=0} \cong 0{,}91$$

Em épocas de seca, as pressões neutras são negativas, de sucção, pois os solos são parcialmente saturados, podendo atingir até -20 kPa (Carvalho, 1989). Mesmo no verão, quando as chuvas são intensas e prolongadas, o solo não se satura de todo, havendo uma pequena sucção, de -1 a -2 kPa, que favorece a estabilidade dos taludes, como se pode depreender da expressão (5). De fato, o novo valor de F passaria a ser:

$$F \cong 2 \cdot 0{,}056 + \left(1 - \frac{-1{,}5}{18 \cdot 1 \cdot \cos^2 45}\right) \cdot 0{,}8 \cong 1{,}05$$

De modo geral, pode-se escrever a seguinte expressão aproximada:

$$F \cong 2 \cdot N + \left(1 - \frac{-u_{suc}}{\gamma H \cos^2 45}\right) \cdot 0{,}8 \cong F_{u=0} + \frac{u_{suc}}{\gamma_o H}$$

ou ainda, numericamente:

$$F \cong F_{u=0} + \frac{u_{suc}}{10}$$

em que u_{suc} é a pressão de sucção, em valor absoluto e em kPa.

Vê-se, assim, que os taludes se mantêm estáveis graças à sucção no solo, ou que a eliminação da sucção é o gatilho do escorregamento. Ademais, intervêm outros fatores que favorecem a estabilidade: o efeito das raízes das árvores, que aumentam a resistência do solo; os efeitos tridimensionais das bordas do escorregamento; e a interceptação das águas de chuva pela vegetação presente nos taludes.

Outra forma de se considerar a estabilidade é pela análise em termos de tensões totais. Neste caso, a coesão aparente (c) é afetada pela saturação, podendo sofrer reduções de até 80% do seu valor na condição não saturada. O ângulo de atrito (ϕ) permanece praticamente inalterado.

Bibliografia

CARVALHO, C. S. *Estudos da Infiltração em Encostas de Solos Insaturados na Serra do Mar.* 1989. 192 f. Dissertação (Mestrado) – EPUSP, Universidade de São Paulo, São Paulo, 1989.

DEERE, D. V. Slope Stability in Residual Soils. In: PANAMERICAN CONFERENCE ON SOIL MECHANICS AND FOUNDATION ENGINEERING, 4., Porto Rico. *Proceedings...* Porto Rico: State of the Art Paper, 1971, v. 1, p. 87-170.

EHRLICH, M; MITCHELL, J. K. Working Stress Design Method for Reinforced Soil Walls. *Journal of the Geotechnical Engineering of ASCE*, v. 120, n. 4, p. 625-644, 1994.

GUIDICINE, G.; NIEBLE, C. M. *Estabilidade de Taludes Naturais e de Escavações.* São Paulo: Edgard Blücher, 1984.

HOEK, E. *Estimando a Estabilidade de Taludes Escavados em Minas a Céu Aberto.* Trad. n. 4 da APGA, 1972.

HOEK, E.; BRAY, J. *Rock Slope Engineering.* London: Institution of Mining and Metallurgy, 1974.

MASSAD, F.; CRUZ, P. T.; KANJI, M. A.; ARAUJO FILHO, H. A. de. Comparison between estimated and measured debris flow discharges and volume of sediments. In: PAN-AMERICAN SYMPOSIUM ON LANDSLIDES, 2. e CONGRESSO BRASILEIRO DE ESTABILIDADE DE ENCOSTAS (COBRAE), 2., 1997, Rio de Janeiro. *Anais...* Rio de Janeiro, 1997. v. 1, p. 213-222.

MELLO, V. F. B. *Apreciações Sobre a Engenharia de Solos Aplicável a Solos Residuais*. Trad. n. 9 da ABGE, 1972.

TAYLOR D. W. *Fundamentals of Soil Mechanics*. New York: John Wiley & Sons International, 1948.

VARGAS, M.; PICHLER, E. Residual Soil and Rock Slides in Santos, Brazil. *Proc. of the 4th International Conference on Soil Mechanics and Foundation Engineering*, v. 2, p. 394-398, 1957.

VARGAS, M. *Introdução à Mecânica dos Solos*. São Paulo: McGraw-Hill, 1977.

WOLLE, C. M. *Análise dos Escorregamentos Translacionais numa região da Serra do Mar, no Contexto de uma Classificação de Mecanismos de Instabilização de Encostas*. 1988. 369 f. Tese (Doutorado) – EPUSP, Universidade de São Paulo, São Paulo, 1988.

Capítulo 5

ATERROS SOBRE SOLOS MOLES

Para se ter uma ideia da importância desse assunto, basta uma breve menção histórica a respeito das ligações terrestres entre Santos e São Paulo. No final do século XIX, ia-se de São Paulo a Cubatão por diligências, e o restante da viagem de Cubatão a Santos era feito de barca. Do mesmo modo, a primeira estrada de ferro brasileira fazia a conexão Petrópolis-Mauá; de Mauá ao Rio de Janeiro o passageiro tomava a famosa barca de Petrópolis.

A Estrada de Ferro Santos-Jundiaí, construída pelos ingleses, atravessou regiões de mangue com o recurso à estiva, que funcionava como um "assoalho" para a colocação do aterro. A primeira estrada de rodagem da Baixada Santista foi feita por lançamento de aterro em ponta, processo ainda muito empregado entre nós, apesar de seus inconvenientes, como rupturas localizadas do solo mole, acarretando volumes excessivos de material de aterro e recalques diferenciais, que provocam ondulações nas pistas.

Outro dado histórico refere-se à ponte sobre o rio Guandu, na variante Rio-Petrópolis, que foi derrubada por um "aterro de encontro" de apenas 2 m de altura. É de novo o problema da estabilidade dos aterros sobre solos moles, colocado aqui no contexto de um colapso, mas de onde se extrai uma lição: deve-se antes construir os aterros e, somente depois de algum tempo, necessário para a consolidação do terreno, as chamadas "obras de arte" (pontes e viadutos).

Problemas envolvidos

Desse breve apanhado histórico, depreendem-se os seguintes problemas do ponto de vista técnico:

a) a estabilidade dos aterros logo após a construção;
b) os recalques dos aterros ao longo do tempo.

Ademais, referindo-se aos aterros de encontro às pontes e viadutos, pode-se listar como problemas que merecem a atenção do engenheiro:

a) a estabilidade das fundações das obras de arte;

b) os recalques diferenciais entre as obras de arte, da ordem do decímetro, e os aterros de encontro, da ordem do metro, com a possibilidade de formação dos indesejáveis "degraus" junto às pontes e viadutos; e

c) os efeitos colaterais no estaqueamento, tais como empuxos de terra e atrito negativo, que são objeto do Curso de Fundações.

Do ponto de vista construtivo, os problemas dizem respeito:

a) ao tráfego dos equipamentos de construção;

b) ao amolgamento da superfície do terreno, face ao lançamento do aterro; e

c) aos riscos de ruptura durante a construção, que pode afetar a integridade de pessoas envolvidas com as obras e provocar danos aos equipamentos.

Na sequência, apresentam-se as características geotécnicas dos solos moles, com algumas informações sobre a sua gênese, de interesse ao projeto. Analisam-se os procedimentos de cálculo em disponibilidade, em que o recurso aos ábacos é uma constante, tanto para a verificação da estabilidade quanto para a estimativa dos recalques. Ao final, abordam-se os processos construtivos usualmente empregados.

5.1 *Características dos Solos Moles*

Antes de apresentar alguns dos parâmetros mais importantes dos solos moles, para fins de projeto, convém abordar a sua formação, pois com o conhecimento da origem dos solos pode-se compreender melhor algumas de suas propriedades, como, por exemplo, o seu sobreadensamento.

5.1.1 Formação das argilas moles quaternárias

Entende-se por solos moles os solos sedimentares com baixa resistência à penetração (valores de SPT não superiores a 4 golpes), em que a fração argila imprime as características de solo coesivo e compressível. São, em geral, argilas moles ou areias argilosas fofas, de deposição recente, isto é, formadas durante o Quaternário.

Os ambientes de deposição podem ser os mais variados possíveis, desde o fluvial – o deltaico-lacustre – até o costeiro, incluindo-se as lagunas e as baías (Christofoletti, 1980). Eles se distinguem pelo meio de deposição (água doce; salgada ou salobra); pelo processo de deposição (fluvial ou marinho); ou ainda pelo local de deposição (várzeas ou planícies de inundação, praias, canais de mar etc.). A deposição depende da litologia da área de erosão, do seu clima e da forma de transporte dos sedimentos. Os depósitos sedimentares diferem entre si em função dessas condições ambientais, que variam no espaço e no tempo. Para a formação de um depósito uniforme, são necessárias condições ambientais estáveis.

Para se ter uma ideia da complexidade do fenômeno, basta listar os fatores que afetam a sedimentação: a) a velocidade das águas; b) a quantidade e a composição da matéria em suspensão na água; c) a salinidade e a floculação de partículas; d) a presença de matéria orgânica, tais como o húmus, detritos vegetais, conchas etc.

É muito comum um solo sedimentar estar impregnado de húmus, matéria orgânica absorvida pelas partículas de solo ou por suas agregações, imprimindo-lhe uma cor escura e um cheiro característico.

Os pântanos, uma subcategoria dos ambientes de deposição, caracterizam-se por abundante presença de águas rasas, paradas. A ação das bactérias e fungos é truncada pela ausência de oxigênio e pela presença de ácidos, o que preserva os detritos vegetais e orgânicos, dando origem a depósitos orgânicos nas bordas de lagos e lagunas e em áreas planas atingidas pela preamar (planícies de maré) ou pelas cheias dos rios (planícies de inundação). Muitos depósitos formados desse modo encontram-se hoje soterrados, constituindo as camadas de argilas orgânicas turfosas, pretas, subsuperficiais, como as que ocorrem nas várzeas do rio Pinheiros, ou no subsolo da Baixada Santista.

Solos moles de origem fluvial (aluviões)

Os solos moles de origem fluvial formaram-se por deposição de sedimentos nas planícies de inundação ou várzeas dos rios, isto é, nas regiões alagáveis pelas cheias dos rios. Nessas ocasiões, nas partes mais baixas da planície, pobremente drenadas, ocorre a decantação dos sedimentos mais finos (argilas e siltes), podendo haver estratificações e intercalações com areias finas. As camadas de argilas depositadas estão sujeitas a ressecamentos, podendo, portanto, apresentar-se sobreadensadas.

Esse tipo de formação confere ao solo uma heterogeneidade vertical bastante acentuada. Acrescente-se a isso uma heterogeneidade horizontal, consequência da forma meandrante dos cursos dos nossos rios, que são móveis e descrevem curvas sinuosas semelhantes entre si, através de um trabalho contínuo de escavação na margem côncava e deposição na convexa, com predominância de materiais finos tanto no leito dos rios quanto na sua carga (suspensão). Ademais, rios como o Pinheiros, em São Paulo, apresentaram competência bem mais elevada que hoje, o que propiciou a formação dos aluviões antigos, constituídos de areias com pedregulhos.

São exemplos brasileiros: o Pantanal matogrossense (rio Paraguai); as imensas áreas de igapós (matas alagáveis) do Amazonas; as bacias do Alto

Capítulo 5
Aterros Sobre
Solos Moles

Obras de Terra

Xingu e Alto Araguaia; e as regiões do alto e médio rio São Francisco. No Estado de São Paulo, citam-se as várzeas dos rios que cortam as cidades de São Paulo e Taubaté, como as mais extensas. Na várzea do rio Paraíba do Sul, Bacia de Taubaté, ocorrem extensos depósitos de turfa.

A Fig. 5.1 mostra uma seção geológica em terreno do campus da USP, localizado na várzea do rio Pinheiros, na qual evidencia-se a distribuição errática dos sedimentos superficiais (aluviões).

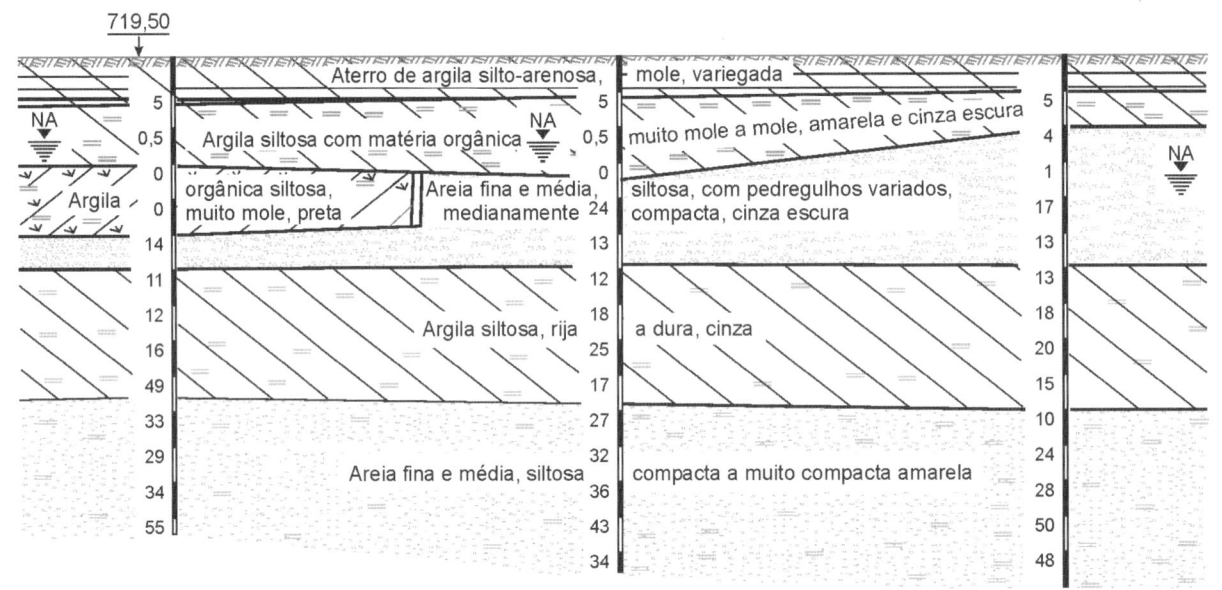

Fig. 5.1
Seção geológica na várzea do rio Pinheiros, São Paulo (campus da USP)

Solos moles de origem marinha

Os primeiros estudos sistemáticos das argilas de nosso litoral foram desenvolvidos em fins da década de 1930 e começo da década de 1940. Desde essa época, acreditava-se que esses solos tinham em comum a sua história geológica, presumida como simples, isto é, haviam se formado num único ciclo de sedimentação, contínuo e ininterrupto.

Atualmente, sabe-se que existiram pelo menos dois ciclos de sedimentação no Quaternário, um deles no Pleistoceno e, o outro, no Holoceno, entremeados por um processo erosivo muito intenso, durante a última glaciação do globo, cujo máximo ocorreu há cerca de 15 mil anos.

Esses dois ciclos estão diretamente relacionados aos dois episódios de ingressão do mar em direção ao continente: a Transgressão Cananeia, que ocorreu há 120 mil anos (Pleistoceno), de nível marinho mais elevado (8 ± 2 m), e a Transgressão Santos, iniciada há 7 mil anos (Holoceno), de nível marinho mais baixo (4 ± 2 m), que deram origem a dois tipos diferentes de sedimentos (Fig. 5.2).

O primeiro tipo de sedimento, conhecido como Formação Cananeia, depositado entre 100 mil e 120 mil anos atrás, é argiloso (Argilas Transicionais

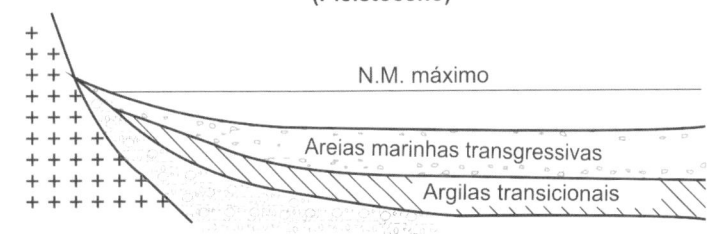

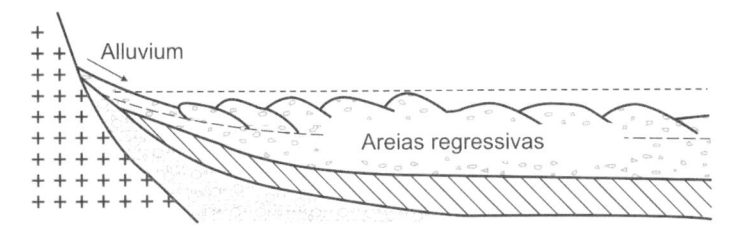

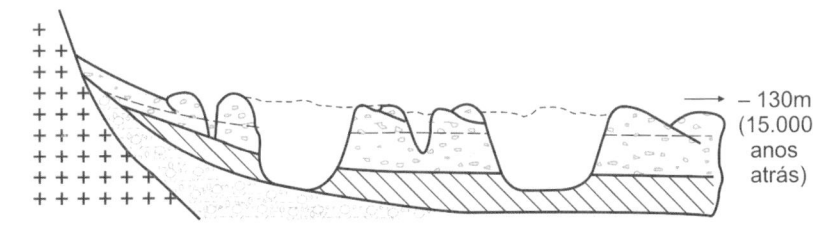

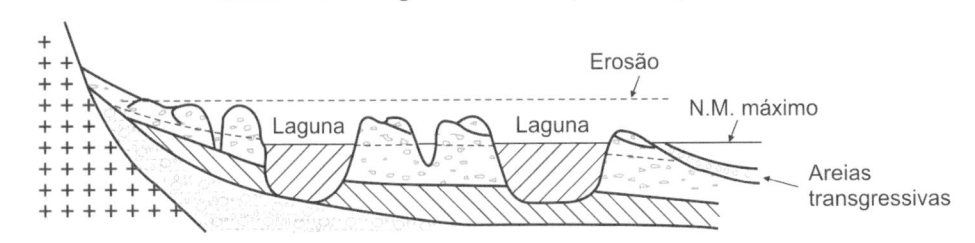

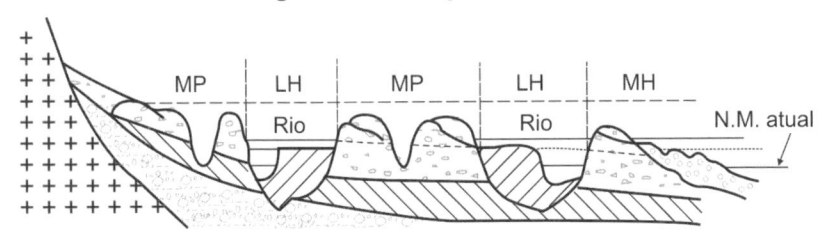

Capítulo 5
Aterros Sobre
Solos Moles

117

Fig. 5.2
Ilustração da gênese das planícies sedimentares paulistas (Suguio e Martin, 1978)

Legenda:
MP - Marinho (Pleistoceno)
MH - Marinho (Holoceno)
LH - Laguna (Holoceno)
N.M. - Nível do mar

Obras de Terra

– AT) ou arenoso, na sua base, e arenoso no seu topo (Areias Transgressivas). O nome "transicional" deve-se ao ambiente misto continental-marinho, de sua formação. Durante a fase regressiva que se sucedeu (Fig. 5.2, segundo e terceiro estágios), o nível do mar abaixou 130 m, cerca de 15 mil anos atrás (Fig. 5.3a), em virtude da última glaciação. Como consequência, houve um intenso processo erosivo, que removeu grandes partes desses sedimentos, por vezes até o embasamento rochoso.

O segundo tipo de sedimento é de formação mais recente, entre 7 mil e 5 mil anos atrás. Com o término da glaciação, no limiar do Holoceno, teve início a Transgressão Santos, com o mar afogando os vales escavados pela rede hidrográfica de então. Com ela, formaram-se os sedimentos holocênicos, preenchendo lagunas e baías, donde a designação de Sedimentos Fluviolagunares e de Baías (SFL). Trata-se de sedimentos marinhos, às vezes formados pelo retrabalhamento dos sedimentos da Formação Cananeia, areias e argilas, às vezes por sedimentação em águas paradas ou tranquilas (Fig. 5.2, quarto e quinto estágios). Finalmente, esses sedimentos foram submetidos a oscilações "rápidas" e negativas do nível do mar (Fig. 5.3b).

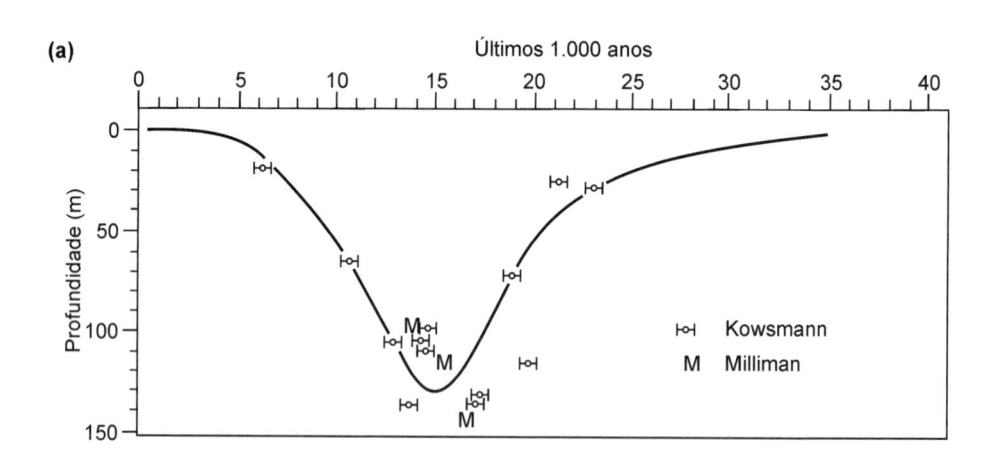

Fig. 5.3
Variações relativas do nível do mar-litoral de São Paulo (Suguio e Martin, 1978)

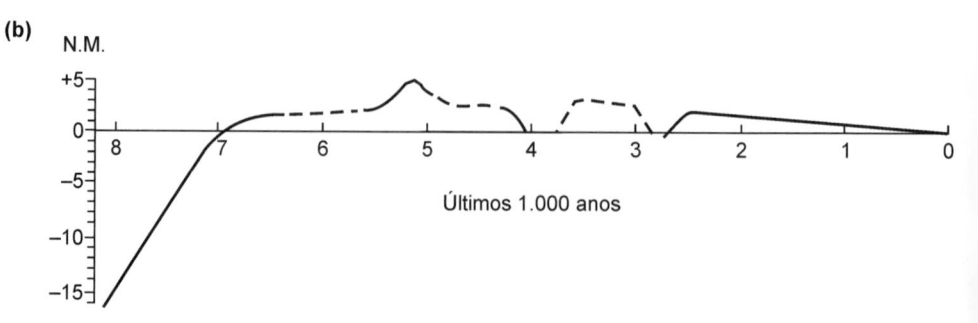

A Fig. 5.4 mostra, através de seção geológica, esses dois tipos de sedimentos. Além deles, nota-se a presença de mangues ou aluviões recentes, que se depositam ao longo das lagunas e canais de drenagem, e são constituídos de lodo e muita matéria orgânica.

Essa história geológica permite entender porque as Argilas Transicionais, resquícios do primeiro ciclo de sedimentação, são fortemente sobreadensadas.

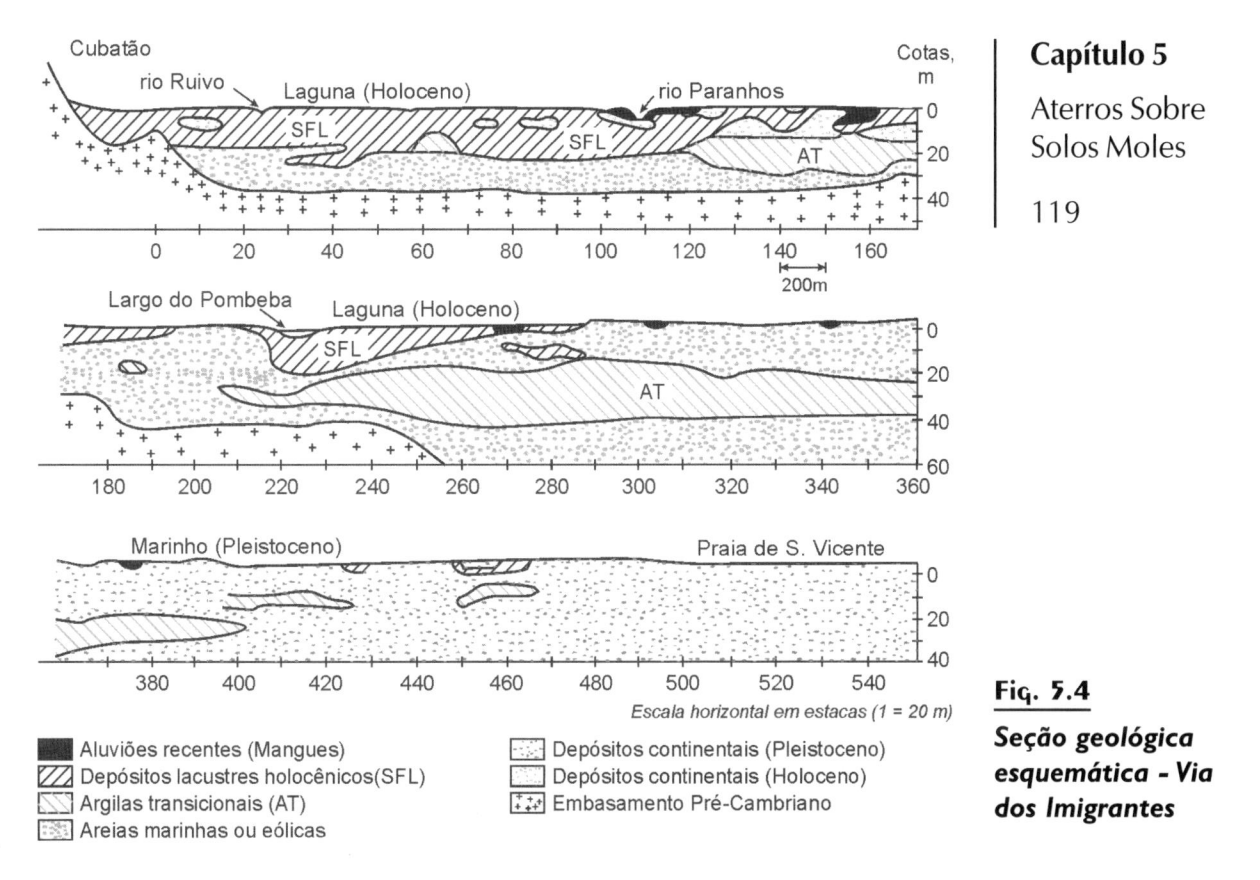

Fig. 5.4
Seção geológica esquemática - Via dos Imigrantes

- Aluviões recentes (Mangues)
- Depósitos lacustres holocênicos (SFL)
- Argilas transicionais (AT)
- Areias marinhas ou eólicas
- Depósitos continentais (Pleistoceno)
- Depósitos continentais (Holoceno)
- Embasamento Pré-Cambriano

Capítulo 5
Aterros Sobre Solos Moles

A razão encontra-se no grande abaixamento do nível do mar, que atingiu 130 m há 15 mil anos. A Fig. 5.5 confirma esse fato, pois há uma boa correlação entre peso total de terra ($\gamma_n z$) e a pressão de sobreadensamento ($\overline{\sigma}_a$), abaixo

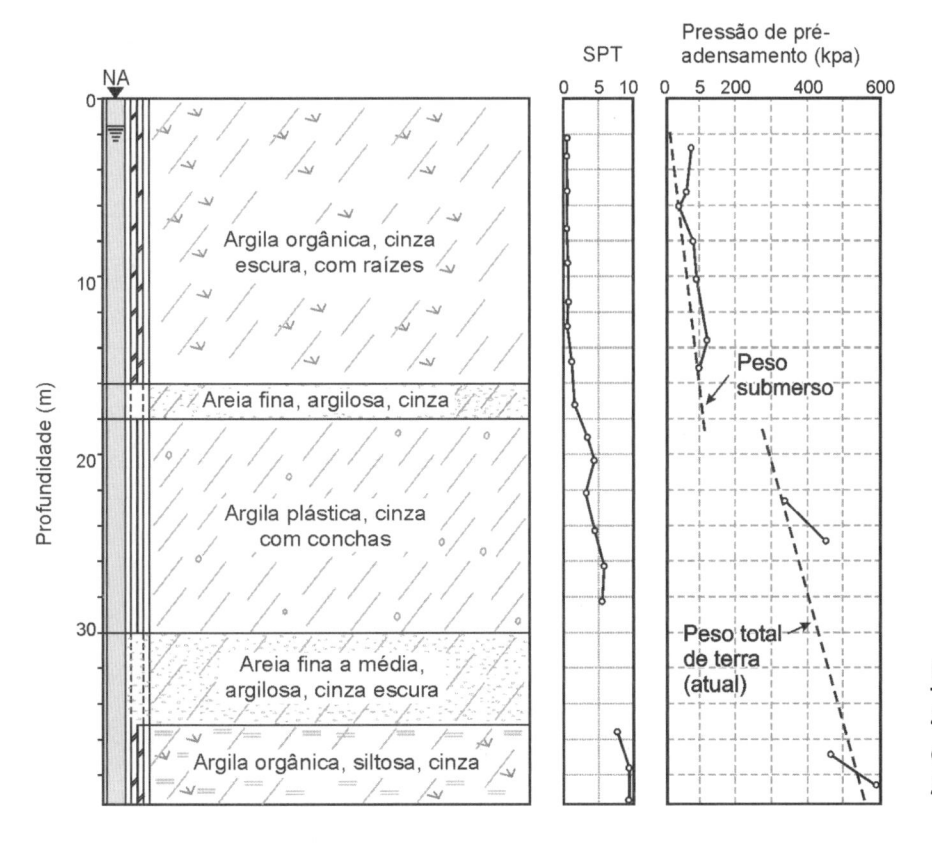

Fig. 5.5
Sobreadensamento das argilas da Baixada Santista

dos 18 m, onde ocorrem as Argilas Transicionais. Observe-se que os valores de SPT a elas associados variam de 5 a 10 golpes. Note-se também que os valores de $\bar{\sigma}_a$ são de 300 a 600kPa, o que equivale à pressão de um aterro de 15 a 30 m de altura.

A Fig. 5.5 mostra que, para a camada superior de argila, de consistência mole (SPT $\cong$ 0 a 1), as pressões de pré-adensamento ($\bar{\sigma}_a$) situam-se um pouco acima do peso efetivo (submerso) de terra ($\gamma_{sub} \cdot z$). Trata-se de Sedimentos Fluviolagunares e de Baías (SFL), que estiveram sempre submersos, a menos de pequenas oscilações negativas do nível do mar, da ordem de 2 m, o que equivale a:

$$\bar{\sigma}_a = \gamma_{sub} \cdot z + 20 \ (kPa) \tag{1}$$

São, assim, solos levemente sobreadensados.

5.1.2 Algumas propriedades geotécnicas

Do conhecimento da história geológica desses solos resulta uma característica fundamental: a heterogenidade.

Tab. 5.1 Características geotécnicas de alguns solos moles

Características	Solos das várzeas da cidade de São Paulo	Argilas Quaternárias da Baixada Santista		
		Mangue	SFL	AT
Espessuras (m)	≤5	≤5	≤50	20-45
Consistência	Muito mole a mole	Muito mole	Mole	Mole a dura
$\bar{\sigma}_a$ (kPa)	40-220	<30	30-200	200-700
RSA	≥1	1	1,1-2,5	>2,5
SPT	0-4	0	0-4	5-25
LL	30-100	40-150	40-150	40-150
IP	10-35	30-90	20-90	40-90
%<5µ	30-75	-	20-90	20-70
γ_n (kN/m^3)	11,0-18,0	13,0	13,5-16,3	15,0-16,3
h (%)	30-300	50-150	50-150	40-90
e_0	1-6	≥4	2-4	≤2
s_u (kPa)	5-25	3	10-60	>100
Teor de mat. orgânica	-	25%	6% (1)	4% (1)
Sensibilidade	-	-	4-5	-
ϕ' (1) e (2)	-	-	24	19
$C_{\alpha\varepsilon}$ (%)	3	-	3-6	-
C_v^{LAB} (cm^2/s) (3)	(30-50).10^{-4}	(0,4-400).10^{-4}	(0,3-10).10^{-4}	(3-7).10^{-4}
C_v^{Campo} / C_v^{Lab}	5	-	15-100	-
$C_c / (1 + e_0)$	0,15-0,35 (0,25)	0,35-0,39 (0,36)	0,33-0,51 (0,43)	0,35-0,43 (0,39)
C_r / C_c (%)	10	12	8-12	9

Legenda:

- (1): Para teores de argila (% < 5µ) ≥ 50%
- (2): ϕ' de ensaios triaxiais CID ou S
- (3): Na condição normalmente adensado
- $\bar{\sigma}_a$: Pressão de pré-adensamento ou de cedência
- RSA: Relação de sobreadensamento

- LL e IP : Limite de Liquidez e Índice de Plasticidade
- γ_n; e_0 e h: Peso específico, índice de vazios e umidade naturais
- C_c e C_r : Índices de compressão e de recompressão
- C_v e $C_{\alpha\varepsilon}$: Coeficientes de adensamento primário e secundário
- s_u : Resistência não drenada

Essa característica transparece nos perfis de sondagens, onde ocorrem alternâncias de camadas de argilas e areias, e, entre elas, camadas de areias argilosas ou argilas muito arenosas. Também nas cores se nota a heterogeneidade. Em solos aluvionares, elas são: preta, cinza-escuro, amarela, vermelha, marrom ou cinza-esverdeada; e, em solos marinhos: cinza-claro, cinza-escuro, preta, marrom-escuro e cinza-esverdeado.

O mesmo sucede quando se examinam as suas propriedades geotécnicas (Tab. 5.1). Verifica-se uma grande dispersão de valores, inclusive na distribuição granulométrica, não mostrada na Tab. 5.1. Alguns dos parâmetros apresentados, como o índice de vazios ou o SPT, podem ser utilizados como diferenciadores do tipo de solo para as Argilas Quaternárias da Baixada Santista.

Em termos de espessuras dos depósitos de solos moles, os valores situam-se na faixa de 1 a 7 m, para os aluviões fluviais, e chegam a atingir mais de 70 m para os solos marinhos.

Quanto à resistência ao cisalhamento, em termos de tensões totais, por se tratar de solos saturados (ou quase saturados), os solos moles apresentam envoltórias de Mohr-Coulomb praticamente horizontais, isto é,

$$s = c \qquad (2)$$

Para as argilas das várzeas dos rios de São Paulo tem-se, aproximadamente,

$$c = 0{,}15\,\bar{\sigma}a \qquad (3)$$

relação inferida de ensaios de compressão simples.

Para as argilas moles da Baixada Santista, os ensaios de palheta (*Vane Test*) indicaram uma variação linear crescente da coesão com a profundidade, conforme a expressão:

$$c = c_o + c_1 \cdot z \qquad (4a)$$

com:

$$c_o = 2{,}5 \ a \ 35 \ kPa \qquad (4b)$$

e:

$$c_1 = 0{,}4\,\gamma_{sub} \qquad (4c)$$

O crescimento linear da coesão com a profundidade deve-se ao adensamento do solo sob a ação do peso próprio da camada. É o que ilustra

Capítulo 5
Aterros Sobre
Solos Moles

Fig. 5.6
Perfil do subsolo num local próximo à variante Rio-Petrópolis, Baixada Fluminense (Vargas, 1973)

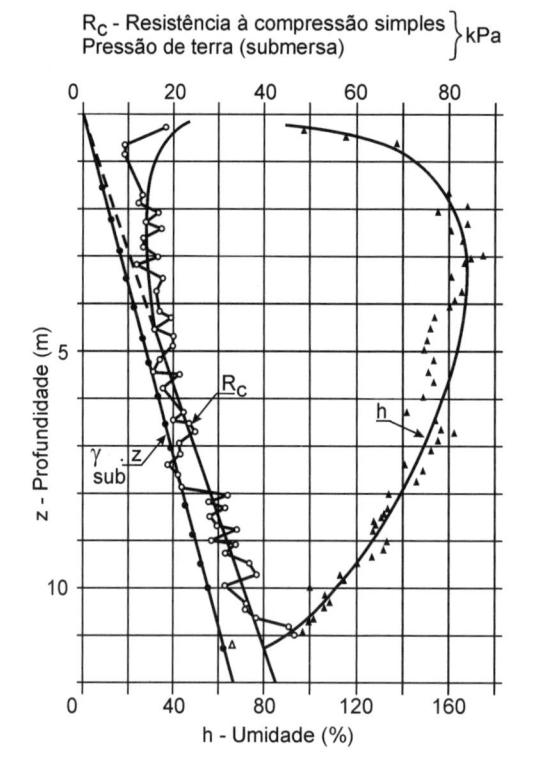

a Fig. 5.6, abaixo dos 4 m. Esta figura foi preparada com dados de Pacheco Silva (apud Vargas, 1973), obtidos na Baixada Fluminense, num local próximo à variante Rio-Petrópolis, onde o subsolo era bastante homogêneo e no qual houve um abaixamento do nível de água por ação do homem. A área foi recuperada com canais e diques, em meados da década de 1940, o que teria propiciado a formação de uma crosta ressecada nos 4 m superiores, como deixam entrever as variações da resistência à compressão simples (R_c) e da umidade (h).

5.1.3 Parâmetros para projeto

A coesão dos solos moles é usualmente obtida pelos ensaios de compressão simples (laboratório) ou pelo *Vane Test* (campo). Em face de diversos fatores, tais como a perturbação de amostras, anisotropia, tipo de solicitação do solo no ensaio, sua velocidade etc., os valores da coesão de compressão simples são inferiores aos do *Vane Test*. O valor "real" estaria entre os dois.

Bjerrum (1973), um engenheiro dinamarquês que pesquisou o assunto por meio de retroanálises de diversos casos de ruptura de aterros sobre solos moles, concluiu que a coesão do *Vane Test* (c_{VT}) deveria ser reduzida de um certo valor μ, variável de 0,6 a 1, em função do *IP* do solo. Isto é, propôs a seguinte correção:

$$c_{projeto} = \mu \cdot c_{VT} \qquad (5)$$

que representa a média dos casos analisados. Observe-se também que se trata de um valor de projeto e não necessariamente de um valor real. O fator de correção μ leva em conta efeitos de anisotropia e da velocidade de ensaio, como foi discutido no Cap. 2, no contexto do *Vane Test*. Para solos da Baixada Santista, com IP médio de 60%, tem-se $\mu = 0,7$.

Estudos mais recentes sugerem um enfoque diferente, com a estimativa da coesão através da pressão de pré-adensamento. Foi "pensando no que já foi pensado", isto é, reanalisando os casos de aterros rompidos apresentados por Bjerrum (1973), que Mesri (1975) propôs a expressão simples:

$$c_{projeto} = 0{,}22 \cdot \overline{\sigma}_a \tag{6}$$

a ser utilizada em projeto, e que representa uma envoltória mínima dos casos analisados. A ideia de correlacionar a coesão com a pressão de pré-adensamento é antiga. Basta lembrar a correlação empírica de Skempton (Sousa Pinto, 2000): $c / \overline{\sigma}_a = 0{,}11 + 0{,}37 \cdot IP$, que fornece a coesão de ensaios (não de projeto) em função do Índice de Plasticidade do solo.

No que diz respeito aos recalques por adensamento, em particular à velocidade de seu desenvolvimento, sabe-se hoje que não tem sentido empregar o coeficiente de adensamento (C_v) determinado em laboratório, através de ensaios de adensamento. O assunto também foi abordado no Cap. 2, quando se compararam ensaios *in situ* com os de laboratório. Os valores de C_v apresentados na Tab. 5.1 foram obtidos por retroanálise da observação de recalques de aterros sobre solos moles, o mesmo ocorrendo para os $C_{\alpha\varepsilon}$, coeficientes de adensamento secundários, relativos à Baixada Santista.

5.2 *Estabilidade dos Aterros após a Construção*

As análises de estabilidade dos aterros sobre solos moles são feitas aplicando-se os métodos de equilíbrio limite, com a consideração da resistência ao cisalhamento em termos de tensões totais, através da expressão (2).

5.2.1 Solução de Fellenius

Uma das primeiras soluções apresentadas para o problema deve-se a Fellenius, que abordou o caso simples de uma carga distribuída na superfície de uma camada de solo mole, com coesão constante e de grande espessura (*D*).

Na sua análise, Fellenius admitiu uma superfície circular de ruptura e igualou os momentos atuante e resistente. A equação que obteve era simples, pois a resistência era puramente coesiva, o que facilitou a pesquisa do círculo crítico.

Para carregamentos uniformemente distribuídos e flexíveis, como se fossem pressões aplicadas através de uma membrana, concluiu que o centro do círculo crítico situa-se na vertical que passa pela borda da área carregada, formando um ângulo central (2α) de 133,5° (Fig. 5.7); e que a carga que leva o terreno à ruptura vale:

$$q_r = 5{,}5 \cdot c \tag{7}$$

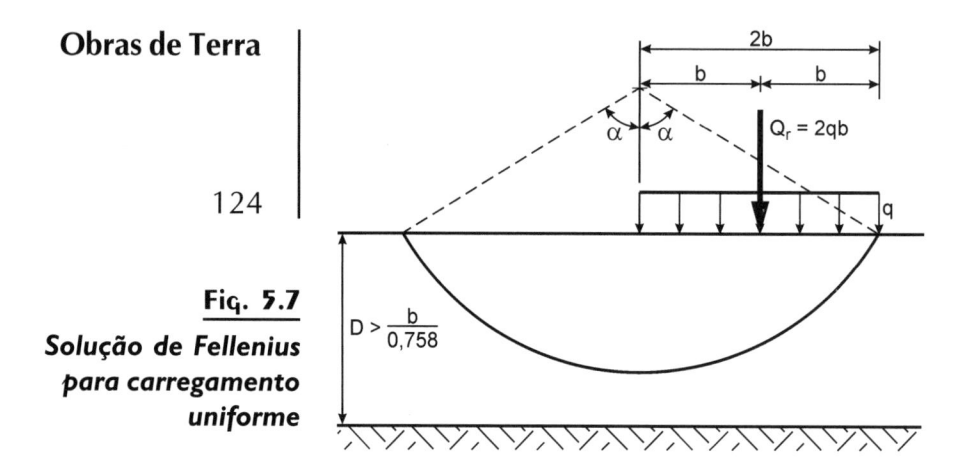

Obras de Terra

Fig. 5.7
Solução de Fellenius para carregamento uniforme

Para um carregamento flexível qualquer, o círculo crítico tem o centro em AB, como está indicado na Fig. 5.8. Note-se que Q_r é a resultante das pressões que levam o aterro à ruptura e b define sua linha de ação. Neste caso, Q_r é dada por:

$$Q_r = 5,5 \cdot 2b \cdot c \qquad (8)$$

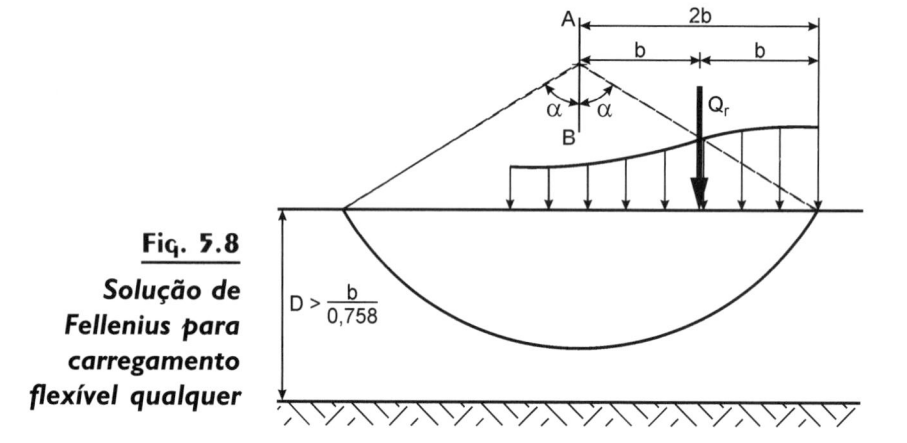

Fig. 5.8
Solução de Fellenius para carregamento flexível qualquer

Neste ponto convém fazer duas observações:

a) Quanto à altura crítica de aterros (H_c), que podem ser lançados sem que haja ruptura do terreno de fundação, deve-se ter, pela expressão (7):

$$\gamma_{at} \cdot H_c = 5,5 \cdot c$$

onde γ_{at} é o peso específico do aterro. Logo:

$$H_c = \frac{5,5 \cdot c}{\gamma_{at}} \qquad (9)$$

b) quanto à influência da espessura da camada de solo mole (D), vale dizer, da posição do terreno firme subjacente, para valores de D, tais que:

$$D < \frac{b}{0,758} \qquad (10)$$

o círculo associado ao coeficiente de segurança mínimo *minimorum* não pode se desenvolver. Consequentemente, é possível lançar aterros com alturas maiores do que aquelas dadas por (9).

5.2.2 Bermas de equilíbrio

Imagine-se uma camada de argila mole com c = 10 kPa. A máxima altura de aterro que se pode lançar, com peso específico de 20 kN/m³, é:

$$H_c = \frac{5,5 \times 10}{20} = 2,75 m$$

Caso haja necessidade de o aterro ter uma altura de 4 m, pode-se lançar mão das bermas de equilíbrio, como indicado na Fig. 5.9. Trata-se de aterros laterais que funcionam como contrapeso, opondo-se a eventual ruptura do aterro principal. A altura das bermas será igual a 4 - 2,75 = 1,25 m.

De um modo geral, e designando por F o coeficiente de segurança, pode-se escrever a seguinte equação para a diferença de alturas indicadas na Fig. 5.9:

$$H_1 - H_2 = \frac{5,5 \cdot c}{F \cdot \gamma_{at}} \qquad (11)$$

A questão agora é determinar a largura das bermas, b_2 na Fig. 5.9. Para tanto, basta definir a posição do círculo crítico e fazer com que as bermas cubram a parte sujeita a levantamento de ruptura, para garantir a estabilidade. Os ábacos de Jakobson (1948) servem justamente para esse propósito e são úteis por agilizar os cálculos em situações em que a coesão é constante e a espessura da camada de solo mole é finita.

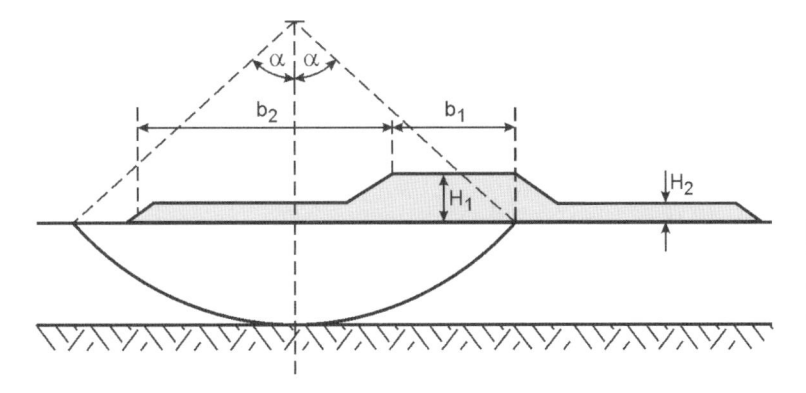

Fig. 5.9
Bermas de equilíbrio

5.2.3 Coesão linearmente crescente com a profundidade

Para depósitos em que a coesão cresce linearmente com a profundidade, (expressão 4a), os círculos críticos tendem a ser mais superficiais, pois é onde o solo apresenta menores resistências.

Sousa Pinto (1966) analisou esse problema, considerando os aterros como caracterizados pela altura H e pela projeção d do talude no eixo horizontal (Fig. 5.10a). A pressão que leva o terreno à ruptura vale:

$$q_r = N_{co} \cdot c_o \qquad (12)$$

onde N_{co} é o fator de carga e c_o, a coesão na superfície do terreno.

O fator de carga é apresentado na forma de ábacos, como ilustrado na Fig. 5.10b, na qual se constata que:

a) a solução de Fellenius é um caso particular dessa solução mais geral. De fato, se $c_1 = 0$ (coesão constante), tem-se $N_{co} \cong 5,5$;

b) quanto menor o valor de D, espessura da camada de argila mole, maior o valor de N_{co}, e maior a altura de aterro que se pode lançar sem que o solo se rompa, corroborando a afirmação acima;

c) para taludes bastante íngremes, em que d tende a 0, a altura crítica atinge o seu valor mínimo, dado pela expressão (9), mas com $c = c_o$; em outras palavras, invertendo-se a situação, só se pode tirar partido do crescimento linear da coesão com a profundidade na medida em que $d > 0$. Ademais, o talude funciona como uma berma (Fig. 5.10a).

Como hoje há uma tendência ao uso de computadores, seria também interessante dispor de expressões matemáticas para o cálculo dos fatores de carga N_{co}. As seguintes expressões aproximadas podem ser empregadas:

a) para camadas de solos moles muito espessas ($D = \infty$), tem-se:

$$N_{co} \cong 6,1 + 2,1 \cdot \frac{c_1 d}{c_o} \Rightarrow para : \cdots 0 \leq \frac{c_1 d}{c_o} \leq 2 \qquad (13)$$

$$N_{co} \cong 7,0 + 1,4 \cdot \frac{c_1 d}{c_o} \Rightarrow para : \cdots 2 \leq \frac{c_1 d}{c_o} \leq 20 \qquad (14)$$

b) para casos em que D é finito:

$$N_{co} \cong \max\left[\left(1,0 + \frac{c_1 d}{c_o} + 1,5 \cdot \frac{d}{D}\right); N_{co}(D = \infty)\right] \qquad (15)$$

Quando o talude for muito abatido, isto é, d for grande, recomenda-se o uso de bermas, por razões construtivas. Pode-se proceder de duas formas:

a) subdividir a rampa (Fig. 5.10a) em bermas, com igual área na seção transversal e igual projeção, o que pode ser inconveniente na medida em que aumenta a segurança, como é fácil de verificar; ou

b) usar o ábaco da Fig. 5.10d, preparado mais recentemente por Souza Pinto (1994), válido para uma berma com metade da altura do aterro (Fig. 5.10c).

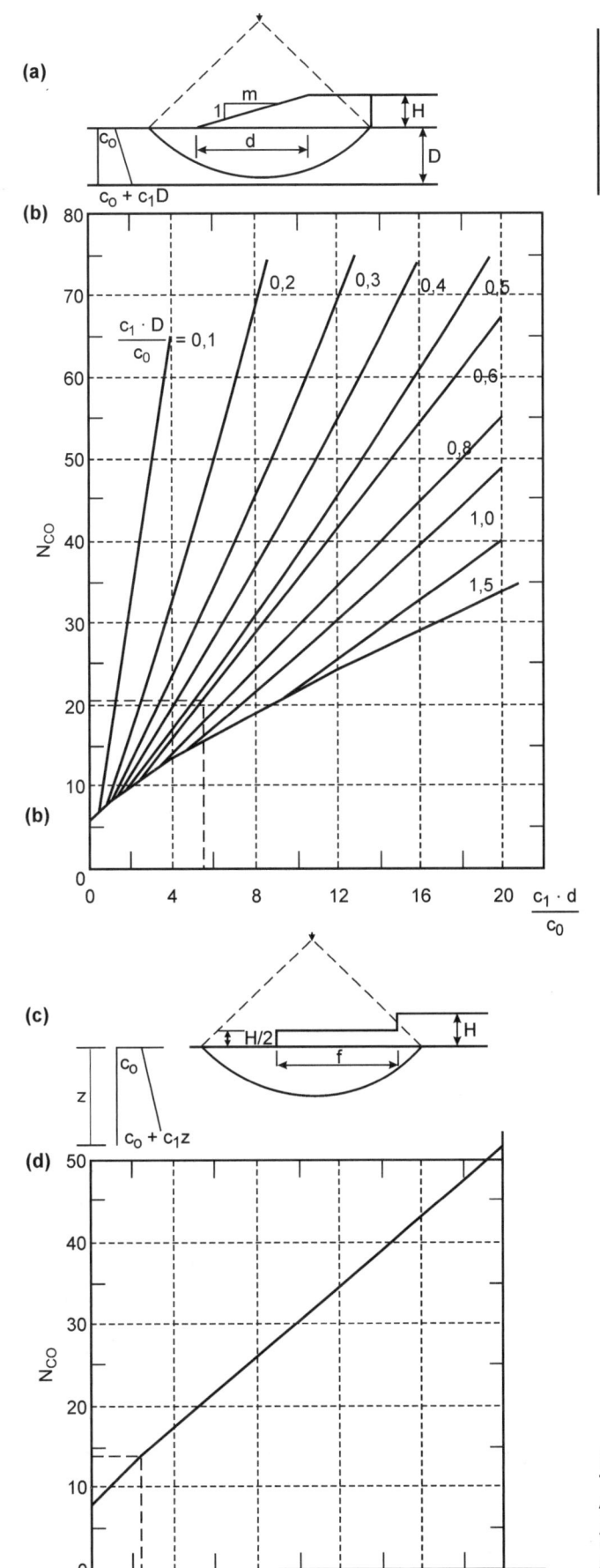

Capítulo 5

Aterros Sobre Solos Moles

Fig. 5.10
Ábaco de Sousa Pinto para aterros sobre solos moles

Obras de Terra

5.2.4 Consideração da resistência do aterro

A Fig. 5.11 mostra dois modos de ruptura de aterros sobre solos moles. Num dos casos, forma-se uma trinca, o que impede contar com a colaboração da resistência ao cisalhamento do aterro, no cálculo da estabilidade.

Fig. 5.11
Modos de ruptura de aterros sobre solos moles, com (a) e sem (b) formação de trincas

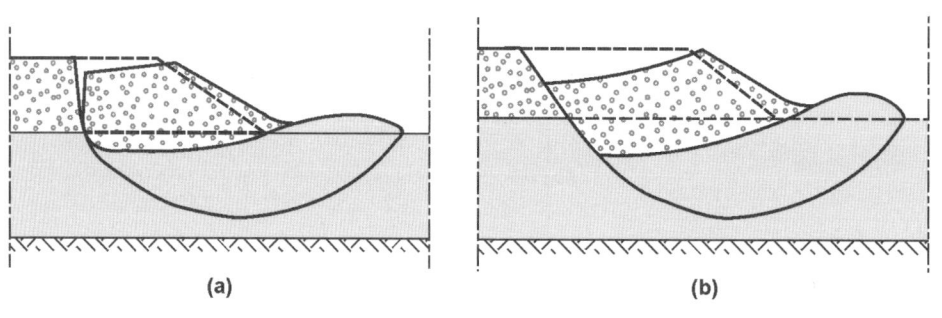

No entanto, há situações em que se pode considerar essa colaboração. Uma delas é quando o aterro é constituído de material granular, areia, por exemplo, que preenche os espaços vazios, impedindo a formação de trincas. Para esses casos (Fig. 5.12), existem os ábacos de Pilot (1973), que fornecem diretamente o coeficiente de segurança em função de alguns adimensionais, facilmente calculável. Pilot utilizou nos seus cálculos o método de Bishop Simplificado.

Fig. 5.12
Ilustração esquemática de seção de aterro em areia, usada por Pilot (1973)

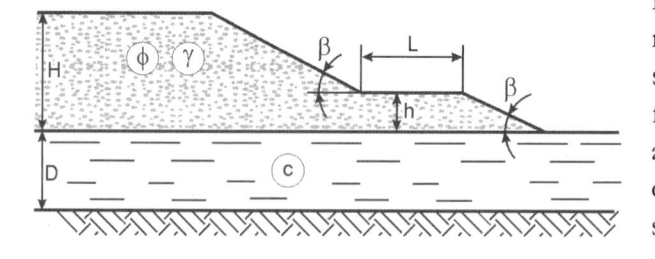

Outra situação refere-se ao emprego de mantas geotêxteis (geossintéticos) para impedir a formação de trincas no aterro. Essas mantas, colocadas na interface solo mole-aterro, para desempenhar também outras funções (anticontaminante, de filtro e de drenagem), oferecem uma resistência à tração que contribui para o momento resistente, como mostra a Fig. 5.13.

No entanto, a força T_a deve ser mantida em níveis baixos, para que as deformações da manta sejam pequenas (de 2 a 3%), condição necessária para impedir a formação de trincas no aterro. Com isto, a contribuição da resistência à tração da manta, em si mesma, é muito pequena, em geral desprezível. O seu efeito é indireto, garantindo a não formação de trincas e a possibilidade de inclusão da resistência do aterro nos cálculos de estabilidade, a menos que sejam utilizadas camadas múltiplas de mantas, isto é, terra armada, mencionada no Cap. 4.

Fig. 5.13
Mantas de geossintéticos para evitar a formação de trincas em aterros

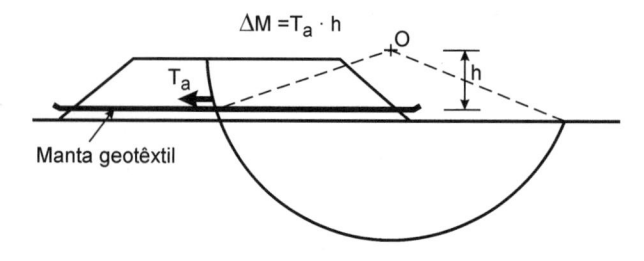

$\Delta M = T_a \cdot h$

5.2.5 Presença de crosta ressecada

Low (1989) publicou ábacos que incorporam não só os aspectos abordados anteriormente, quais sejam, a existência de camada de solo mole com espessura finita; o crescimento linear da coesão com a profundidade; a resistência do aterro, como também a presença de crosta ressecada no topo do solo mole.

O coeficiente de segurança é calculado para várias profundidades D' na camada de solo mole, numa pesquisa da profundidade crítica, isto é, da profundidade que o círculo crítico atinge, através da expressão:

$$F = N_1 \cdot \frac{c}{\gamma_{at} H} + N_2 \cdot \left(\frac{c_{at}}{\gamma_{at} H} + \gamma_{at} \cdot tg\phi_{at} \right) \qquad (16)$$

onde c é a coesão média do solo mole até a profundidade D; c_{at} e ϕ_{at} são parâmetros do aterro e H é a altura do aterro. N_1 e N_2 são fatores de carga, função da relação D'/H e da inclinação do talude do aterro, apresentados na forma de ábacos, preparados com a aplicação do método de Bishop Simplficado. São também dadas indicações de como calcular a coesão média c do solo mole, quando há um crescimento linear com a profundidade ou quando existe crosta ressecada.

5.3 *Recalques*

Ao longo do tempo, na fase operacional de um aterro de estrada, por exemplo, a camada de argila mole adensa-se, o que significa que se torna cada vez mais rija. Consequentemente, o coeficiente de segurança aumenta, e o mesmo acontece com os recalques. É por isso que a estabilidade é um problema do período construtivo enquanto os recalques interessam na fase operacional. Ainda no caso de aterros de estrada, isto significa trabalho de manutenção para eliminar ondulações na pista e ressaltos ("degraus") nos encontros dos aterros com pontes e viadutos.

Dois problemas colocam-se nesse contexto: a estimativa dos recalques finais e a avaliação do tempo necessário para que um certo quinhão desse recalque ocorra.

5.3.1 Estimativa dos recalques finais

Para a estimativa dos recalques finais, costuma-se recorrer aos resultados dos ensaios de adensamento. A rigor, esses ensaios reproduzem bem situações em que o solo mole encontra-se confinado, como, por exemplo, entre duas camadas de areia (Fig. 5.14a), ou por bermas de grande extensão (Fig. 5.14b). Para a situação indicada na Fig. 5.14c, deve-se considerar efeitos bidimensionais, que ocorrem diante da deformação lateral do solo mole, que está desconfinado.

Obras de Terra

De modo geral, quando $\bar{\sigma}_f > \bar{\sigma}_a$, o recalque final ρ_f, por adensamento primário e secundário, pode ser calculado, como estudado no *Curso de Mecânica dos Solos* (Sousa Pinto, 2000), pela expressão:

$$\rho_f = \frac{D}{(1+e_o)} \cdot \left(C_r \cdot \log \frac{\bar{\sigma}_a}{\bar{\sigma}_i} + C_c \cdot \log \frac{\bar{\sigma}_f}{\bar{\sigma}_a} \right) + C_{\alpha\varepsilon} \cdot D \cdot \log \frac{t}{t_p} \qquad (17)$$

onde $\bar{\sigma}_i$ e $\bar{\sigma}_f$ são, respectivamente, as pressões efetivas inicial e final, impostas pelo aterro, no centro da camada de solo mole; t_p é o tempo correspondente ao final do adensamento primário, e t um tempo qualquer, maior do que t_p. Os outros símbolos já foram definidos.

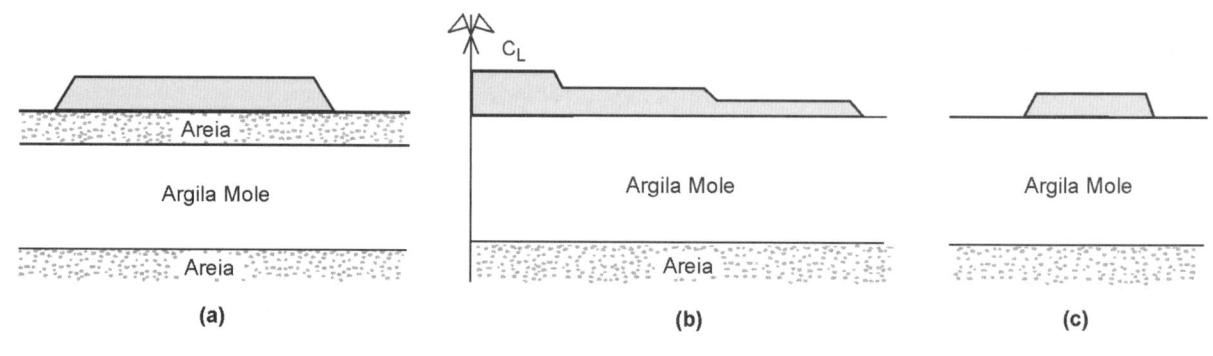

Fig. 5.14
*Solo mole:
a) confinado entre duas camadas de areia;
b) sob bermas de grande extensão;
c) sob aterros de pequena extensão*

Este recalque deve ser acrescido do recalque imediato, dado pela Teoria da Elasticidade (Sousa Pinto, 2000), a saber:

$$\rho_i = I \cdot \frac{\sigma_o \cdot B}{E} \cdot (1 - \nu^2) \qquad (18)$$

onde σ_o é a pressão uniformemente distribuída na superfície; E e ν são os parâmetros elásticos do solo mole; B é a largura da área carregada; e I é o coeficiente de forma.

As pressões de pré-adensamento ($\bar{\sigma}_a$) desempenham um papel decisivo na estimativa dos recalques, daí a necessidade de sua determinação, com boa precisão. Para avaliar a importância desse parâmetro, citam-se casos da Baixada Santista. Quando se lança aterro de 3 m de altura sobre camada de 20 m de argila mole, levemente sobreadensada, com relação de sobreadensamento (RSA) de 1,3 (isto é, com $\bar{\sigma}_a$ igual a 1,3 vezes a pressão efetiva de terra), o recalque final que resulta é pouco superior a 1 m. Se se considerasse a argila mole como normalmente adensada (RSA = 1), o recalque seria pouco inferior a 2 m, isto é, quase dobraria de valor.

Note-se que, nessa forma de calcular os recalques, ignorou-se a rigidez própria dos aterros, que foram considerados como que aplicando uma pressão flexível ao terreno (carregamento de membrana). A consideração dessa rigidez e dos efeitos de terra armada (p. ex., solos compactados com mantas geotêxteis) pode ser feita por meio de métodos de cálculo mais refinados, como o Método dos Elementos Finitos.

A influência de camada firme, subjacente ao solo mole, na distribuição das tensões no centro da camada de solo mole, pode ser levada em conta usando-se soluções da Teoria da Elasticidade, através dos coeficientes de influência, à semelhança do que se viu no *Curso de Mecânica dos Solos* (Sousa Pinto, 2000).

5.3.2 Estimativa da velocidade de desenvolvimento dos recalques

Para determinar o tempo necessário para que um certo quinhão do recalque final se desenvolva, deve-se recorrer a uma teoria de adensamento. A mais simples delas é a Teoria do Adensamento de Terzaghi, que supõe um processo de adensamento unidimensional e linearidade nas relações tensão-deformação. Os seus resultados são usualmente apresentados na forma de ábacos, relacionando a porcentagem de adensamento vertical (U_v) com o fator tempo (T_v), dado por:

$$T_v = \frac{C_v}{H_d^2} \cdot t$$

conforme Sousa Pinto (2000). Uma forma aproximada de apresentar esses resultados é pelas expressões de Taylor:

$$T_v = \frac{\pi}{4} \cdot U_v^2 \qquad \text{para } U_v < 60\% \qquad (19)$$

$$T_v = -0{,}933 \cdot \log(1 - U_v) - 0{,}085 \qquad \text{para } U_v > 60\% \qquad (20)$$

Há casos em que é necessária a consideração do tempo de construção do aterro. Para citar um exemplo, durante a construção da Via dos Imigrantes, na Baixada Santista, o tempo de construção dos aterros era de 6 meses e os recalques estabilizavam-se em 9 meses, aproximadamente. Existem em disponibilidade soluções de Teoria de Adensamento com carregamento variável no tempo, como a de Olson (1977). Por meio de uma solução básica para carga em rampa, permite generalizações para outras formas de carregamento, por simples superposição.

Em casos em que se empregam drenos verticais de areia para acelerar os recalques, a teoria de Barron (1948) permite a estimativa da velocidade de desenvolvimento dos recalques. O fluxo é puramente radial, e as seguintes relações são aplicáveis:

$$U_r = 1 - e^{-\lambda} \qquad \text{com} \qquad \lambda = \frac{8 \cdot T_r}{m} \qquad (21)$$

Capítulo 5
Aterros Sobre
Solos Moles

Obras de Terra

O parâmetro m depende da relação entre a distância entre drenos (d_e) e o diâmetro dos drenos (d_w), isto é:

$$m = \frac{n^2}{n^2-1} \cdot \ln(n) - \frac{3n^2-1}{4n^2} \quad \text{com} \quad n = \frac{d_e}{d_w} \quad (22)$$

e

$$T_r = \frac{C_r}{d_e^2} \cdot t \quad (23)$$

Como a água pode percolar tanto para as camadas drenantes, no topo e na base do solo mole, como para os drenos, tem-se, na realidade, um adensamento tridimensional. Para levar em conta esta simultaneidade, pode-se recorrer à expressão de Carrillo (1942):

$$(1-U) = (1-U_v) \cdot (1-U_r)$$

que fornece a porcentagem de adensamento (U) resultante dos adensamentos vertical (U_v) e radial (U_r).

A maior dificuldade na aplicação dessas teorias é obter os parâmetros básicos, em especial os coeficientes de adensamento C_v e C_r, diante da heterogeneidade natural da camada de solo mole e da presença de finas lentes ou camadas de areia delgadas, que acabam passando despercebidas quando se executam as sondagens. Essas lentes de areia podem contribuir em muito para acelerar o adensamento, pois são caminhos de drenagem internos à camada de solo mole. Por isso, valores confiáveis dos coeficientes de adensamento são aqueles obtidos pela análise de recalques observados em verdadeira grandeza, por meio da instrumentação de aterros, ou então, por ensaios *in situ* (permeabilidade e CPTU), como se viu no Cap. 2.

5.4 *Processos Construtivos*

Para a construção de aterros sobre solos moles, pode-se proceder, em linhas gerais, de três formas:

a) lançar os aterros em ponta sobre o terreno natural, isto é, tal como ele se encontra na natureza. Isto significa conviver com os problemas de estabilidade durante a construção, e de recalques, na fase operacional. Por exemplo, no caso de aterros de estradas, realizar, periodicamente, serviços de manutenção, regularizando a pista, para eliminar as ondulações;

b) remover o solo mole, total ou parcialmente; ou

c) lançar os aterros em ponta, após um tratamento do solo mole, cujas propriedades são melhoradas.

5.4.1 Lançamento de aterros em ponta

O lançamento de aterros em ponta depara-se com uma primeira dificuldade, relativa ao tráfego de equipamentos de terraplenagem. Nesse sentido, é, por vezes, recomendável deixar a vegetação natural, o que facilita, em parte, a colocação da primeira camada de aterro e, em parte, a drenagem de topo.

O preparo do terreno pode ser feito:

a) lançando-se como lastro inicial uma primeira camada mais espessa de aterro (0,5 a 1 m), sem muita preocupação com a compactação;

b) usando-se lastro inicial de aterro hidráulico, isto é, de areia em suspensão em água, conduzida por meio de tubulações, com uma vantagem adicional da função drenante desse lastro, no topo da camada de solo mole;

c) colocando-se manta de geotêxtil ao longo do eixo do aterro, numa faixa correspondente à sua largura, ligada por costura ou por recobrimento. Mesmo quando se trabalha com mantas, é necessário lançar lastro de solo de 0,5 a 1 m de espessura. A manta tem função drenante, além de evitar a contaminação do aterro e de aumentar a estabilidade.

Pode-se também recorrer a equipamentos leves com esteiras largas, facilitando a trafegabilidade e o lançamento da primeira camada de aterro.

Um cuidado de ordem geral é evitar rupturas, mesmo localizadas, pois levam a um amolgamento dos solos moles, em geral com elevada sensitividade (de 4 a 5 na Baixada Santista), o que reduz, drasticamente, a sua resistência ao cisalhamento. O terreno acaba por "tragar" um volume muito grande de solo do aterro, encarecendo as obras, além de acarretar problemas técnicos, como dispor de um leito de estrada de má qualidade, com ondulações.

5.4.2 Remoção dos solos moles

A remoção total de solo mole é possível para espessuras relativamente pequenas, com cerca de 4 a 5 m, e, no máximo, 7 m. Ela pode ser feita por escavação mecânica, com *drag-lines* ou dragas, ou por explosivos, para liquefazer os solos moles.

A expulsão de lama com explosivos requer o lançamento prévio de um aterro e a colocação das cargas de dinamite sob ele ou na sua frente de avanço. A ideia é que o solo mole se liquefaça e seja expulso pelo solo do aterro, que acaba por ocupar o seu lugar, até o terreno firme. Na prática, a expulsão pode não ser completa, permanecendo resquícios de solo mole sob forma de bolsões, o que afeta o leito da estrada, provocando ondulações com o correr do tempo.

Já se empregaram *drag-lines* em regiões de meia encosta, junto ao sopé da Serra do Mar, na Baixada Santista, para a remoção de solos moles. O aterro também era lançado previamente e, em seguida, procedia-se a uma escavação

Obras de Terra

lateral e em linha, abrindo-se uma vala e removendo-se o solo mole, como mostra a Fig. 5.15.

Fig. 5.15
Remoção total de solos moles em região de meia encosta (Vargas, 1973)

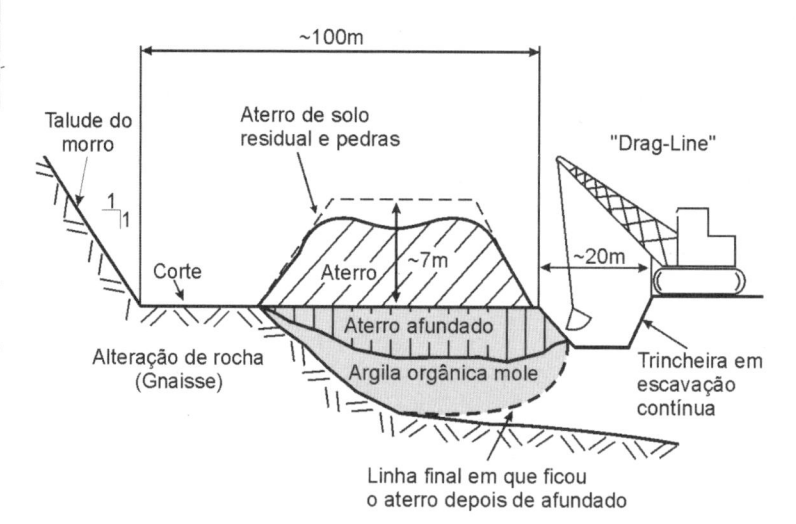

O desconfinamento lateral facilitava a ruptura do solo mole sob o aterro, a sua expulsão para a vala e a sua remoção, paulatinamente, pelos *drag-lines*. À medida que o aterro "afundava", procedia-se ao seu alteamento, para garantir a substituição do solo mole e a continuidade do processo.

Um processo construtivo introduzido por Vargas (1973) na Baixada Santista, denominado "colchão flutuante de areia", envolve a remoção parcial de solo mole, até cerca de 3 a 5 m de profundidade, e a sua substituição por areia, lançada hidraulicamente. É feita a limpeza do terreno natural na faixa de domínio da estrada, após o que é aberto um canal no mangue por meio de dragagem; como o nível de água é quase aflorante na superfície do terreno, as dragas flutuam no canal aberto. Uma vez aberto o canal, lança-se o aterro hidráulico, constituído preferencialmente de areias

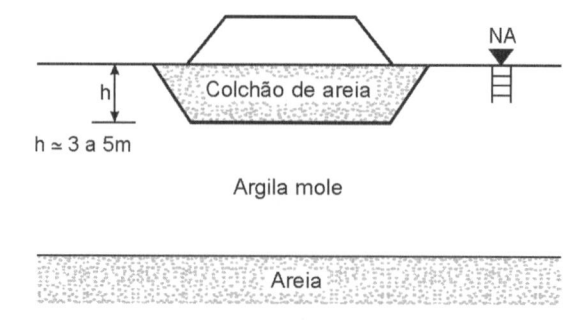

Fig. 5.16
Remoção parcial do solo mole: colchão de areia

grossas, bem graduadas, para evitar que o material fique fofo. Completada a substituição, tem-se um colchão de areia (Fig. 5.16) sobre o qual os equipamentos de terraplenagem podem transitar e, assim, construir o aterro propriamente dito.

Do ponto de vista técnico, o processo do colchão de areia apresenta a desvantagem de substituir argila mole, com peso específico submerso (γ_{sub}) de, por exemplo, 3 kN/m³, por areia, com 9 kN/m³, o que corresponde a uma triplicação de peso, o que é desfavorável à estabilidade. No entanto, é a pior parte do mangue, a mais mole, que está sendo substituída por areia, mais resistente e menos compressível. Lembra-se, ademais, que o terço superior das camadas de argila mole é responsável por 50% dos recalques.

5.4.3 Tratamento do solo mole

Entende-se por tratamento do solo mole um conjunto de procedimentos para melhorar as suas propriedades geotécnicas, quer dizer, as suas características de resistência e deformabilidade.

Dentre as técnicas empregadas citam-se: a) a construção por etapas; b) a aplicação de sobrecargas temporárias; c) a instalação de drenos verticais para acelerar os recalques; d) a execução de colunas de pedra, ou e) de estacas de distribuição.

Construção por etapas

Consiste em se construir um aterro por partes, como indica a Fig. 5.17, em situações em que a altura final do aterro (H) é maior do que a altura crítica. Deixa-se o solo mole adensar sob o peso de um aterro de altura H_1, com o que o solo enrijece e fica apto a suportar um incremento de carga, correspondente à nova altura de aterro H_2, e assim por diante, até se atingir a altura final H. Necessita-se, apenas, de um prazo maior para a construção do aterro.

Esta técnica só é viável, na prática, quando o C_v do solo mole é relativamente elevado ou a espessura da camada é pequena, situações em que o "prazo maior para a construção do aterro" se torna exequível (alguns anos).

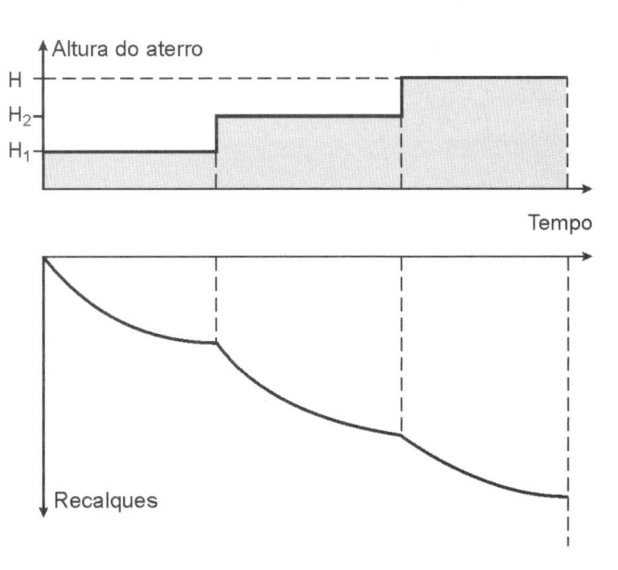

Fig. 5.17
Construção de aterros por etapas

Sobrecarga temporária

Por este processo, também denominado pré-compressão, o solo mole é submetido a um carregamento maior do que aquele que atuará durante a vida útil da obra. Com isto, não só se antecipam os recalques, primários e mesmo secundários, como também se consegue um ganho na resistência do solo mole. A Fig. 5.18 ilustra o processo. Ao tempo t_{rs}, de remoção da sobrecarga, já ocorreu um recalque ρ_{rs} igual ao primário (ρ_f), devido à carga permanente, acrescido de um ρ_{sec}, de adensamento secundário.

O projeto é feito fixando-se um t_{rs} e um ρ_{sec}, com o que se determina $\rho_{rs} = \rho_f + \rho_{sec}$. Como se conhece o fator tempo T_{rs} associado ao t_{rs}, pode-se obter, pela Teoria do Adensamento de Terzaghi, U_{rs} usando-se, por exemplo, as expressões (19) e (20), e, portanto, o valor do recalque final para a carga (p_s+p_f), pela fórmula $\rho_{s+f} = \rho_{rs}/U_{rs}$. Finalmente, com uma expressão do tipo da (17), chega-se ao valor da sobrecarga p_s que se necessita.

Como o adensamento se processa mais depressa nas extremidades da camada, junto às faces drenantes, pode-se, para fins de projeto, tomar U_{rs} como a porcentagem de adensamento pontual, relativa ao centro da camada. Esse procedimento é mais conservador, levando a valores maiores de sobrecarga temporária.

Fig. 5.18
Ilustração do efeito de uma sobrecarga temporária

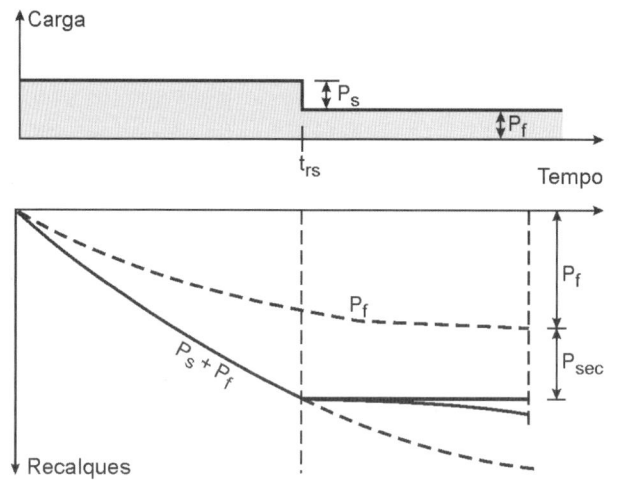

Obviamente, é condição para a aplicação do processo que (p_s+p_f) não ultrapasse a altura crítica. Ademais, para que o processo funcione, na prática, é necessário que o coeficiente de adensamento do solo mole seja relativamente alto, ou que a camada de solo mole seja delgada.

Existem duas variantes deste processo, que recorrem ao uso do vácuo, como ilustra a Fig. 5.19.

a) A primeira (Fig. 5.19a) consiste em se aplicar vácuo sob uma membrana de borracha, que equivale a carregar o terreno com uma pressão da ordem de 80 kPa, ou um aterro com cerca de 4 m de altura. A vantagem do processo é que a instalação pode ser feita e desfeita com relativa rapidez, sem preocupações com materiais de empréstimo, nem com a estabilidade de aterros.

b) A segunda variante (Fig. 5.19b) consiste em aplicar vácuo em poços abertos no solo mole, que podem ser profundos, atingindo estratos arenosos subjacentes Dessa forma, as pressões neutras hidrostáticas são reduzidas aumentando-se, consequentemente, as tensões efetivas devidas ao peso próprio de solo mole, o que provoca o adensamento da camada.

Fig. 5.19
*Variantes da técnica de sobrecarga temporária, com o uso de vácuo
a) sob membrana de borracha;
b) em poços*

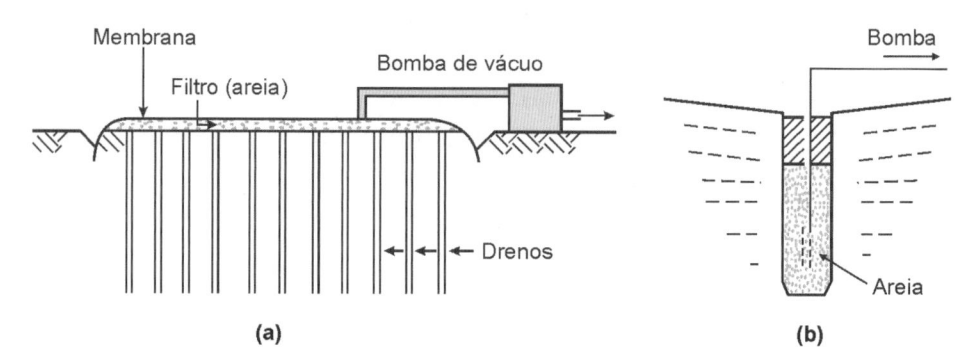

Drenos verticais

Quando o solo mole é muito espesso, ou o seu coeficiente de adensamento é muito baixo, a pré-compressão (sobrecarga temporária) torna-se ineficiente. Nesses casos pode-se lançar mão dos drenos verticais, que encurtam as distâncias de drenagem e aceleram o adensamento.

O tipo mais comumente empregado é o dreno vertical de areia (Fig. 5.20). A sua execução requer a instalação de tubos metálicos de ponta aberta, até a cota desejada, em geral até a camada de areia subjacente ao solo mole, após o quê se procede à limpeza do seu interior com jatos de água. Posteriormente, despeja-se areia dentro do tubo, à medida que ele vai sendo sacado do terreno. Se o material do aterro não for drenante, lança-se uma camada de areia ou uma manta de geotêxtil para garantir a drenagem no topo.

A execução dos drenos requer cuidados especiais para minimizar o amolgamento do solo mole em volta dos drenos, o qual leva a uma indesejável redução da sua permeabilidade, e evitar o seccionamento dos próprios drenos quando da retirada dos tubos do terreno. Esses problemas podem reduzir a zero a eficiência dos drenos. Usualmente, os diâmetros variam entre 20 e 45 cm, e os espaçamentos, de 1 m a 4,5 m.

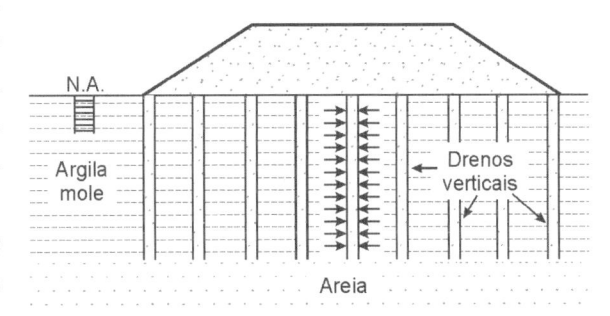

Fig. 5.20
Drenos verticais para acelerar os recalques

Modernamente empregam-se os drenos fibroquímicos ou de plástico, que têm a forma de tiras, com seção transversal retangular, de 100 x 3 mm². No interior das tiras existem canais para dar escoamento às águas, que correspondem a mais de 70% da área da sua seção transversal. A instalação das tiras requer o emprego de equipamentos especiais, de grande produção, pois o espaçamento entre drenos costuma ser pequeno. Observações de obras mostram que os drenos fibroquímicos apresentam desempenho equivalente a drenos de areia com 18 cm de diâmetro.

O dimensionamento é feito escolhendo-se um diâmetro (d_w) para os drenos e um espaçamento entre eles (d_e). Caso se trate de uma solução combinada com a pré-compressão, determina-se o valor da sobrecarga temporária p_s da forma indicada no item anterior, com a diferença na teoria de adensamento: deve-se recorrer às fórmulas dadas pelas expressões (22) e (23).

O processo funciona, isto é, é eficiente e econômico, quando:

a) a carga aplicada estiver bem acima da pressão de pré-adensamento, ou seja, quando o solo for realmente mole;

b) os coeficientes de adensamento C_v e C_r forem baixos; empregar drenos verticais quando esses parâmetros forem elevados é despender dinheiro inutilmente;

c) prevalece o recalque por adensamento primário em detrimento do secundário.

Assim, para solos turfosos, em que os recalques primários são bem menores do que os recalques secundários e o C_v é alto, não faz sentido empregar os drenos verticais.

A grande dificuldade no projeto desses drenos está no desconhecimento do valor real do coeficiente de adensamento vertical (C_v) e Radial (C_r) que precisa ser obtido por ensaios *in situ* ou por observação (monitoração) de obras, como enfatizado anteriormente.

Colunas de pedra

Trata-se de um processo em que se abrem furos na camada de solo mole, espaçados entre si em 1 a 2,5 m, e com 70 a 90 cm de diâmetro, até atingir-se estrato firme subjacente. Na sequência, os furos são preenchidos com pedras ou brita, densificadas por vibração. O aparelho usado para a perfuração é um torpedo com uma massa excêntrica, que imprime vibração horizontal, e em cuja ponta pode-se jatear água. O mesmo aparelho é empregado na fase de preenchimento do furo com material granular, mais especificamente, na sua compactação.

As colunas de pedras têm duas funções: a primeira é transferir a carga dos aterros a maiores profundidades, como se fosse um estação; as cargas de trabalho variam entre 100 e 300 kN; e a segunda função é de dreno vertical, encurtando as distâncias de percolação da água dos poros dos solos moles.

Estacas de distribuição

Como o nome indica, eo processo consiste em transferir a carga de um aterro para as partes mais profundas do subsolo, que apresentam, em geral, maiores resistências e menores compressibilidades. Estacas de madeira foram muito empregadas na Suécia, com esse objetivo. Requerem o uso de blocos de capeamento na interface base do aterro-topo das estacas, espaçados entre si em 1 a 2 m. O número de estacas e, consequentemente, o custo envolvido são muito elevados.

Capítulo 5
Aterros Sobre
Solos Moles

Questões para pensar

1. Liste os problemas envolvidos no projeto e na construção de aterros sobre solos moles. É verdade que, se a ruptura de um aterro sobre solo mole não ocorrer logo após a construção, ela não ocorrerá mais? Por quê?

Do ponto de vista do projetista, os problemas são: a) a estabilidade dos aterros logo após a construção; b) os recalques dos aterros ao longo do tempo. Com relação aos aterros de encontro a pontes e viadutos, pode-se listar como problemas que merecem a atenção do engenheiro projetista: c) a estabilidade das fundações das obras de arte; d) os recalques diferenciais entre as obras de arte, da ordem do decímetro, e os aterros de encontro, da ordem do metro, com a possibilidade de formação dos indesejáveis "degraus" junto às pontes e aos viadutos; e) os efeitos colaterais no estaqueamento, como empuxos de terra e atrito negativo.

Do ponto de vista construtivo, os problemas dizem respeito: a) ao tráfego dos equipamentos de construção; b) ao amolgamento da superfície do terreno, face ao lançamento do aterro; c) aos riscos de ruptura durante a construção, o que pode afetar a integridade de pessoas envolvidas com as obras e provocar danos aos equipamentos.

Quanto à ruptura, sim, é verdade, pois com o adensamento, que demanda tempo, o solo mole enrijece, ganhando resistência. Os projetistas valem-se desse fato e adotam um coeficiente de segurança pouco acima de 1, sabendo que, com o tempo, ele aumentará significativamente.

2. Liste os problemas de aterros sobre solos moles de encontro às pontes e viadutos. Qual deve ser a ordem de construção: primeiro a ponte ou o aterro de encontro?

Primeiro, deve-se construir o "aterro de encontro" e dar um tempo para o solo adensar. Só depois é que se deve iniciar a construção da ponte. Ao se fazer o contrário, a construção do aterro poderia: a) gerar recalques diferenciais entre o aterro e o tabuleiro da ponte; b) romper o solo mole, logo após a sua construção, e levar a ponte ao colapso; e c) introduzir esforços não desejáveis nas estacas, como, por exemplo, o atrito negativo e empuxos laterais.

3. Liste os parâmetros da argila mole necessários para cálculos de estabilidade e de recalques de um aterro, indicando como podem ser obtidos.

A densidade natural, o índice de vazios e o índice de compressão podem ser obtidos por meio de ensaios de laboratório em amostras indeformadas.

Para o C_v pode-se recorrer a ensaios de permeabilidade *in situ*.

Finalmente, a resistência não drenada (coesão) pode ser obtida por Ensaio da Palheta (*Vane Test*). Deve-se tomar o cuidado de aplicar a correção de Bjerrum aos valores obtidos.

Obras de Terra

4. O que é altura crítica de um aterro sobre solo mole e como ela pode ser obtida se a resistência da argila for constante com a profundidade? E se a coesão crescer linearmente com a profundidade?

A altura crítica (H_c) é a máxima altura com que um aterro pode ser construído sem que haja ruptura do solo mole de fundação.

Quando a coesão (c) é constante e a espessura do solo mole é grande, ela é dada pela expressão de Fellenius: $H_c = 5,5 \cdot c / \gamma_{at}$. Quando a coesão é linearmente crescente com a profundidade, e para espessuras limitadas de solo mole, a altura crítica pode ser calculada por meio dos ábacos de Sousa Pinto, por exemplo.

5. O que vem a ser "crosta ressecada" num depósito de argila mole? A sua ocorrência é benéfica para a construção de um aterro sobre o solo mole? E para a estabilidade desse aterro?

Em depósitos naturais de argila mole, a camada de solo mais superficial pode sofrer um ressecamento, por perda de umidade causada por abaixamento do nível d'água. Forma-se uma crosta ressecada, com resistência ao cisalhamento não drenada mais elevada, quando comparada com as camadas imediatamente abaixo. A sua ocorrência é, em geral, benéfica tanto do ponto de vista construtivo, facilitando o tráfego de equipamentos, quanto do ponto de vista técnico, pois sua resistência mais elevada favorece a estabilidade dos aterros.

6. No tratamento de solos moles, os drenos verticais de areia têm a função precípua de reduzir os recalques, graças ao efeito "estaca" dos drenos, e podem ser empregados em qualquer tipo de solo, mesmo as argilas orgânicas turfosas. A afirmação é falsa ou verdadeira? Se falsa, faça a correção.

A afirmação é falsa. Os drenos verticais de areia têm a função precípua de encurtar as distâncias de drenagem, acelerando os recalques primários. Por isso, só podem ser empregados em argilas moles, em que predominem os recalques por adensamento primário, o que exclui as argilas orgânicas turfosas, pois nestas prevalece o adensamento secundário.

7. O lançamento de um aterro "em ponta", sobre solo mole, é feito usualmente sem maiores problemas, porque a pressão exercida pelo aterro provoca o adensamento do solo mole, aumentando a sua resistência ao cisalhamento e, portanto, a sua estabilidade. A afirmação é falsa ou verdadeira? Se falsa, faça a correção.

A afirmação é falsa. O lançamento de aterros em ponta pode ser muito problemático, pois pode levar o solo mole à ruptura. Em consequência, a resistência ao cisalhamento do solo mole pode cair drasticamente, por efeito do amolgamento. O terreno acaba por "tragar" um volume muito grande do solo do aterro, encarecendo as obras, além de o leito da estrada poder ser de má qualidade, com ondulações. O adensamento do solo mole ocorre com o tempo e tende a elevar o coeficiente de segurança (o solo adensa, isto é, fica mais rijo), não durante ou ao final da construção, mas a longo prazo.

8. Considere os casos 1, 2 e 3 de aterros sobre espessa camada de argila mole, sobrejacente a outro estrato de argila média a rija, que satisfazem as seguintes condições:

Caso 1: o coeficiente de segurança (F) do aterro, em final de construção, é de 1,1 e o coeficiente de adensamento (C_v) vale 3.10^{-4} cm²/s.

Caso 2: Idem, mas com F=1,7 e $C_v = 3.10^{-2}$ cm²/s.

Caso 3: Idem, mas com F=1,7 e $C_v = 3.10^{-4}$ cm²/s.

Pergunta-se:

i. para qual dos casos é possível empregar sobrecarga temporária? Por quê?

ii. e drenos verticais? Por quê?

iii. e uma combinação de sobrecarga temporária e drenos verticais? Por quê?

Resposta:

i) Sobrecarga temporária para o caso 2. Ela só funciona quando C_v é alto (tornando exequível o tempo de sua remoção) e o solo mole suporta o seu peso sem romper (F alto).

ii) Drenos Verticais para o caso 1. F~1, portanto não suporta sobrecarga. Além disso, o C_v é baixo, e H_d é alto, exigindo uma solução radical, isto é, os drenos (de areia ou fibroquímicos), que reduzem drasticamente as distâncias de percolação.

iii) Sobrecarga Temporária com Drenos Verticais para o caso 3. F é alto, portanto suporta sobrecarga. Como C_v é baixo e H_d é alto, deve-se usar drenos etc.

9. Numa região de baixada litorânea, em local onde ocorre camada de argila marinha orgânica mole, com 15 m de espessura, sobrejacente a estrato de areia, projeta-se um aterro de estrada de encontro a uma ponte. Um dos requisitos do projeto é que 90% dos recalques primários ocorram durante o tempo de construção da obra, que é de 1 ano. Enquanto aguarda os resultados de ensaios encomendados, a projetista considera em seus estudos duas alternativas: empregar drenos verticais de areia, ou usar o recurso da pré-compressão da argila mole.

a) O que são e com que objetivos empregam-se drenos verticais de areia?

b) O que é e para que serve a pré-compressão de uma argila mole?

c) Se o valor do C_v (coeficiente de adensamento primário) for da ordem de 10^{-4} cm²/s, qual das duas alternativas você empregaria? Por quê?

d) Que tipo ou tipos de ensaios são mais recomendados na determinação do C_v? Por quê?

e) Ensaios de *Vane Test*, feitos no local, indicaram valores de coesão que satisfazem a seguinte equação: c = 10 + 1,7.z (c em kPa e, a profundidade z, em metros). Se se construísse um aterro com taludes bastante íngremes (quase verticais), qual seria a sua altura crítica? Adotar a correção de Bjerrum, com μ = 0,7.

f) Qual deveria ser a inclinação do talude de um aterro de 3 m de altura, a ser construído no local, se se quiser um coeficiente de segurança de 1,2?

Obras de Terra

Resposta:

a. Os drenos verticais de areia são "colunas" de areia instaladas na camada de solo mole, com o objetivo de encurtar as distâncias de drenagem e acelerar o adensamento. Pelo custo, são empregadas apenas quando a camada de solo mole é muito espessa ou o seu C_v é muito baixo. Modernamente estão sendo utilizados os drenos fibroquímicos (ver p. 137).

b. Esse processo, também denominado sobrecarga temporária, consiste em lançar um carregamento em excesso daquele que atuará na vida útil da obra. Permitem antecipar os recalques e possibilitam um ganho na resistência ao cisalhamento do solo mole. Para que o processo funcione, na prática, é necessário que o C_v do solo mole seja relativamente alto, ou que a camada de solo mole seja delgada. Só assim será exequível estimar um tempo de remoção da sobrecarga (t_{rs}) compatível com o cronograma da obra.

c. Note-se que $C_v = 10^{-4}$ cm²/s = 0,32 m²/ano, é um valor muito baixo e aponta para o uso dos drenos verticais. De fato, para $U = 90\%$ tem-se $T = 0,85$.

Logo: $T = 0,85 = \dfrac{C_v \cdot t_{90}}{H_d^2}$

Donde: $t_{90} = \dfrac{0,85}{0,32} \cdot \left(\dfrac{15}{2}\right)^2 \cong 150$ anos

supondo drenagem pelo topo e pela base, valor este muito alto, tornando inexequível estimar um tempo de remoção da sobrecarga (t_{rs}) compatível com o tempo de construção da obra, confirmando que se devem usar drenos verticais de areia (ou fibroquímicos).

d. Os ensaios mais indicados são os de permeabilidade *in situ*, pelo fato de envolverem volume muito maior de solo que um simples ensaio de adensamento. Mas o melhor mesmo é valer-se de retroanálises de aterros experimentais, que são encarados como ensaios em verdadeira grandeza, mas requerem investimentos muito grandes, raramente exequíveis.

e. Para taludes quase verticais, vale a Fórmula de Fellenius: $q_{rupt} = 5,5 \cdot c_0$, com $c_0 = 0,7 \times 10 = 7$ kPa.

Logo, $\gamma \cdot H_c = 5,5 \times 7$. Para densidade do aterro $\gamma = 20$ kN/m², tem-se $H_c = 1,9$ m, que é o valor da altura crítica procurado.

f. Com os ábacos (Sousa Pinto), $q_{rupt} = N_{co} \cdot c_0 = F \cdot \gamma \cdot H$, donde $N_{co} = F \cdot \gamma \cdot H / c_0 = 1,2 \cdot 20 \cdot 3/7$. Isto é, $N_{co} = 10,3$. Com o valor de $c_1 \cdot D/c_0 = (0,7 \cdot 1,7) \cdot 15/7 \cong 2,5$ tira-se, do ábaco, $c_1 \cdot d/c_0 \approx 2$. Donde: $d = 2 \cdot c_0/c_1 = 2 \cdot 7/1,19 = 11,8 m$ e o talude deve ter a inclinação de 1 para $11,8/3 \approx 4$, ou seja, 1V:4H.

10. Para o caso de um aterro sobre solo mole, de grande espessura ($\cong 20$m), a ser construído no encontro com uma ponte, indique formas de tratamento para as seguintes condições do subsolo: a) C_v relativamente alto (5×10^{-3} cm²/s); e

b) C_v baixo (10^{-4} cm²/s). Explicar como funciona cada forma de tratamento e o que se objetiva com cada uma delas.

Por se tratar de um aterro de encontro a uma ponte, o principal problema são os recalques, que serão da ordem de dezenas de centímetros para o aterro e, para a ponte, de alguns centímetros. O importante, nesses casos, é antecipar os recalques, para que ocorram, na sua quase totalidade, durante a execução da estrada.

No caso (a), como o C_p é relativamente alto, pode-se pensar em sobrecarga temporária, pois o t_{95} é de alguns anos, tornando exequível estimar um tempo de remoção da sobrecarga (t_{rs}) compatível com o cronograma da obra.

No caso (b), isto não ocorre, pois o t_{95} é elevado, podendo atingir algumas dezenas de anos, ou mais de um século. Pode-se recorrer a drenos verticais, de areia ou fibroquímicos, que reduzem drasticamente as distâncias de drenagem e, portanto, o t_{95}. Esta solução pode ser combinada com sobrecargas temporárias.

Capítulo 5
Aterros Sobre
Solos Moles

143

11. Um aterro com 2,5 m de altura deverá ser construído sobre solos moles, na Baixada Santista, num local onde o perfil de subsolo é o indicado abaixo. É condição de projeto que 95% do adensamento primário ocorra em um ano. Sob o aterro, será lançada camada de areia, para facilitar a drenagem.

a) Considere os parâmetros da argila mole indicados no perfil. Indique como são obtidos na prática e para que servem.

b) Qual é o coeficiente de segurança do aterro, supondo que o seu talude será de 1(V):4(H)?

c) A condição de projeto será atendida? Justifique sua resposta com cálculos apropriados.

d) Caso ela não seja atendida, o que fazer?

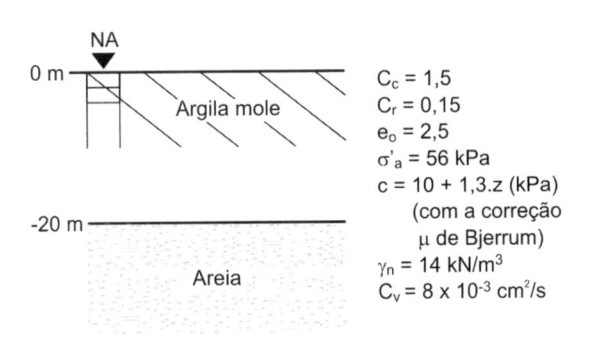

0 m — NA
Argila mole
-20 m
Areia

$C_c = 1,5$
$C_r = 0,15$
$e_o = 2,5$
$\sigma'_a = 56$ kPa
$c = 10 + 1,3 \cdot z$ (kPa)
(com a correção μ de Bjerrum)
$\gamma_n = 14$ kN/m³
$C_V = 8 \times 10^{-3}$ cm²/s

C_c – índice de compressão
C_r – índice de recompressão
e_o – índice de vazios inicial
σ'_a – pressão de pré-adensamento
c – coesão de projeto = $\mu \cdot c_{VT}$
γ_n – densidade natural da argila mole
C_V – coeficiente de adensamento primário

a)

Parâmetro	Como são obtidos	Para que servem
e_o, γ_n	Ensaios de caracterização (amostras indeformadas)	Estimar recalques
$C_c, C_r; \sigma'_a; e_o$	Ensaios de adensamento (amostras indeformadas)	Estimar recalques
c	Vane Test (VT), com correção de Bjerrum	Calcular a estabilidade
C_v	Ensaios de adensamento (laboratório) ou ensaios de k (in situ) ou retroanálise de medições de recalques de aterros	Avaliar o tempo de ocorrência dos recalques

b) Coeficiente de segurança do aterro, supondo que o seu talude será de 1(V):4(H):

$$q_r = N_{co} \cdot c_o \qquad \frac{c_1 \cdot d}{c_o} = \frac{1,3 \cdot 10}{10} = 1,3$$

dos Ábacos (Souza Pinto): $N_{co} = 8,8$ donde: $q_r = 8,8 \cdot 10 = 88 kPa$

Logo, o coeficiente de segurança vale: $F = \dfrac{88}{20 \cdot 2,5} = 1,76$

c) Verificação da condição de projeto: $t_{95} = 1$ ano.

De: $T = \dfrac{C_v \cdot t}{H_d^2}$ vem: $t_{95} = \dfrac{H_d^2 \cdot T}{C_v}$.

De $T = 1,780 - 0,933 \, log \, (100-U)$ para $U > 60\%$ extrai-se $T = 1,13$ para $U = 95\%$.

Logo: $t_{95} = \dfrac{(2000/2)^2 \cdot 1,13}{8 \cdot 10^{-3}} = 141250000 s = 4,48$ anos

Portanto, não satisfaz a condição de projeto.

d) Complemento construtivo:

O valor de C_v é relativamente elevado. Portanto, pode-se pensar numa sobrecarga temporária, a ser removida depois de alguns meses, para antecipar os recalques, de modo a atender a condição de projeto. Há espaço para essa sobrecarga, pois o $F = 1,76$ é bastante elevado, permitindo um acréscimo (sobrecarga temporária) na altura do aterro.

Bibliografia

BARRON, R. A. Consolidation of Fine Grained Soils by Drain Wells. *Transaction of the ASCE*, v. 113, p. 718-742, 1948.

BJERRUM, L. Problems of Soil Mechanics and Construction on Soft Clays and Structurally Unstable Soils. In: INTERNATIONAL CONFERENCE ON SOIL MECHANICS AND FOUNDATION ENGINEERING, 8., 1973, Moscou. *Proceedings...* Moscou, v. 3, p. 111-159, 1973.

CARRILLO, N. Simple Two and Three Dimensional Cases in the Theory of Consolidation of Soils. *J. Math. Phys.*, v. 21, p. 1-5, 1942.

CHRISTOFOLETTI, A. *Geomorfologia*, São Paulo: Edgard Blücher, 1980.

JAKOBSON, B. The Design of Embankments on Soft Clays. *Géotéchnique*, v. 1, n. 2, p. 80-89, Dec., 1948.

LOW, B. K. Stability Analysis of Embankments on Soft Ground. *Journal of Geotechnical Engineering Division*, ASCE, v. 115, n. 2, p. 211 e s., Feb., 1989.

MASSAD, F. Progressos Recentes dos Estudos Sobre as Argilas Quaternárias da Baixada Santista. ABMS – *Associação Brasileira de Mecânica dos Solos*. São Paulo, 1985.

MELO, M. S.; PONÇANO, W. L. *Gênese, Distribuição e Estratigrafia dos Depósitos Cenozóicos no Estado de São Paulo*. São Paulo: IPT, 1983.

MELLO, V. F. B. de. *Maciços e Obras de Terra*: anotações de apoio às aulas. São Paulo: EPUSP, 1975.

MESRI, G. Discussão em "New Design Procedure for Stability of Soft Clays". *Journal of the Geotechinical Division*, ASCE, v. 101, n. 4, p. 409-412, 1975.

OLSON, R. E. Consolidation Under Time Dependent Loading. *Journal of the Geotechinical Division*. ASCE, v. 103, GT1, 1977.

PILOT, G.; MOREAU, M. *Remblais sur Sols Mous Équipés de Banquettes Latérales*. Paris: Laboratoire des Ponts et Chaussées, Mar. 1973.

SOUSA PINTO, C. Capacidade de Carga de Argilas com Coesão Linearmente Crescente com a Profundidade. *Jornal de Solos*, v. 3, n. 1, p. 21-44. São Paulo, Mar. 1966.

SOUSA PINTO, C. Aterros na Baixada. In: _____. *Solos do Litoral de São Paulo*. São Paulo: ABMS, 1994. cap. 10, p. 235-264.

SOUSA PINTO, C. *Curso Básico de Mecânica dos Solos*. São Paulo: Oficina de Textos, 2000.

SUGUIO, K.; MARTIN, L. Formações Quaternárias Marinhas do Litoral Paulista e Sul Fluminense. In: INTERN. SYMPOS. ON COASTAL EVOLUTION IN THE QUATERNARY. *Publ. Esp. n. 1*. São Paulo, p. 11-18, set. 1978.

VARGAS, M. Aterros na Baixada de Santos. *Revista Politécnica*, p. 48-63, 1973.

Capítulo 6

COMPACTAÇÃO DE ATERROS

Entende-se por compactação de um solo qualquer redução, mais ou menos rápida, do índice de vazios, por processos mecânicos. Essa redução ocorre em face da expulsão ou compressão do ar dos vazios dos poros. Difere, portanto, do adensamento, que também é um processo de densificação, mas decorre de uma expulsão lenta da água dos vazios do solo.

A compactação objetiva imprimir ao solo uma homogeneização e melhorias de suas propriedades de engenharia, tais como: aumentar a resistência ao cisalhamento, reduzir os recalques e aumentar a resistência à erosão.

Várias são as obras civis nas quais se empregam solos compactados. Citam-se, entre outras aplicações:

- os aterros compactados, na construção de barragens de terra, de estradas ou na implantação de loteamentos;
- o solo de apoio de fundações diretas;
- os terraplenos (*backfills*) dos muros de arrimo;
- os reaterros de valas escavadas a céu aberto; e
- os retaludamentos de encostas naturais.

6.1 *Ensaios de Compactação em Laboratório*

6.1.1 O ensaio de Proctor - curvas de compactação

Em fins da década de 1930, Porter, da California Division of Highways, EUA, desenvolveu um método para a determinação do ponto ótimo de compactação dos solos – o ponto de máxima compactação. Para ele, o resultado da compactação era a redução do volume de ar dos vazios, concluindo que ela era uma função da umidade dos solos. Dependendo da quantidade de água, o ar comunica-se com a atmosfera através de "canais", sendo, portanto, mais facilmente expulso, ou, então, fica preso na água, na forma de "bolhas", quando é passível de compressão ou dissolução na água.

Assim, a quantidade de água, considerada através da umidade, é parâmetro decisivo na compactação, ao lado da energia de compactação. Para medir a intensidade da compactação, poderia ter usado o índice de vazios (e), no entanto, preferiu utilizar o peso específico seco (γ_s), o que dá na mesma, pois sabe-se, da Mecânica dos Solos, que

$$e = \frac{\delta}{\gamma_s} - 1 \qquad (1)$$

sendo δ o peso específico dos grãos.

O seu método era empírico e consistia em compactar uma porção de solo em laboratório, com uma certa energia de compactação, variando a umidade. A curva peso específico seco (γ_s), em função da umidade (h), tinha a forma de um sino e permitia definir um ponto ótimo de compactação, como mostra a Fig. 6.1. Tinha-se, assim, um peso específico seco máximo ($\gamma_{s_{máx}}$), e uma umidade ótima (h_{ot}).

Foi Proctor quem padronizou o ensaio, por volta de 1933, divulgando o fato. Por isso, não só o ensaio de compactação leva o seu nome – Ensaio de Proctor – como também a curva da Fig. 6.1 é denominada Curva de Proctor, e o desenho, Diagrama de Proctor. No Brasil o ensaio foi padronizado pela ABNT (NBR7.182/86).

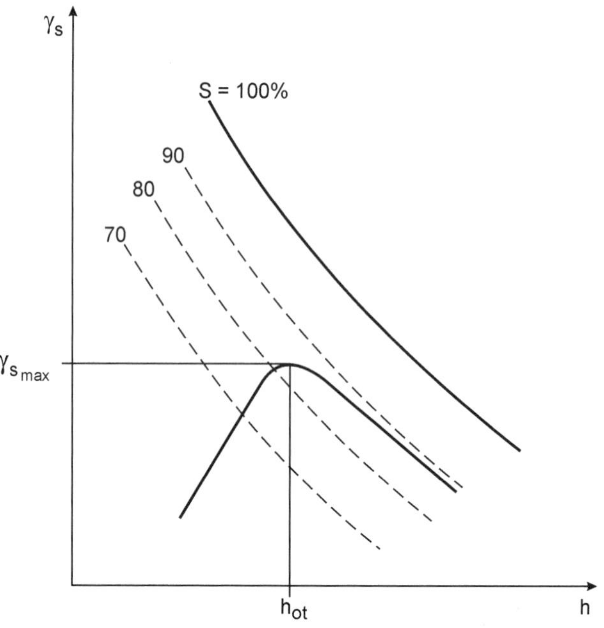

Fig. 6.1
Diagrama de Proctor

Execução do ensaio

O ensaio é feito tomando-se uma porção de solo, à qual é adicionada uma certa quantidade de água. Em seguida, homogeniza-se, para desmanchar os torrões e distribuir bem a umidade, e coloca-se o solo num molde cilíndrico, com dimensões padronizadas (1.000 cm³), até um terço da sua altura útil. O solo é então compactado, aplicando-se uma energia por impacto, que consiste em deixar cair uma massa de 2,5 kg, de uma altura de 30,5 cm, 26 vezes. O processo é repetido mais duas vezes, totalizando três camadas. Pesa-se o molde com o solo, e obtém-se o peso úmido do solo e o seu peso específico natural. Uma vez de posse da umidade, no dia seguinte, calcula-se o peso específico seco, o que permite lançar um ponto no diagrama de Proctor. Outros pontos são obtidos adicionando-se mais água à porção de solo, homogenizando-se a massa e repete-se o procedimento até se ter uma boa definição da curva de compactação ou curva de Proctor.

Reuso e secagem prévia do solo

Dois aspectos de capital importância para alguns solos são o reuso e a secagem prévia do material ao ar, antes de sua compactação. O reuso da mesma porção de solo na obtenção dos diversos pontos da curva de Proctor pode provocar quebra de partículas, tornando o solo mais "fino", ou uniformizar melhor a umidade. Por outro lado, secar e umidecer cria heterogeneidades, podendo até mudar as características do solo, quer pela aglutinação de partículas de solo, quer por transformações irreversíveis na própria estrutura dos argilominerais, como a haloisita, que, por secagem, muda para a sua forma menos hidratada. Neste contexto, é célebre o caso da barragem de Sasumua, na África, estudada por Terzaghi na década de 1950. As primeiras amostras extraídas das áreas de empréstimo revelaram umidades muito acima da ótima de laboratório, a ponto de empreiteiras acharem impossível secar o solo até o ponto desejado. A explicação, sabe-se hoje, reside na diferença entre o teor de umidade ótima desse solo, quando compactado com secagem prévia ao ar, e o mesmo teor, quando se seca o suficiente para obter o primeiro ponto da curva de compactação, condição que se aproxima mais da de campo. A diferença entre as umidades ótimas atingiu 10%. Situação semelhante, embora mais atenuada, ocorreu no Brasil com o solo da barragem de Ponte Nova, com uma diferença de 4%.

Atualmente a Norma Brasileira permite que se faça o ensaio pela via úmida, isto é, sem a secagem prévia do solo.

A padronização da energia de compactação

A energia de compactação do Ensaio de Proctor foi escolhida para, de certa forma, aproximar a compactação de laboratório e de campo, compatível com os equipamentos usados normalmente nos serviços de terraplanagem. No entanto, durante a Segunda Grande Guerra (1939-45), com o advento dos bombardeiros pesados, as pistas de aeroportos necessitaram de aterros com uma capacidade de suporte maior, o que se conseguiu com equipamentos de compactação mais pesados. Isto levou à introdução, em laboratório, da Energia de Proctor Modificada, que será descrita adiante. O importante a destacar é que os ensaios de laboratório funcionam como ensaios de referência para a compactação de campo, de forma um tanto arbitrária, tendo a "padronização" partido, em última instância, do campo.

Formato da curva de compactação

A primeira explicação para o formato da curva de Proctor envolve o conceito de lubrificação. No ramo seco da curva, isto é, abaixo da umidade ótima, à medida que se adiciona água, as partículas de solo se aproximam diante do efeito lubrificante da água. No ramo úmido (acima da umidade ótima), a água passa a existir em excesso, o que provoca um afastamento das partículas de solo e a consequente diminuição do seu peso específico.

Uma explicação mais moderna envolve o conceito de "agregações" (*clusters*). As partículas dos solos finos, argilas ou siltes reúnem-se, em face de cimentações ou de forças de aglutinação, como a sucção ou a capilaridade, formando agregados de partículas. Quando se compacta um solo nesse estado, as agregações funcionam como se fossem grãos relativamente duros e porosos, em um arranjo mais ou menos denso, após a aplicação da energia de compactação. À medida que se aumenta a umidade do solo, os agregados absorvem água, tornam-se mais moles, o que possibilita uma maior aproximação entre eles, após a compactação com a mesma energia. Isto vale até um certo limite, a umidade ótima, que corresponde a um "ponto de virada", isto é, ao ponto em que os agregados não mais absorvem água, pois estão quase saturados e amolecidos. Com a compactação continuada, forma-se uma massa disforme, com água em excesso e atinge-se o ramo úmido da curva de Proctor.

Curvas de igual valor do grau de saturação

No diagrama de Proctor, Fig. 6.1, existe uma relação teórica entre o peso específico seco, o teor de umidade e o grau de saturação (S), que se obtém a partir da expressão (1) e da relação:

$$e = \frac{\delta h}{S}$$

Após algumas transformações, resulta em:

$$\gamma_s = \frac{1}{\frac{1}{\delta} + \frac{h}{S}} \tag{2}$$

A Fig. 6.1 ilustra algumas dessas curvas de igual grau de saturação, que têm a forma de hipérboles. Observa-se que o ramo úmido da curva de compactação "acompanha" a hipérbole dos 100%, sem tocar nela, isto é, o solo não se satura. Ademais, a hipérbole relativa a $S = 100\%$ delimita superiormente o diagrama de Proctor, não podendo existir pontos acima dela.

Capítulo 6

Compactação de Aterros

151

Valores típicos do peso específico seco máximo e da umidade ótima

A Fig. 6.2 indica valores típicos do peso específico seco máximo e da umidade ótima de diferentes solos, para energia constante, do ensaio de Proctor. As diferenças são marcantes, a ponto de se poder utilizar esses parâmetros como diferenciadores dos solos. É interessante notar que o lugar geométrico dos picos das diversas curvas corresponde, aproximadamente, à linha hiperbólica com grau de saturação entre 80 e 90%, conforme a expressão (2). É a linha dos pontos ótimos.

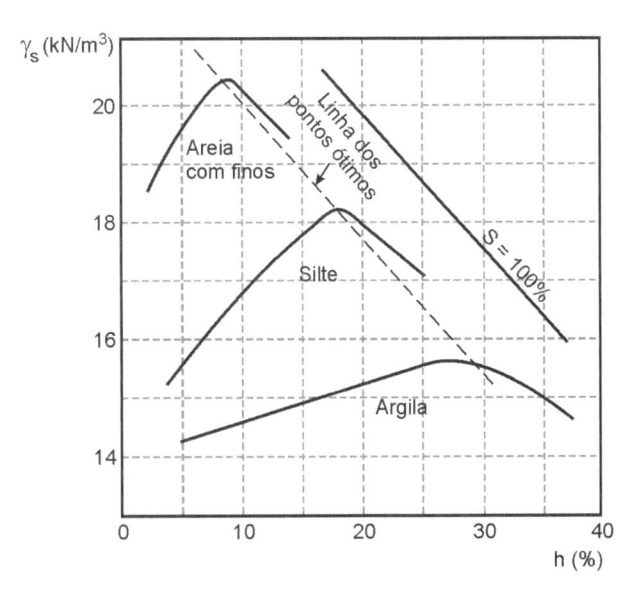

Fig. 6.2
Curvas de Proctor de solos diferentes, compactados com a mesma energia

Solo "borrachudo"

Fica fácil de entender agora o fenômeno denominado solo "borrachudo". Quando se tenta supercompactar um solo, com umidade acima da ótima, atinge-se rapidamente um estado de quase saturação, e a energia aplicada passa a ser transferida para a água, que a devolve como se fosse um material elástico ou uma "borracha". As pressões neutras elevam-se e o solo sofre um processo de cisalhamento ao longo de planos horizontais. Reconhece-se um solo "borrachudo" por se apresentar "laminado", com uma parte destacando-se da outra ao longo de planos horizontais.

6.1.2 Energias de Compactação

Os parâmetros de compactação dos solos, isto é, a $\gamma_{s_{máx}}$ e h_{ot} dos solos, não são seus índices físicos, pois dependem da energia de compactação (Fig. 6.3). Vê-se que, quanto maior a energia, maior é o valor da $\gamma_{s_{máx}}$ e menor o valor da h_{ot}.

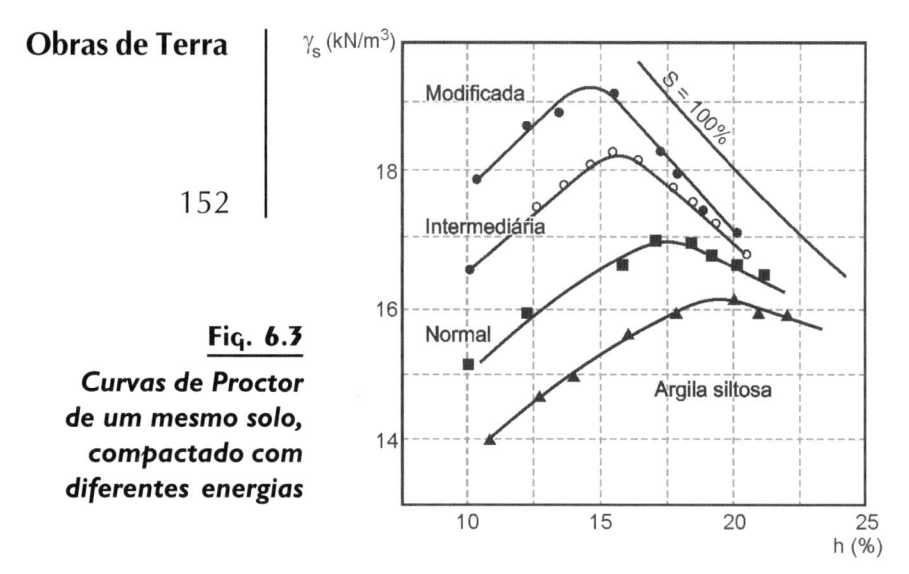

Fig. 6.3
Curvas de Proctor de um mesmo solo, compactado com diferentes energias

A Tab. 6.1 contém indicações do equipamento a ser utilizado para imprimir uma certa energia de compactação, por impacto, a um solo. No ensaio de Proctor Normal, usa-se uma massa de 2,5 kg, caindo de uma altura de 30,5 cm, 26 vezes por camada de solo, três ao todo, num cilindro de 1.000 cm³. As diversas energias podem ser obtidas com um cilindro de 2.000 cm³, situação em que o único parâmetro diferenciador passa a ser o número de golpes: 12 para o Proctor Normal; 26 para a Energia Intermediária, e 55 para o Proctor Modificado.

Tab. 6.1 Energias de Compactação por Impacto

Designação	Massa (kg)	Altura de queda (cm)	Número de camadas	Número de golpes	Volume do cilindro (cm³)	Energia (kg · cm/cm³)
Proctor Normal	2,5	30,5	3	26	1000	5,9
Proctor Normal	4,5	45,7	5	12	2000	6,2
Intermediária	4,5	45,7	5	26	2000	13,4
Proctor Modificado	4,5	45,7	5	55	2000	28,3

Constata-se também que a energia nominal do ensaio de Proctor Normal é cerca de 1/5 da do ensaio de Proctor Modificado.

6.1.3 Tipos de Compactação em Laboratório

Além do impacto, existem outras formas de compactar um solo em laboratório. O molde ou cilindro pode variar em dimensões, de 1.000 ou 2.000 cm³, (Tab. 6.1), até 90 cm³, valor adotado no equipamento Harvard Miniatura. O uso de equipamento de pequeno porte visa compactar um solo com um menor dispêndio de tempo e com menores quantidades de solo.

São quatro os principais tipos de compactação:

a) por impacto: para cada uma de um certo número de camadas, deixa-se cair um peso de uma altura constante, diversas vezes, como se descreveu para o ensaio de Proctor; é também conhecido como compactação dinâmica ou por apiloamento;

b) por pisoteamento, para moldes de 90 cm^3: consiste na aplicação de um esforço constante, através de um soquete com haste de 1,2 cm de diâmetro e mola; a força na mola pode ser ajustada arbitrariamente; em geral requer-se um mínimo de 10 golpes (8 golpes completam uma volta) e 5 camadas para se obter homogeneidade do corpo de prova;

c) por vibração, aplicável a solos granulares: coloca-se uma sobrecarga no topo do solo, dentro do molde, ao mesmo tempo que se vibra o conjunto, obtendo-se um maior entrosamento entre grãos;

d) estática, feita com a aplicação de uma força a uma haste acoplada a um disco, com diâmetro pouco inferior ao do molde de compactação, com volume de 90 cm^3.

A compactação por pisoteamento foi introduzida na tentativa de simular melhor a compactação produzida pelo rolo pé de carneiro e, a estática, a do rolo liso ou pneumático. Por se trabalhar com moldes de 90 cm^3 e por representar melhor o solo compactado no campo, o corpo de prova obtido pode ser ensaiado mecanicamente (por exemplo, ensaios triaxiais), para a obtenção de parâmetros para o projeto.

6.2 *Compactação de Campo*

A compactação de campo compreende uma série de atividades, desde a escolha da área de empréstimo até a compactação propriamente dita.

Escolha da área de empréstimo

Na escolha da área de empréstimo, intervêm fatores como a distância de transporte, o volume de material disponível, os tipos de solos e seus teores de umidade (acerto de umidade). Em princípio, qualquer tipo de solo serve, excetuando-se os solos saturados com matéria orgânica e os solos turfosos; deve-se, evitar também os solos micáceos e saibrosos.

Escavação, transporte e espalhamento do solo

A escavação do solo na área de empréstimo deve ser feita com cuidados especiais quanto à drenagem, para evitar a saturação do solo em época de chuva, e também quanto à estocagem do solo subsuperficial, em geral laterizado, que, quando bem compactado, apresenta elevada resistência à erosão. Na superfície aflora uma camada de solo orgânico, de pequena

Capítulo 6

Compactação de Aterros

espessura, que pode ser estocado e recolocado após o término das escavações, para propiciar a recomposição da vegetação natural.

Depois de transportado, o solo é espalhado em camadas para que sua espessura seja compatível com o equipamento compactador.

Acerto da umidade e homogenização

Por irrigação ou aeração, é feito o acerto da umidade, em função das especificações de compactação, isto é, do desvio de umidade em relação à ótima, prefixado pela projetista. Procede-se, também, à homogenização, para distribuir bem a umidade, quando for o caso, e ao destorroamento do solo, se necessário.

Compactação propriamente dita

Segue-se a compactação propriamente dita, com equipamentos e parâmetros adequados ao tipo de solo, conforme a Tab. 6.2. Para o reaterro de pequenas valas usam-se soquetes manuais ou "sapos mecânicos".

As informações contidas na Tab. 6.2 são apenas indicações, e deve-se verificar os equipamentos e correspondentes parâmetros mais adequados a cada caso particular. Para obras de muita responsabilidade, como são as barragens de terra, costuma-se lançar mão dos aterros experimentais, quando são testados vários equipamentos, compactando solos com diferentes umidades. Pode-se, por exemplo, obter curvas de peso específico seco em função do número de passadas e valer-se do aterro para extrair amostras indeformadas para ensaios de laboratório etc.

Heterogeneidades no solo compactado são, frequentemente, causadas pelos equipamentos de transporte pesados, como os *moto scrapers* e os

Tab. 6.2 Equipamentos de Compactação

Tipo	Solo	Modo de compactar	Parâmetros dos equipamentos			
			e (cm)	N	v (km/h)	p ou P
Rolo pé de carneiro	Argila ou silte	De baixo para cima	20 a 25	8 a 10	≤ 4	2.000 a 3.000 kPa
Rolo pneumático	Silte, areia com finos	De cima para baixo	30 a 40	4 a 6	4 a 6	500 a 700 kPa
Rolo vibratório	Material granular	Vibração	60 a 100	2 a 4	≥ 8	50 a 100 kN

Legenda: e = Espessura da camada de solo solto
N = Número de passadas do rolo compactador
v = Velocidade do rolo compactador
p = Pressão na pata ou no pneu
P = Peso do rolo vibratório

caminhões fora de estrada, que podem produzir solo "borrachudo". Evitam-se esses transtornos cuidando-se da umidade do solo e da pressão dos pneus ou patas dos equipamentos de compactação, que precisa ser maior do que aquela imprimida pelo equipamento de transporte.

Quando se prenunciam chuvas durante os trabalhos de compactação, é usual passar um rolo pneumático para "selar" os sulcos deixados pelo rolo pé de carneiro, evitando-se o empoçamento de água na praça de compactação. Para facilitar o escoamento das águas, a praça deve ter um leve caimento.

Além disso:

a) a velocidade de um homem caminhando, em marcha normal, é de 5 a 6 km/h. E uma pressão nos pneus de 500 a 700 kPa equivale de 70 a 100 psi;

b) enquanto os rolos pé de carneiro exigem baixas velocidades para compactar solos argilosos, os rolos vibratórios requerem velocidades bem maiores para densificar as areias;

c) os rolos vibratórios podem ser substituídos por tratores D8 ou D9, em marcha rápida; no caso de compactação de enrocamentos, os rolos podem ser complementados com placas vibratórias;

d) quando se compactam aterros úmidos, isto é, com umidades bem acima (5 a 10%) da ótima, empregam-se rolos leves; no caso da barragem do rio Verde, próxima a Curitiba, empregou-se rolo pé de carneiro, com pressão na pata de cerca de 1.000 kPa.

6.3 *Especificações da Compactação*

Em geral, as áreas de empréstimo fornecem solos residuais, por vezes capeados por solos coluvionares. Esses solos são bastante heterogêneos: no horizonte superior costumam ocorrer solos argilosos, laterizados; subjacente, estão presentes solos siltosos e mesmo arenosos.

Como dar conta desta heterogeneidade, em termos de especificação de compactação? A resposta é trabalhar com dois adimensionais:

a) o grau de compactação (*GC*), definido por:

$$GC = \frac{\gamma_{s\,campo}}{\gamma_{s\,max}} \qquad (3)$$

b) e o desvio de umidade (Δh) em relação à ótima, dado por:

$$\Delta h = h_{campo} - h_{ot} \qquad (4)$$

em que h_{ot} e $\gamma_{s\,máx}$ são os parâmetros de compactação, obtidos em laboratório. Solos de um mesmo horizonte apresentam valores diferentes de h_{ot} e $\gamma_{s\,máx}$, mas suas propriedades de engenharia são correlacionáveis com o GC e o Δh. Tudo se passa como se os solos fossem semelhantes, ou o solo o mesmo, desde que se trabalhe com os adimensionais GC e Δh. Por isso, as especificações de compactação são feitas em termos de GC e Δh, como no exemplo que segue:

$$95\% \leq GC \leq 103\%$$
$$-2\% \leq \Delta h \leq +1\% \tag{5}$$

Segundo Mello (1975), existem três maneiras de se especificar a compactação: pelo produto final; pelo método construtivo; e pelo produto final com indicações do método (misto).

• Especificar pelo produto final significa fixar as características mecânicas limite passíveis de aceitação, em função do conceito da obra na visão do projetista. O empreiteiro executa o aterro comprometendo-se a entregá-lo dentro daqueles limites.

• Especificar pelo método construtivo consiste em fixar todos os procedimentos de compactação, desde o tipo de rolo compactador a empregar, número de passadas, espessura das camadas, velocidade etc., inclusive os valores de GC e de Δh.

• Finalmente, especificar o produto final com indicações quanto ao método construtivo implica dividir as responsabilidades entre a projetista, que tem o conceito da obra, e o empreiteiro, que vai construí-la. Permite uma interação entre os dois, visando à boa qualidade da obra.

Ainda segundo Mello (1975), para elaborar especificações úteis e eficazes, é necessário que sejam feitas as seguintes perguntas na elaboração das especificações: a) como será verificado o seu cumprimento?; b) quais as consequências para a obra se o seu resultado for negativo?; c) o que se exigirá da empreiteira se o resultado for negativo?

6.4 *Controle da Compactação*

Controlar a compactação, no sentido amplo da palavra, significa verificar a adequação do equipamento compactador, se os parâmetros como a espessura da camada solta, o número de passadas, a velocidade etc. estão de acordo com o especificado. Para obras de pequeno porte, basta essa verificação e mais um "controle visual", feito por pessoa experiente.

No sentido estrito da palavra, controlar a compactação quer dizer verificar se o GC e o Δh estão dentro dos limites especificados, como no exemplo dado pela expressão (5).

Após a compactação de uma camada de solo, determina-se, rapidamente, o seu peso específico natural, ou peso específico úmido do aterro (γ_{ua}), pelo processo do funil de areia, por exemplo, em que se abre uma cava na camada, retira-se e pesa-se o solo úmido e, finalmente, mede-se o volume do furo, lançando-se areia com peso específico conhecido.

Sendo h_a a umidade do aterro, pode-se escrever:

$$\gamma_{sa} = \frac{\gamma_{ua}}{1+h_a} \qquad (6)$$

Capítulo 6

Compactação de Aterros

onde γ_{sa} é o peso específico seco do aterro ou de campo.

Aqui se levanta uma questão crucial: como liberar uma camada recém-compactada na hora? Vale dizer, no máximo 60 minutos após a sua compactação? São duas as dificuldades: a primeira é que não se sabe de qual horizonte proveio o solo de empréstimo empregado para compactar a camada, isto é, desconhecem-se os valores de $\gamma_{s_{máx}}$ e h_{ot}: é o problema da heterogeneidade do solo de empréstimo. A segunda é que só se consegue determinar a umidade do aterro (h_a) e, portanto, o valor do peso específico seco de campo (γ_{sa}) no dia seguinte, por causa da estufa, que requer 24 h para secar solos argilosos: é o problema da estufa.

6.4.1 Método de Hilf

Hilf debruçou-se sobre esta questão e encontrou uma resposta, que constitui o Método de Hilf e possibilita o cálculo preciso do *GC* e uma estimativa do Δh. Sobre o assunto, pode-se consultar Oliveira (1965).

As hipóteses básicas, condições para que o método funcione, são que a camada a ser liberada seja homogênea e que o seu teor de umidade esteja uniformemente distribuído, isto é, seja constante.

Afinidade entre a curva de Hilf e a de Proctor

No mesmo ponto em que se mediu γ_{ua}, coleta-se uma porção de solo (15 kg, aproximadamente), que, após homogenização, é quarteada (Fig. 6.4) e protegida para evitar a evaporação. Cada quarto possui a mesma umidade h_a, em face da hipótese de homogenidade apresentada.

Tab. 6.3 Método de Hilf

Quarto nº	Umidade (*)	z	Peso específico úmido (**)
1	h_a	z_1	γ_{u1}
2	h_a	z_2	γ_{u2}
3	h_a	z_3	γ_{u3}
4	h_a	z_4	γ_{u4}

(*): após o quarteamento   (**): após compactar no cilindro de Proctor

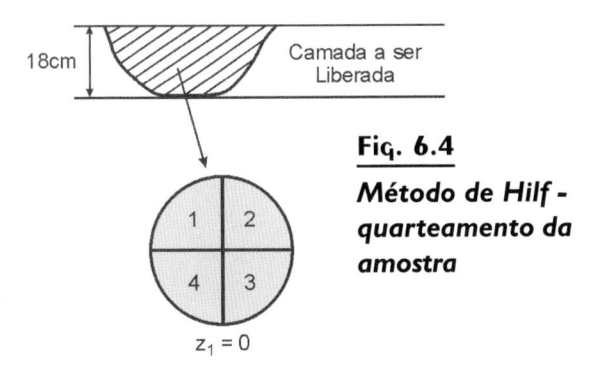

Fig. 6.4
Método de Hilf - quarteamento da amostra

Obras de Terra

Suponha-se que o solo compactado esteja no ramo seco da curva de compactação. Então toma-se cada quarto, a partir do segundo, e adiciona-se uma certa quantidade de água, dada por:

$$z_i = \frac{P_a}{P_u} \Rightarrow para \quad i = 1, 2, 3 \ e \ 4 \qquad (7)$$

onde P_a é o peso da água a ser adicionada e P_u, o peso úmido do i-ésimo quarto. Note-se que os z_i estão referenciados aos pesos úmidos (P_u), que não dependem de estufa. Se o solo estivesse no ramo úmido, bastaria secá-lo, através de jatos de ar quente e os valores dos z_i seriam negativos. A seguir, homogeniza-se muito bem e compacta-se cada quarto de solo no cilindro de Proctor, obtendo-se, no momento do ensaio, o peso específico úmido do solo compactado (γ_{ui}), referente ao i-ésimo quarto (Tab. 6.3).

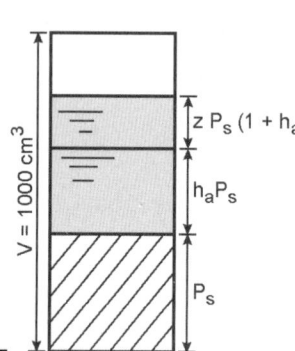

Reportando-se à Fig. 6.5, para qualquer um dos "quartos", após a adição da fração z de água, o peso da água passa a ser:

$$P'_a = P_s \cdot h_a + P_s \cdot (1 + h_a) \cdot z \qquad (8)$$

donde:

$$\gamma_u = \frac{P_s + P'_a}{V} = \frac{P_s + \left[P_s \cdot h_a + P_s \cdot (1 + h_a) \cdot z\right]}{V}$$

Fig. 6.5

V é o volume do cilindro de Proctor (1.000 cm³).

Rearranjando-se essa expressão e tendo-se em conta que

$$\gamma_s = \frac{P_s}{V}$$

tem-se:

$$\gamma_u = \gamma_s \cdot (1 + z) \cdot (1 + h_a) \qquad (9)$$

Define-se peso específico úmido convertido (γ_{uc}) como a relação:

$$\gamma_{uc} = \frac{\gamma_u}{1 + z} \qquad (10)$$

Tudo se passa como se o peso específico úmido fosse convertido para a umidade do aterro (h_a), pois, de (9) e (10) resulta:

$$\gamma_{uc} = \gamma_s \cdot (1 + h_a) \qquad (11)$$

Por outro lado, na Fig. 6.5, o teor de umidade h, de qualquer quarto, após a adição de água, é:

$$h = \frac{P'_a}{P_s} = \frac{P_s \cdot h_a + P_s \cdot (1 + h_a) \cdot z}{P_s}$$

donde:

$$h = h_a + (1 + h_a) \cdot z \qquad (12)$$

De posse de γ_{uc} e de z, disponíveis na hora, desenha-se a curva de Hilf (Fig. 6.6a), em até 40 minutos após a compactação da camada. Como h_a é constante, a ser conhecida no dia seguinte, resulta, pelas expressões (11) e (12), uma relação de afinidade com a curva de Proctor (Fig. 6.6b), isto é:

$$\text{se} \quad h_a = k \,(constante) \quad \gamma_{uc} = (1+k) \cdot \gamma_s \quad \text{e} \quad z = \frac{h - k}{1 + k}$$

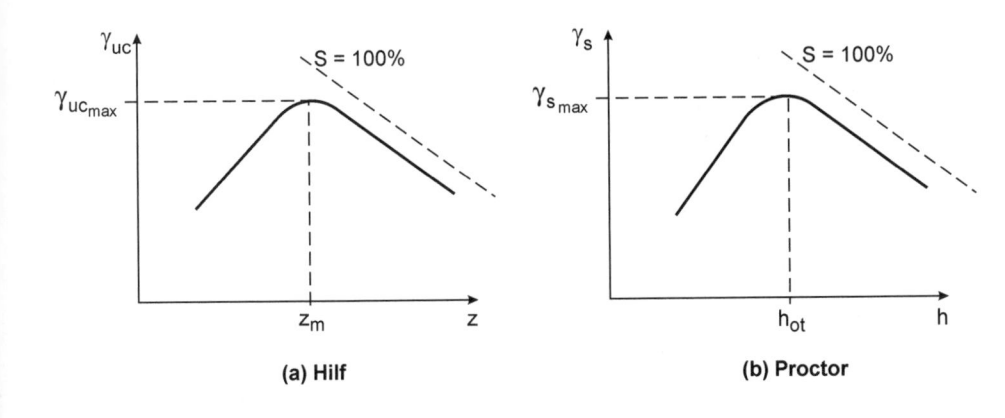

Capítulo 6

Compactação de Aterros

Fig. 6.6
Afinidade entre as curvas de Hilf (a) e de Proctor (b)

Assim, a curva de Hilf apresenta um pico, que corresponde ao ponto ótimo de Proctor. Está aí a chave para a solução do problema, que pode ser assim resumida: "quem não tem cão (γ_s e h), caça com gato (γ_{uc} e z)".

Cálculo exato do grau de compactação (GC)

Multiplicando-se o numerador e o denominador da fração que aparece na expressão (3) por $(1+h_a)$, e tendo em vista as expressões (6) e (11), vem que:

$$GC = \frac{\gamma_{sa} \cdot (1 + h_a)}{\gamma_{s_{máx}} \cdot (1 + h_a)} = \frac{\gamma_{ua}}{\gamma_{uc_{máx}}}$$

isto é,

$$GC = \frac{\gamma_{ua}}{\gamma_{uc_{máx}}} \tag{13}$$

que possibilita o cálculo exato do GC na hora da liberação da camada.

Estimativa do desvio de umidade (Δh)

Somando-se 1 aos dois membros da expressão (12) e rearranjando-se os termos, tem-se:

$$1 + h = (1 + h_a) \cdot (1 + z) \tag{14}$$

Para $z = z_m$, tem-se $h = h_{ot}$ em virtude da relação de afinidade. Substituindo-se em (14), segue que:

$$1 + h_{ot} = (1 + h_a) \cdot (1 + z_m) \tag{15}$$

donde:

$$1 + h_a = \frac{1 + h_{ot}}{1 + z_m} \tag{16}$$

Usando-se a expressão (4), na forma

$$\Delta h = (1 + h_a) - (1 + h_{ot})$$

em combinação com a expressão (16), tem-se:

$$\Delta h = \frac{-z_m}{1 + z_m} \cdot (1 + h_{ot}) \tag{17}$$

No entanto, o problema da estufa continua presente, pois h_{ot} só estará disponível no dia seguinte.

Por um golpe de sorte, mesmo que se estime h_{ot} com um erro de ±5%, o erro em Δh será de apenas ±0,1%. A razão disso está no fato do termo $(1+h_{ot})$ da expressão (17) ser pouco sensível às variações de h_{ot}. De fato, suponha-se que h_{ot} e z_m sejam iguais a 25 ±5% e 1,8%, respectivamente. Ter-se-ia:

$$\Delta h_{min} = \frac{-1,8}{1+0,018} \cdot (1+0,20) = -2,1\%$$

$$\Delta h_{máx} = \frac{-1,8}{1+0,018} \cdot (1+0,30) = -2,3\%$$

Isto é, $\Delta h = -(2,2 \pm 0,1)\%$

Assim, existem dois caminhos para a estimativa de Δh: o primeiro consiste em adotar um valor para h_{ot}, com erro de até ±5%. Um engenheiro ou um encarregado de obra, com prática, consegue uma precisão bem melhor. Para facilitar as coisas, lembra-se que, frequentemente, a h_{ot} aproxima-se bastante do LP. O segundo passa pela hipérbole de Kucsinski, que é a equação empírica da "linha dos pontos ótimos" (Fig. 6.2). Essa equação foi obtida por Kuczinski em 1950, trabalhando com solos brasileiros, e vale:

$$\gamma_{s\,máx} = \frac{25,37}{1+2,6 \cdot h_{ot}} \pm 0,5 \quad (\text{em kN/m}^3) \qquad (18)$$

Multiplicando-se ambos os membros dessa expressão por $(1+h_a)$, tendo-se em conta as expressões (10), (11) e (16), tem-se:

$$\gamma_{u\,máx} = (1+z_m) \cdot \gamma_{uc\,máx} = \frac{25,37}{1+2,6 \cdot h_{ot}} \cdot (1+h_{ot}) \qquad (19)$$

o que resolve o problema, pois:

a) da curva de Hilf extrai-se $\gamma_{uc\,máx}$ e z_m e, portanto, $\gamma_{u\,máx}$;

b) da expressão (19) obtém-se h_{ot}; e

c) da expressão (17) estima-se Δh.

No intervalo 10% ≤ h_{ot} ≤ 35%, vale a seguinte aproximação para a expressão (19):

$$\gamma_{u\,máx} = (1+z_m) \cdot \gamma_{uc\,máx} = 2,36 - 1,69 \cdot h_{ot} \qquad (20)$$

Extraindo-se h_{ot} de (20) e substituindo-se em (17), resulta:

$$\Delta h = \frac{-z_m}{1+z_m} \cdot (2,4 - 0,6 \cdot \gamma_{u\,máx}) \qquad (21)$$

que permite uma estimativa direta de Δh.

Capítulo 6

Compactação de Aterros

6.4.2 Estufa de raios infravermelhos

Trata-se de um procedimento que permite secar um solo rapidamente, com uma estufa de lâmpadas que emitem luz infravermelha. Com isto obtêm-se valores da "umidade" h_{IV}, que não é a umidade verdadeira h, pois requer, por definição, o emprego de estufa com temperatura entre 105 e 110°C. No entanto, através de correlações empíricas entre h e h_{IV}, é possível liberar camadas recém-compactadas em 30 a 40 minutos.

6.5 *Pesquisas de Áreas de Empréstimo e de Jazidas*

A pesquisa das áreas de empréstimo começa com a execução de furos de sondagem, em geral a trado, frequentemente complementados com a abertura de poços, visando não só a cubagem do material disponível, como também a coleta de amostras para a sua identificação tátil e visual e a execução dos primeiros ensaios de laboratório.

Entre os ensaios, incluem-se:

a) ensaios de caracterização e identificação: granulometria, Limites de Atterberg, umidade natural e o peso específico dos grãos;
b) ensaios de compactação;
c) ensaios mecânicos, tais como ensaios de adensamento, triaxiais e de cisalhamento direto, em corpos de prova moldados em laboratório.

A realização dos ensaios dos dois primeiros itens permite: a) classificar os solos em grupos; b) comparar valores da umidade dos solos de empréstimo com as h_{ot}, obtendo indicações preciosas sobre o acerto da umidade antes da compactação; e c) confrontar h_{ot} com o *LP* (Limite de Plasticidade).

A seguir, escolhem-se amostras típicas de cada grupo, que são submetidas aos ensaios mecânicos, do terceiro item, os quais são feitos apenas em casos de aterros de muita responsabilidade, como os aterros para barragens de terra, por exemplo, e fornecem parâmetros como *c'* e *ϕ'*, para análises de estabilidade de taludes.

No caso das jazidas de areias ou areais, é útil uma caracterização tátil e visual, com a descrição da forma e da resistência dos grãos. Realizam-se ensaios de granulometria, para se ter uma ideia da quantidade de "sujos" ou finos (argila e silte) existentes. Esses dados orientarão eventual "processamento" da areia, através de peneiramentos e lavagem, para se obter material granular para a obra (areia com diversas graduações quanto ao tamanho dos grãos). Outros ensaios referem-se à determinação dos índices de vazios máximo e mínimo, importantes para a obtenção da compacidade ou densidade relativa de areias compactadas.

Para materiais pedregosos, como os blocos de rocha para enrocamento, é necessário investigar as pedreiras. Importa conhecer: a espessura do estéril a remover, isto é, do solo residual que capeia a rocha; a dureza da rocha; e o sistema de diáclases ou juntas (descontinuidades). Essas informações condicionam o projeto de detonação e afetam o tamanho dos blocos. Para aplicações em barragens, interessam também estudos sobre a desagregabilidade da rocha quando exposta às intempéries.

6.6 Aterros Compactados

Na sequência, discorrer-se-á sobre os aterros já construídos, do ponto de vista de seu comportamento e das medidas que se recomendam para conservá-los em bom estado. Ver-se-á também uma aplicação prática, ou seja, o emprego de aterros para loteamentos e conjuntos habitacionais, tão em voga entre nós diante do imenso déficit habitacional que aflige nossa sociedade.

6.6.1 Comportamento dos solos compactados

Uma vez compactado, o solo comporta-se como um solo insaturado, sobre-adensado, com pressões de pré-adensamento entre 35 a 50 kPa, imprimidas pelo rolo compactador. Em termos de permeabilidade, apresentam-se, na Fig. 6.7, dois gráficos em que, para uma mesma energia de compactação, ao aumentar a umidade de moldagem, a permeabilidade diminui, e no ramo úmido ocorre um pequeno aumento. A razão desse comportamento está no fato de solos finos, compactados no ramo seco, formarem agregações com grandes vazios entre si (poros interagregações), por onde a água percola com muita facilidade; no ramo úmido as agregações tendem a se

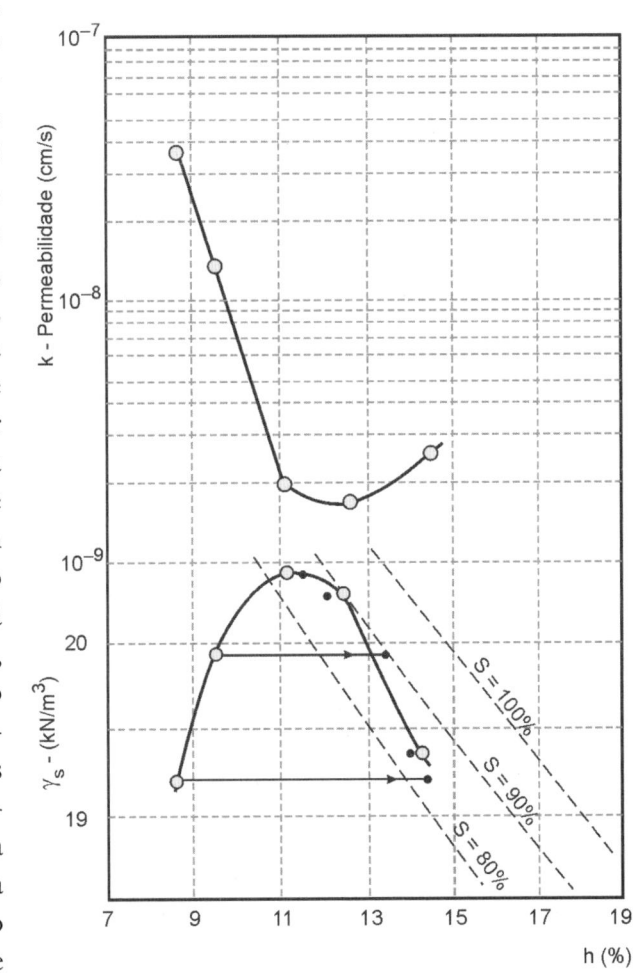

Fig. 6.7
Variação da permeabilidade com a umidade de compactação (Lambe e Whitman, 1969)

Obras de Terra

desfazer, ou estão muito próximas, e a água tem de percolar pelos poros intra-agregações. Assim, no ponto ótimo ou acima dele, a permeabilidade é menor do que no ramo seco.

Em termos de compressibilidade, para um mesmo peso específico seco e mesma energia de compactação, solos compactados no ramo seco são menos compressíveis do que os compactados no ramo úmido, pelo menos para baixas pressões (Fig. 6.8).

Fig. 6.8
Compressibilidade de solos compactados (Lambe e Whitman, 1969)

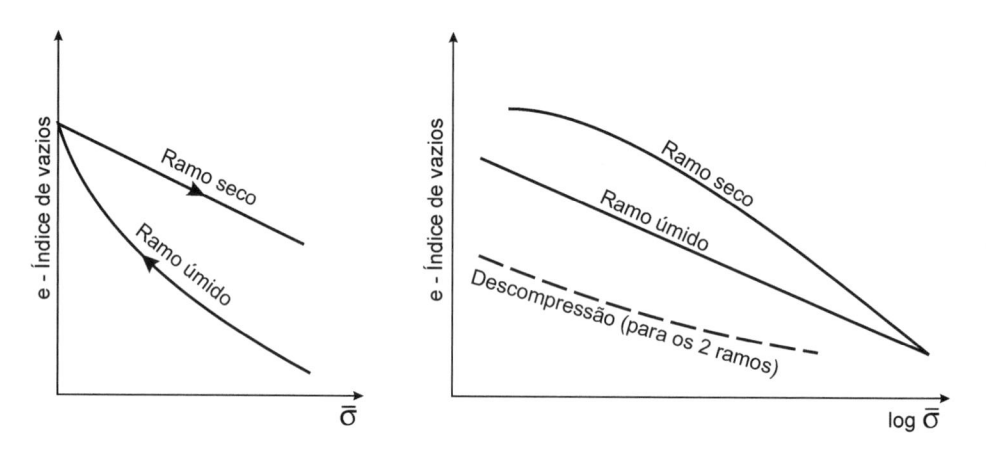

Quanto à resistência ao cisalhamento, a Fig. 6.9 revela que solos compactados no ramo seco apresentam maiores resistências de pico, quando comparados com o ramo úmido. Além disso, a ruptura é do tipo "frágil" para os primeiros, e "plástica" para os segundos, confirmando as diferenças quanto à deformabilidade, apontadas acima. A razão desse comportamento está nas diferenças entre as estruturas dos solos nos ramos seco e úmido e, consequentemente, nas pressões neutras que se desenvolvem durante os ensaios triaxiais, que são maiores no ramo úmido. Certos solos, quando compactados muito secos, podem apresentar estrutura colapsível, e, ao submergir, resultam deformações bruscas e trincas.

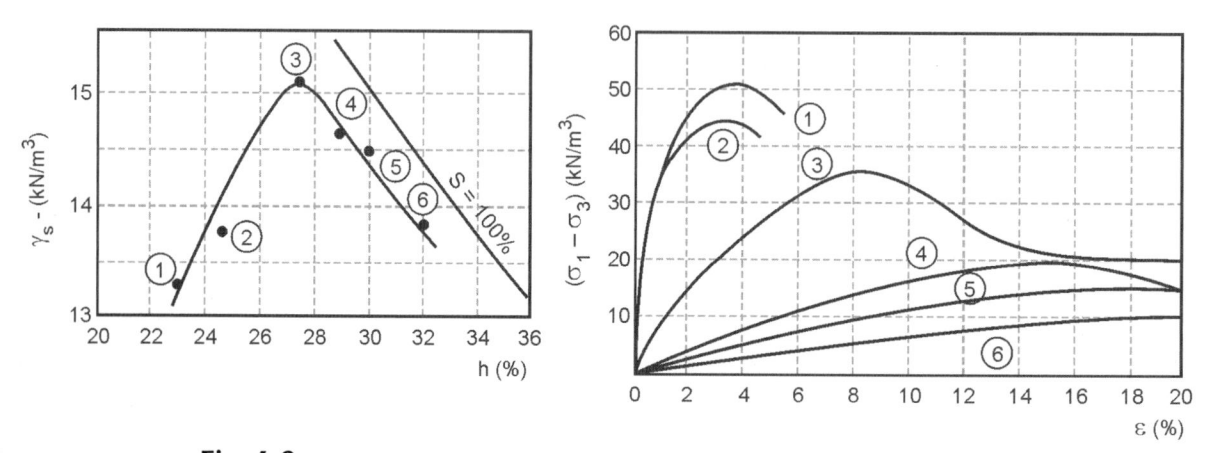

Fig. 6.9

Resistência ao cisalhamento em função da umidade de compactação (Lambe e Whitman, 1969)

Capítulo 6
Compactação de Aterros

Do que foi descrito, seguem algumas consequências práticas em termos de otimização de seções de barragens de terra. Os aterros de barragens precisam atender a dois requisitos básicos: serem estanques, isto é, devem ter um "septo" impermeável para represar água; e serem estáveis durante sua vida útil. A seção indicada na Fig. 6.10 procura atendê-los. Observe-se que o núcleo, compactado acima da ótima, é menos permeável do que os espaldares de montante e jusante, funcionando, portanto, como "septo" impermeável, e os espaldares, justamente por serem compactados abaixo da ótima, apresentam maiores resistências, garantindo a estabilidade da barragem.

Com esse exemplo, entende-se porque nem sempre o ponto de máxima compactação (o ponto ótimo da curva de Proctor) representa o "ótimo" da compactação: tudo depende do que se pretende obter com o solo compactado. Sobre o assunto, veja Sousa Pinto (1971).

Um estudo exaustivo de propriedades de solos brasileiros compactados pode ser encontrado no livro de Cruz (1996).

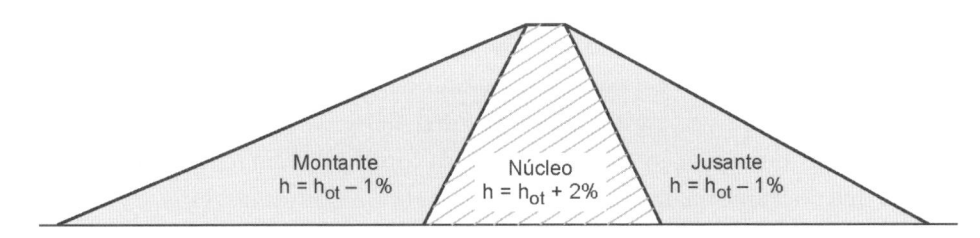

Montante $h = h_{ot} - 1\%$ Núcleo $h = h_{ot} + 2\%$ Jusante $h = h_{ot} - 1\%$

Fig. 6.10
Otimização de seção de barragem

6.6.2 Resistência à erosão – proteção dos aterros compactados

No estudo das encostas naturais, verificou-se que os solos lateríticos apresentam elevada resistência à erosão, o contrário acontecendo com os solos saprolíticos (ver Cap. 4). Os solos lateríticos, que são superficiais, servem de proteção aos solos saprolíticos, subjacentes. É o resultado natural do equilíbrio entre o meio ambiente e o subsolo.

Situação semelhante ocorre quando se compactam esses tipos de solos, isto é, solos lateríticos compactados apresentam elevada resistência à erosão, porque possuem, em geral, elevada coesão; ou porque os óxidos de ferro e alumínio presentes têm ação cimentante, gerando agregações de partículas com macroporos, que dificultam a erosão; ou ainda porque a água de chuva penetra com mais facilidade pelos macroporos, diminuindo a ação erosiva das águas que escoam pela superfície do terreno.

Os solos saprolíticos que ocorrem nos entornos da cidade de São Paulo, principalmente aqueles que resultaram da decomposição de gnaisses, micaxistos, granitos e arenitos, por serem solos siltosos micáceos, são, em geral, erodíveis, mesmo quando compactados. Daí a regra que se deve usar em serviços de terraplenagem: estocar o solo superficial, que é mais resistente à erosão, e utilizá-lo para compactar as últimas camadas de um aterro, funcionando como um "selo" ou uma "envoltória" para os solos saprolíticos.

Trata-se de aprender com a própria natureza. Infelizmente, na prática, costuma ocorrer justamente o contrário: por serem solos superficiais de uma área de empréstimo ou de uma região de corte, são os que vão primeiro para o fundo dos vales a serem aterrados.

Uma vez concluída a compactação de um aterro, existem outras formas de proteção contra a erosão: proteger os taludes superficialmente, com vegetação ou material pedregoso, ou prover-se de um sistema de drenagem superficial.

A vegetação pode constituir-se de gramíneas (batatais, quicuio etc.) ou leguminosas (soja perene precoce), plantadas manualmente ou por hidrossemeadura. A ação erosiva das gotas de chuva, que desagregam o solo, é atenuada ou eliminada; ademais, grande parte da água da chuva é retida ou escoa por sobre a vegetação, que protege o solo da ação erosiva das lâminas d'água formadas após chuvas intensas. A proteção não advém somente das folhas, como também da "coesão" agregada ao solo pelas raízes da vegetação.

No caso de barragens de terra, recorre-se, alternativamente, a materiais granulares e pedregosos, colocados no talude de jusante, para prevenir a ação erosiva de chuvas. A montante, costuma-se lançar mão de enrocamento com camadas de transição (*rip-rap*), na região onde as ondas, formadas pelos ventos que sopram nos lagos represados, quebram contra o talude. Soluções semelhantes podem ser empregadas no caso de aterros próximos a córregos.

Quanto à drenagem superficial, a exemplo do que se viu para as encostas naturais (Cap. 4), ela é simples e eficaz, quando bem executada, na redução do impacto erosivo das águas de chuva. Deve-se dispor de um sistema de captação de águas pluviais, constituído de canaletas, caixas de coletas e de transições, estruturas de dissipação de energia etc. Posteriormente, as águas são lançadas num córrego, em cotas próximas ao seu nível normal, com proteção adequada para evitar sulcos de erosão (ravinamentos) e rupturas remontantes.

6.6.3 Aplicação ao problema dos loteamentos

Tanto os loteamentos imobiliários quanto os populares provocam erosão, com consequências danosas não só para os seus proprietários, como também para a população em geral, porque a erosão leva, em última instância, às enchentes nas grandes cidades como São Paulo, através do assoreamento de córregos e rios, que reduz drasticamente a sua vazão. A ação do poder público não escapa dessa crítica, pois tem se envolvido na construção de gigantescos conjuntos habitacionais, com grandes movimentações de terra, executadas de forma inadequada do ponto de vista técnico.

O loteador imobiliário pretende, via de regra, construir um grande platô numa região acidentada, onde ocorrem morros e pequenos vales. Para tanto, corta os morros e aterra os vales, sem nenhum critério geotécnico. Para ele, o problema é apenas topográfico, de agrimensura. Consequência: os solos expostos pelos cortes são saprolíticos e os aterros são mal executados, ocasionando a erosão. O problema, aqui, é do recurso financeiro existente e mal empregado; já se constatou que o loteador gastaria menos dinheiro se o projeto e a construção tivessem conteúdo geotécnico adequado. O ideal seria que esses loteamentos fossem implantados conforme o relevo da região, com um mínimo de cortes e aterros, em níveis diferentes (ver a seção 4.4 do Cap. 4).

Os loteamentos populares são frequentemente clandestinos, sem nenhuma infraestrutura básica. A ocupação se dá, em geral, em encostas de morros, e inicia-se com a remoção da vegetação. Em seguida, para suavizar as encostas e dispor de um pequeno platô, é feito um corte no talude e um pequeno aterro de solo lançado, ambos altamente erodíveis. Não existe nenhum sistema de drenagem das águas de chuva nem esgoto para as águas servidas. O problema aqui é a absoluta carência de recursos financeiros.

A seguir listam-se algumas medidas recomendadas para a implantação de loteamentos.

a. Na execução dos aterros:

- evitar solos com matéria orgânica, turfosos e solos muito micáceos;
- proceder ao desmatamento, "destocamento" e limpeza do terreno natural;
- estocar o solo superficial para futura utilização na fase final do aterro (envoltória);
- se ocorrerem olhos ou minas d'água, cuidar para a sua drenagem; a água em excesso é a maior inimiga da compactação;
- preparar o local construindo degraus, se houver declividade; escarificar ao longo das curvas de nível;
- lançar o solo em toda a largura do terreno, com espessura de solo solto não superior a 25 cm;
- espalhar, destorroar, revolver e compactar o solo;
- fazer um controle visual da compactação, com uma preocupação maior para os aspectos de homogeneidade e de resistência.

b. Proteger os aterros próximos aos córregos, com material granular ou pedregoso.

c. Proteger superficialmente os taludes de corte e de aterros, com o plantio de vegetação (gramíneas ou leguminosas).

d. Prover de um sistema de drenagem superficial os taludes e o sistema viário do loteamento. Tomar cuidado com aterros de arruamentos, que cruzam linhas naturais de drenagem, evitando-se os aterros-barragens.

Capítulo 6

Compactação de Aterros

Obras de Terra

Sobre o assunto erosão e seus efeitos nas cidades e no campo, recomenda-se a leitura do trabalho de Cozzolino (1989). De particular importância é a menção que faz à falta de uma mentalidade e uma tradição conservacionistas, entenda-se, de preservação da natureza, entre nós, brasileiros. Sobre o projeto para a implantação de loteamentos, veja Moretti (1987).

Capítulo 6

Compactação de Aterros

Questões para pensar

1. a) O que significa compactar um solo? b) Por que se compacta? c) Como é possível, fisicamente, compactar um solo? d) Dê exemplos de obras em que é preciso compactar um solo.

   a) Compactar um solo é densificá-lo por meios mecânicos, de forma rápida, às custas da compressão ou expulsão do ar dos vazios do solo.

   b) Compacta-se um solo para melhorar as suas propriedades de engenharia (permeabilidade, deformabilidade e resistência) e para obter um produto mais homogêneo.

   c) É possível pela presença de ar nos poros do solo. Um solo saturado não é passível de compactar.

   d) Aterros de barragens; preenchimento de valas; aterros atrás de muros de arrimo; construção de bases de rodovias e de aeroportos; troca de solos de fundações diretas etc.

2. a) O que é e para que serve o diagrama de Proctor? b) É verdade que no ponto ótimo obtém-se o máximo de desempenho de um solo compactado? Justifique sua resposta.

   a) O diagrama de Proctor é um gráfico que permite representar a variação da densidade seca de um solo compactado com o teor de umidade de moldagem. Para energias de compactação constantes, essa variação tem a forma de um sino: é a curva de compactação de Proctor, que serve para determinar a umidade ótima e a densidade seca máxima, que são parâmetros de compactação muito importantes para o controle da compactação no campo. As especificações da compactação no campo são referidas a eles, através do desvio de umidade, em relação à ótima, e do grau de compactação.

   b) Nem sempre. Por exemplo, é abaixo da umidade ótima – portanto, no ramo seco – que se obtêm as maiores resistências ao cisalhamento. E é no ramo úmido que a permeabilidade atinge os seus valores mínimos.

3. Como controlar a compactação no campo? Responda nos dois sentidos – amplo e restrito. Neste último sentido, qual a maior dificuldade que se encontra e como superá-la?

   No sentido amplo, é controlar o processo da compactação, desde o tipo de rolo compactador escolhido, o seu peso, o número de passadas, a sua velocidade, a espessura das camadas soltas, o grau de compactação e o desvio de umidade em relação à ótima.

No sentido restrito, é verificar se o grau de compactação e o desvio de umidade em relação à ótima atendem às especificações do projetista.

Essa verificação deve ser feita na "hora", isto é, no máximo em 40 minutos. A maior dificuldade para liberar uma camada na "hora" está no tempo que a estufa convencional leva para fornecer o valor da umidade: 24 h para solos argilosos. Pode-se recorrer a dois expedientes: a) com o Método de Hilf, trabalha-se com uma curva afim à de Proctor, mas que não depende de determinações da umidade; ou b) através da estufa de raios infravermelhos e de uma curva de aferição entre a umidade obtida com esta estufa (que demanda algumas dezenas de minutos) e a umidade "verdadeira", obtida com a estufa convencional (da norma brasileira), com temperaturas de 105° a 110°C.

4. Faça um roteiro das etapas de compactação no campo, desde a área de empréstimo até a compactação propriamente dita.

A compactação no campo compreende diversas etapas, que vão desde a escolha da área de empréstimo até a compactação propriamente dita. São elas:

a) escolha da área de empréstimo, intervindo fatores como distância de transporte, volume de material disponível, tipos de solo e seus teores de umidade;

b) escavação, transporte e espalhamento do solo em camadas tais que sua espessura seja compatível com o equipamento compactador;

c) acerto de umidade, através de irrigação ou aeração, e homogenenização, para distribuir bem a umidade, quando for o caso, e ao destorroamento do solo, se necessário;

d) compactação propriamente dita, com equipamentos e parâmetros adequados ao tipo de solo.

5. Cite três tipos de rolos compactadores, indicando a forma como operam e para que tipos de solos são mais apropriados.

a) Rolos pé de carneiro: compactam camadas de solos argilosos de baixo para cima; requerem baixa velocidade.

b) Rolos pneumáticos: compactam as camadas de solo solto de cima para baixo; podem ser empregadas para solos siltosos ou areias com finos.

c) Rolos lisos vibratórios: compactam areias e materiais granulares por vibração; requerem velocidades bem maiores.

6. Faça um planejamento geotécnico preliminar e conceitual para a implantação de loteamento em região de morros, nos entornos da Grande São Paulo. Justifique.

(Ver a solução da questão 8 do Cap. 4)

Bibliografia

COZZOLINO, V. Erosão – erosão em áreas urbanas. Erosão Associada à Construção de Estradas Vicinais. *Boletim Técnico do Departamento de Engenharia de Estruturas e Fundações*. BT/PEF-8906, 1989.

CRUZ, P. T. *100 Barragens Brasileiras*: casos históricos, materiais de construção e projeto. São Paulo: Oficina de Textos, 1996.

KUCZINSKI, L. Estudo Estatístico de Correlação entre as Características de Compactação dos Solos Brasileiros. *Relatório Final de Bolsa de Estudos na Secção de Solos do IPT*, 1950.

LAMBE, T. W.; WHITMAN, R. V. *Soil Mechanics*. New York: John Wiley & Sons, 1969.

MELLO, V. F. B. de. *Maciços e Obras de Terra*: anotações de apoio às aulas. São Paulo: EPUSP, 1975.

MORETTI, R. S. *Loteamentos*: manual de recomendações para elaboração de projeto. São Paulo: IPT, 1987. n. 1736.

OLIVEIRA, H. G. *O Controle da Compactação de Obras de Terra pelo Método de Hilf*. São Paulo: IPT, 1965. n. 778.

SOUSA PINTO, C. Sobre as Especificações de Controle de Compactação das Barragens de Terra. In: SEMINÁRIO NACIONAL DE GRANDES BARRAGENS, 7., 1971, Rio de Janeiro. (Uma síntese deste trabalho foi apresentada pelo autor em *Curso Básico de Mecânica dos Solos*. São Paulo, Oficina de Textos, 2000)

Capítulo 7

BARRAGENS DE TERRA E ENROCAMENTO

7.1 *Evolução Histórica*

As barragens de terra são construções de longa data. Um dos registros mais antigos é de uma barragem de 12 m de altura, construída no Egito, há aproximadamente 6,8 mil anos, e que rompeu por transbordamento. Esta e outras informações (Tab. 7.1) encontram-se no livro de Thomas (1976).

As barragens de terra eram "homogêneas", com o material transportado manualmente e compactado por pisoteamento, por animais ou homens. A barragem do Guarapiranga foi construída pelos ingleses, no início do século XX, próximo à cidade de São Paulo, com a técnica de aterro hidráulico a uma certa cota, complementada até a crista com solo compactado por carneiros; existe um documento que cita, literalmente, a "contratação da carneirada". Em 1820 consta que Telford introduziu o uso de núcleos de argila para garantir a estanqueidade das barragens. O uso de enrocamento na construção de barragens iniciou-se, provavelmente, com os mineiros da Califórnia, na década de 1850, pois havia carência de material terroso. Os blocos de rocha eram simplesmente empilhados, sem nenhuma compactação. Em consequência, muitas barragens sofreram recalques bruscos quando do primeiro enchimento, pois, diante da saturação, ocorria um "amolecimento" da rocha nos pontos de contato entre pedras, donde a "quebra das pontas" e os recalques. Hoje, os aterros de enrocamento são construídos com rolos compactadores vibratórios, obtendo-se um entrosamento maior entre pedras.

A compactação mecânica só foi introduzida de meados do século XIX para o início do século XX, portanto, muito antes da Mecânica dos Solos se estabelecer em bases científicas.

Modernamente, constroem-se barragens de terra e terra-enrocamento dos mais diversos tipos, incluindo as Barragens com Membranas, que são colocadas na face de montante de enrocamentos, funcionando como septos

Obras de Terra

impermeáveis, e podem ser de madeira, de aço, de material betuminoso ou simplesmente de concreto; e as Barragens em Terra Armada, como a de Vallon des Bimes, na França.

Tab. 7.1 Alguns dados históricos

Ano	Registro ou Ocorrência	Local
4800 a.C.	Barragem de Sadd-El-Katara Altura: 12 m Destruída por transbordamento	Egito
500 a.C.	Barragem de terra Altura: 12 a 27m 13.000.000 m^3 de material	Sri Lanka (antigo Ceilão)
100 a.C.	Barragens romanas em arcos	Norte da Itália Sul da França
1200 d.C.	Barragem Madduk-Masur Altura: 90 m Destruída por transbordamento	Índia
1789	Barragem de Estrecho de Rientes Altura: 46 m Destruída logo após o primeiro enchimento	Espanha
1820	Telford introduz o uso de núcleos argilosos em barragens de terra e enrocamento	Inglaterra
Fim do Século XIX	Barragem de Fort Peck Altura: 76 m Volume de material: 100.000.000 m^3	EUA
1856	Experiências de Darcy Velocidade de percolação da água	França
1859	Patente do primeiro rolo compactador a vapor	Inglaterra
1904	Surge o primeiro rolo compactador tipo pé de carneiro	EUA
1930-40	A Mecânica dos Solos consolida-se como ciência aplicada	EUA
Hoje	Rolos compactadores vibratórios Barragem de Nurek (URSS): 312 m Barragens com membranas Barragens em terra armada	EUA URSS Brasil e outros

Segundo Vargas (1977), as primeiras barragens de terra brasileiras foram construídas no Nordeste, no início do século XX, dentro do plano de obras de combate à seca, e foram projetadas em bases empíricas. A barragem de Curema, erguida na Paraíba em 1938, contava com os novos conhecimentos da Mecânica dos Solos. Somente em 1947, com a barragem do Vigário, atual barragem Terzaghi, localizada no Estado do Rio de Janeiro, é que se inaugurou o uso da moderna técnica de projeto e construção de barragens de terra no Brasil. Foi um marco, pois, pela primeira vez, Terzaghi empregou o filtro vertical ou chaminé como elemento de drenagem interna de barragens de terra. Hoje, existem centenas de barragens de terra e terra-enrocamento em operação no País, inclusive de enrocamento com face de concreto, como a barragem de Foz do Areia (PR), com 156 m de altura, a maioria delas projetada e construída por brasileiros.

De acordo com Mello (1975), uma barragem deve ser vista como uma unidade ou um todo orgânico no espaço, compreendendo: a) a bacia da represa; b) os terrenos de fundação, que são como um prolongamento da barragem em subsuperfície; c) as estruturas anexas ou auxiliares (vertedouros, descarregadores de fundo, tomadas d'água, galerias, túneis, casas de força, etc.); d) os instrumentos de auscultação (piezômetros, medidores de recalques, etc.), importantes para a observação do comportamento da obra; e) as instalações de comunicação e manutenção. Existe também um outro todo no tempo ou nas atividades que, apesar de subsequentes no tempo, devem ser encaradas como inseparáveis ou, no mínimo, interdependentes: o projeto; a construção; o primeiro enchimento, que é o primeiro teste severo a que se submete uma barragem; e as vistorias periódicas da barragem em operação, para garantir a sua segurança em longo prazo.

7.2 *Tipos Básicos de Barragens*

Entende-se por barragem de grande porte qualquer barragem com altura superior a 15 m, ou com alturas entre 10 e 15 m e que satisfaça uma das seguintes condições:

a) comprimento de crista igual ou superior a 500 m;

b) reservatório com volume total superior a 1.000.000 m^3;

c) vertedouro com capacidade superior a 2.000 m^3/s;

d) barragem com condições difíceis de fundações;

e) barragem com projeto não convencional.

A seguir serão descritos os vários tipos de barragens em uso, com a inclusão das barragens de concreto, cujo interesse, em nosso curso, está nas suas fundações, problema eminentemente geotécnico.

7.2.1 Barragem de concreto gravidade (concreto massa)

Como o próprio nome sugere, este tipo de barragem funciona em função do seu peso. Em geral, requer fundações em rocha, por questões de capacidade de suporte do terreno. A Fig. 7.1a dá uma ideia das dimensões da base. Além do empuxo hidrostático da água (E_H), intervém a resultante das subpressões (U), que atua na base da barragem, tendendo a instabilizá-la, pois reduz o efeito do peso próprio (P), que é, em última instância, a força estabilizadora (Fig. 7.1b).

Obras de Terra

Fig. 7.1
Barragem de concreto gravidade

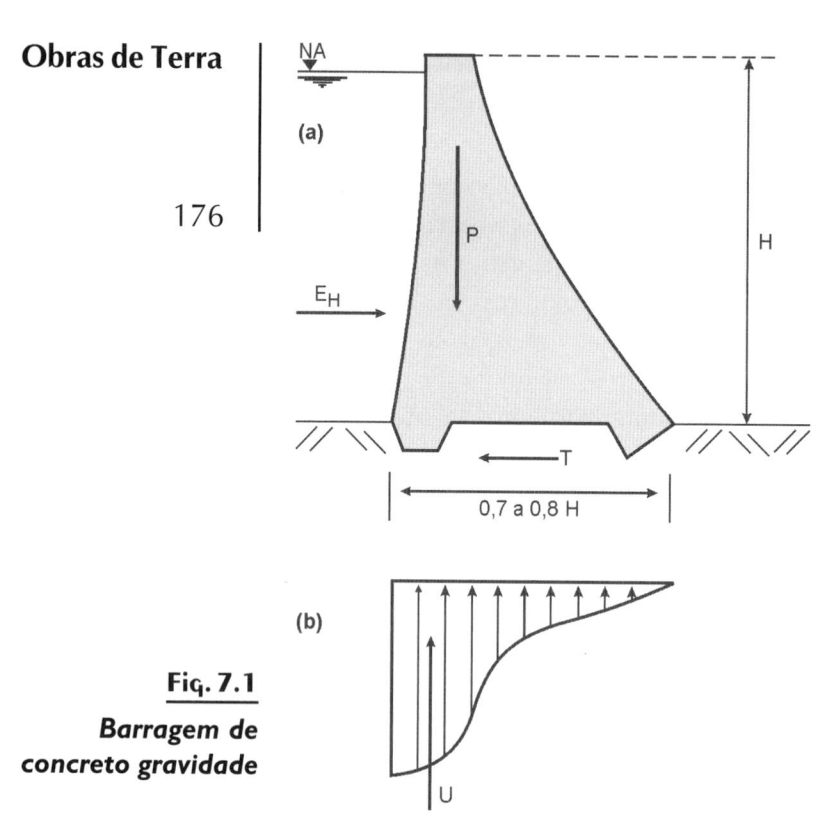

A verificação da estabilidade é feita com a aplicação dos princípios da estática, sob dois aspectos: estabilidade quanto ao deslizamento, em que se compara a força E_H com a força de cisalhamento T; e a estabilidade quanto ao tombamento. Outra exigência que se costuma fazer é que a resultante das forças atuantes caia no terço médio da base, para evitar tração no pé de montante da barragem.

As subpressões na base ocorrem em consequência da percolação de água pelo maciço rochoso de fundação que, via de regra, apresenta-se fraturado ou fissurado, conforme foi visto no Cap. 4. Para propiciar economia de concreto, procura-se minimizar ao máximo essas subpressões, com técnicas que serão abordadas no Cap. 8.

7.2.2 Barragem de concreto estrutural com contrafortes

Essas barragens de concreto estrutural são constituídas de lajes ou abóbadas múltiplas (Fig. 7.2) inclinadas, apoiadas em contrafortes. Em comparação com o tipo anterior, requerem menor volume de concreto mas, em compensação, exigem mais forma e armação.

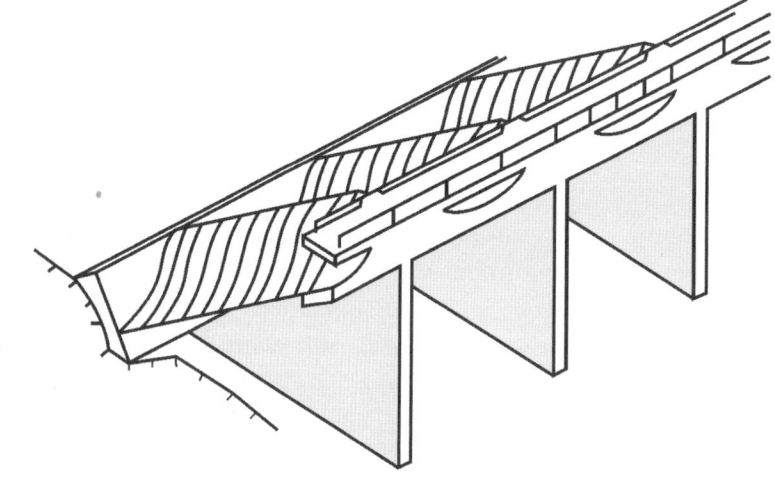

Fig. 7.2
Barragem de concreto estrutural com contrafortes

A estabilidade quanto ao deslizamento é favorecida pela inclinação da resultante do empuxo hidrostático, isto é, existe um efeito benéfico do peso da água, que se adiciona ao peso próprio da barragem, garantindo a estabilidade.

Esse tipo de obra requer cuidados com as fundações, pois a sua base, em contato com o maciço rochoso, é relativamente pequena, havendo, em contrapartida, vantagens quanto às subpressões.

7.2.3 Barragem de concreto em arco de dupla curvatura

A Fig. 7.3 ilustra, em perspectiva, esse tipo de barragem, com a indicação de dimensões para um caso real. A sua forma, com dupla curvatura ("casca"), faz com que o concreto trabalhe em compressão. Note-se que só é possível construí-la engastada em vales fechados, em que a relação entre a largura da crista e a altura da barragem é inferior a 2,5.

O problema é hiperestático e sua solução requer considerações quanto à compatibilidade de deformações entre a estrutura de concreto e o maciço rochoso, donde a necessidade de se conhecer o módulo de elasticidade da rocha. Ademais, como a espessura da "casca", no contato com o maciço rochoso, é de 10 a 15% da altura da barragem, as fundações devem ser melhores do que nos tipos anteriores.

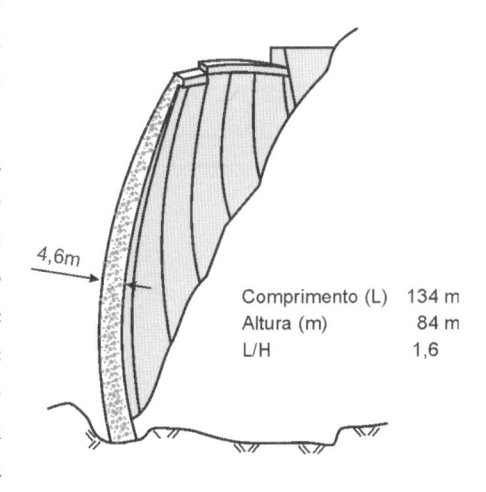

Fig. 7.3
Barragem de concreto em arco de dupla curvatura

7.2.4 Barragem de terra homogênea

É o tipo de barragem (Fig. 7.4) mais em uso entre nós, pelas condições topográficas, com vales muito abertos, e da disponibilidade de material terroso no Brasil. Tolera fundações mais deformáveis, podendo-se construir barragens de terra apoiadas sobre solos moles, como no caso da barragem do rio Verde, próxima a Curitiba, com 15 m de altura máxima.

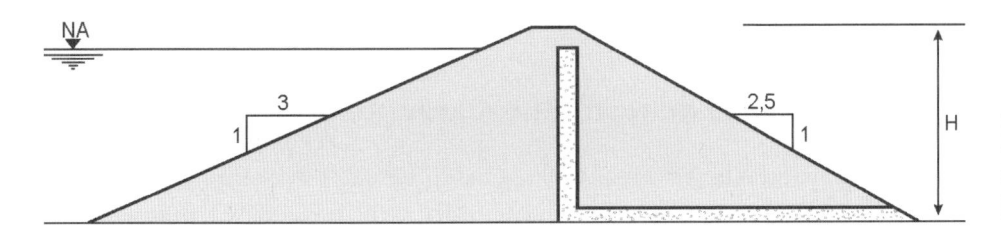

Fig. 7.4
Barragem de terra homogênea

Obras de Terra

A inclinação dos taludes de montante e de jusante é fixada de modo a garantir a estabilidade durante a vida útil da barragem, mais especificamente, em final de construção, em operação e em situações de rebaixamento rápido do reservatório (ver o Cap. 4).

Um dos problemas que mais preocupam o projetista é o *piping* ou erosão regressiva tubular, no próprio corpo da barragem ou nas suas fundações. Esse fenômeno consiste no carreamento de partículas de solo pela água em fluxo, numa progressão de jusante para montante, daí o termo "regressivo" empregado para designá-lo; com o passar do tempo, forma-se um tubo de erosão, que pode evoluir para cavidades relativamente grandes no corpo das barragens, levando-as ao colapso.

Para evitar sua ocorrência, é necessário um controle da percolação, tanto pelas fundações, assunto que será tratado no Cap. 8, quanto pelo corpo da barragem (aterro). No aterro, intercepta-se o fluxo de água, de modo a impedir sua saída nas faces dos taludes de jusante ou nas ombreiras de jusante, por meio de filtros verticais (tipo "chaminé") ou inclinados. Os filtros são constituídos de areia ou material granular, com granulometria adequada para evitar o carreamento de partículas de solo e, nesse sentido, o material deve satisfazer o "Critério de Filtro de Terzaghi". Esses filtros colaboram também na dissipação das pressões neutras construtivas e, inclusive, de rebaixamento rápido.

Uma variante desse tipo é a barragem de terra zoneada, construída com um único solo de empréstimo, mas compactado em condições diferentes de umidade, o que confere ao solo características geotécnicas diferentes, como se viu no Cap. 6. Trata-se de uma otimização da seção de uma barragem de terra, para tirar partido das características do solo seco, usado nos espaldares, onde se deseja mais resistência (estabilidade), e do solo úmido, no núcleo, onde se quer baixa permeabilidade (estanqueidade).

Outras variantes são as barragens em aterro úmido, construídas compactando-se os solos de empréstimos normalmente, com a diferença de que as umidades de compactação são muito elevadas, 5 a 10% acima da ótima de Proctor. Foi o que aconteceu na construção da barragem do rio Verde, próxima à cidade de Curitiba, em que os solos de empréstimo encontravam-se bastante úmidos e a pluviosidade no local era muita elevada. A construção de um aterro convencional demandaria um tempo bastante grande, muito além do que havia sido estabelecido pela proprietária da obra. Nesse tipo de barragem, os problemas referem-se ao controle do peso dos equipamentos de compactação, que devem ser leves para evitar o solo "borrachudo", além das pressões neutras de final de construção, que costumam ser altas, em virtude da elevada umidade de compactação do solo.

7.2.5 Barragem de terra-enrocamento

É a mais estável dentre as barragens de terra e terra-enrocamento, não havendo registro de ruptura envolvendo seus taludes. O material do enrocamento (pedras) apresenta elevado ângulo de atrito, garantindo a estabilidade dos taludes de montante e jusante, mesmo quando são íngremes (inclinações de 1:1,6 até 1:2,2). O núcleo argiloso imprime a estanqueidade à barragem, permitindo o represamento de água (formação do lago).

O núcleo dessas barragens pode ser central ou inclinado para montante (Figs. 7.5a e b). Quando a argila e o enrocamento apresentam compressibilidades comparáveis entre si, o núcleo central tem a vantagem de exercer uma pressão maior nas fundações, além de ser mais largo na sua base, o que é benéfico em termos de controle de perdas d'água. No entanto, se a argila for mais compressível do que o enrocamento, pode ocorrer o fenômeno de arqueamento, ou "efeito de silo". Nessas condições, a argila tende a recalcar mais, sendo impedida pelos espaldares, mais rígidos. Em outras palavras, o peso da argila passa a ser suportado pelo enrocamento (arqueamento), por atrito, como só acontece nos silos, podendo surgir trincas no núcleo, na direção do fluxo de água. A vantagem de se inclinar o núcleo é que não há como transferir seu peso para os espaldares. Outra vantagem do núcleo inclinado é que se pode levantar grande parte do enrocamento de jusante, ganhando-se tempo, enquanto se procede ao tratamento das fundações (injeções na base do núcleo).

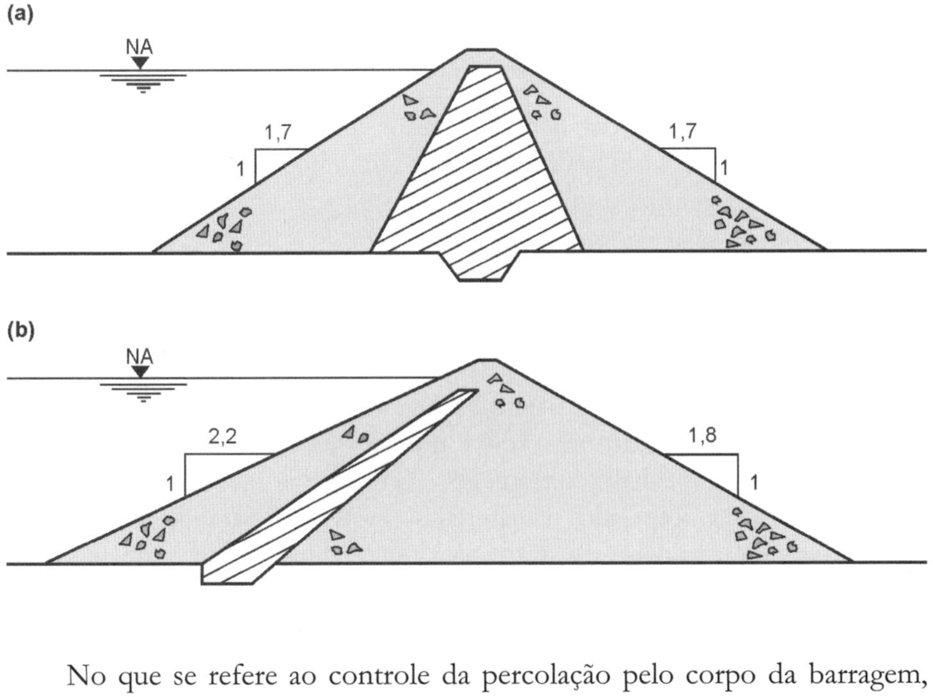

Capítulo 7
Barragens de Terra e Enrocamento

Fig. 7.5
Barragem de terra-enrocamento (a) com núcleo central, e (b) inclinado para montante

No que se refere ao controle da percolação pelo corpo da barragem, dispõe-se de material altamente permeável, o enrocamento de jusante, que permite uma vazão rápida das águas de percolação; deve-se apenas dispor de uma transição gradual, em termos de granulometria, entre a argila e as pedras, para evitar o *piping*. Nas fundações, a percolação concentra-se sob a base do núcleo, que é relativamente pequena; para evitar fugas d'água significativas, é necessário um maciço de fundação mais estanque, quando comparada com a barragem de terra "homogênea", em que o caminho de percolação é maior.

Obras de Terra

7.2.6 Barragem de enrocamento com membrana de concreto

As barragens com membranas de concreto apresentam, como septo impermeável, placas de concreto sobre o talude de montante, de enrocamento (Fig. 7.6). Essas placas são ligadas umas às outras por juntas especiais, pois apoiam-se em meio deformável, o enrocamento, que pode sofrer recalques significativos por ocasião do primeiro enchimento.

Fig. 7.6
Barragem de enrocamento com membrana de concreto

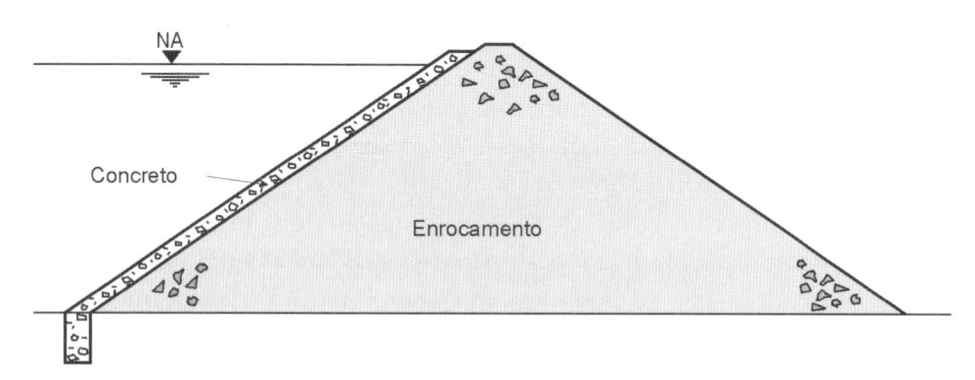

A grande vantagem está no cronograma construtivo, pois tanto o aterro quanto a membrana de concreto podem ser construídos independentemente do clima e, portanto, da duração das estações chuvosas. Além disso, podem-se projetar aterros de enrocamento que suportam o desvio de rios por entre as pedras: basta que se tomem alguns cuidados no talude de jusante, como a colocação de bermas, com pedras de maior tamanho, entrosadas com pedras pequenas, bem compactadas, podendo-se fixar umas às outras com chumbadores ou telas de ferro.

7.2.7 Barragem em aterro hidráulico

Além dos tipos citados, existem barragens em que o aterro é construído por processo hidráulico, isto é, o solo é transportado com água, por meio de tubulações, até o local de construção. Trata-se das barragens em aterro hidráulico. Ao ser despejado, o material segrega-se, separando-se as areias, que formam os espaldares do aterro, dos finos (siltes e argilas), que acabam por constituir o núcleo da barragem (Fig. 7.7).

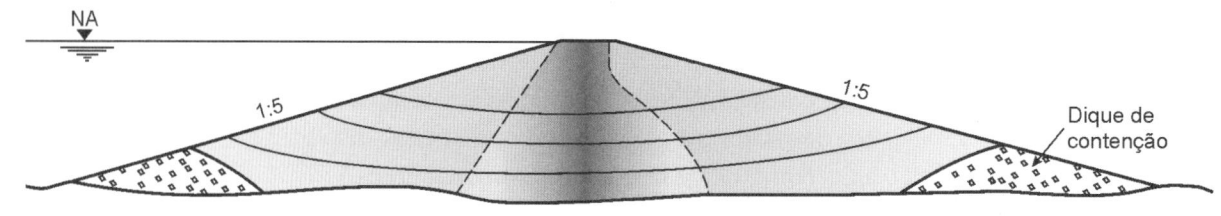

Fig. 7.7
Barragens em aterro hidráulico

A vantagem é o baixo custo, apesar do grande volume de solo que despende, em virtude do abatimento dos taludes (1:5). Várias barragens foram construídas com essa técnica em diversos países, inclusive no Brasil, estando muitas delas em operação. Em face do processo construtivo, as areias dos espaldares apresentam-se com compacidade fofa e saturada, sujeitas ao fenômeno da liquefação, como ocorreu no caso da barragem de Fort Peck, a ser relatado mais adiante. Os defensores dessa técnica, que continua muito difundida no leste europeu, argumentam que basta deixar um rolo vibratório "passeando" sobre as areias recém-despejadas das tubulações, para se ter uma certa densificação e uma garantia contra a liquefação.

7.3 *Fatores que Afetam a Escolha do Tipo de Barragem*

Antes de tecer considerações quanto à escolha do tipo de barragem mais adequado a um dado local, convém destacar a importância dos aspectos geológico-geotécnicos no projeto, na construção e na segurança das barragens. Essa importância advém, conforme Mello (1966), do fato do rio ser uma linha de maior fraqueza do terreno. Em geral, os locais favoráveis para a implantação de barragens envolvem descontinuidades geológicas associadas a feições topográficas especiais, como corredeiras, cotovelos nos cursos dos rios, encostas escarpadas, etc.

Dados estatísticos sobre o comportamento de barragens em operação têm corroborado essas asserções. De fato, um levantamento feito em 1961, na Espanha, revelou que de 1.620 barragens, cerca de 308 (ou 19%) haviam sofrido incidentes, assim diagnosticados:

a) 40% relacionados com problemas de fundações;

b) 23% devido a vertedouros inadequados;

c) 12% em virtude de defeitos construtivos.

Em 1973, o ICOLD (International Committee on Large Dams) publicou um livro intitulado *Lessons from Dam Incidents*, que mostra 236 incidentes envolvendo barragens de vários tipos (em arco, contrafortes, gravidade, enrocamento e terra), com 162 (quase 70%) referentes a barragens de terra. As maiores causas dos incidentes foram atribuídas a:

a) falhas de projeto, com uma incidência de 32%;

b) investigações hidrológicas e geológico-geotécnicas inadequadas, em 30% dos casos;

c) deficiências construtivas, em 17% dos casos.

Essa forma de apresentação destaca a relevância das investigações no projeto e construção de barragens. Note-se que os aspectos geológico--geotécnicos intervêm nos três itens acima.

Uma vez realçada a importância dos aspectos geológico-geotécnicos, passa-se a listar os principais fatores que afetam a escolha do tipo de barragem. São eles: a) geológico-geotécnico; b) hidrológico-hidráulico; c) topográfico; d) materiais de empréstimo; e) custo; f) prazo; g) clima; h) construtivo. Outro fator que costuma ser citado é de caráter subjetivo, pois, frequentemente, a escolha do tipo de barragem baseia-se na preferência pessoal ou na experiência profissional do projetista.

Obras de Terra

A importância desses fatores e seu imbricamento ou interdependência pode ser melhor entendida com alguns exemplos. O primeiro refere-se à barragem rio Verde, próxima a Curitiba, citada anteriormente. A barragem deveria ter 15 m de altura máxima e serviria para abastecer a refinaria de Araucária, da Petrobrás. Do ponto de vista geológico-geotécnico, ocorria no local camada de argila mole, com cerca de 4 m de espessura, sobreposta a solo de alteração e rocha fissurada. Havia terra (solos de empréstimo) em abundância, mas com teores de umidade de até 10% acima da ótima de Proctor. Ademais, a região de Curitiba é conhecida por sua elevada pluviosidade. Sabia-se das dificuldades decorrentes desse fato, pois a barragem Capivari-Cachoeira, também próxima a Curitiba, levou quase 5 anos para ser construída em aterro compactado convencionalmente. Finalmente, dispunha-se de 2 anos para a construção.

Diante desses condicionantes, a opção final foi o tipo "barragem em aterro úmido", com núcleo compactado 5% acima da ótima e as bermas de equilíbrio até 10% acima da ótima, necessárias pela presença de solos moles nas fundações. O raciocínio feito na ocasião foi mais ou menos o seguinte:

a) uma barragem de concreto superaria o problema do clima e prazo, mas exigiria fundação em rocha, portanto escavações de 10 a 20 m de profundidade, além do que a barragem deveria ter quase o dobro da altura, onerando em muito a obra; e

b) uma barragem de terra homogênea, por ser flexível, poderia ser construída sobre o solo mole, com bermas de equilíbrio, mas foi descartada por causa do clima: os trabalhos de compactação, por meios convencionais, e em torno da umidade ótima, seriam prejudicados pelas chuvas, afetando o prazo de construção.

Uma barragem em arco de dupla curvatura, que chama a atenção pelo efeito estético, só pode ser construída se existirem vales bastante fechados e condições de fundação rochosa adequadas. No Brasil, os vales são bastante abertos, exigindo barragens de grande extensão. Por questão de economia, recorre-se a barragens de terra e ou terra-enrocamento, deixando-se para serem executadas em concreto as estruturas anexas ou auxiliares (vertedouros, casa de força, descarga de fundo, tomadas d'água, etc.).

Há certos locais com afloramentos de rocha em quantidade, que podem servir de pedreiras. Nesses casos, a opção acaba sendo as barragens de enrocamento, com núcleos de argila ou membranas de concreto. Estas últimas têm a seu favor questões de prazo e clima adverso, como se mencionou acima.

O fator hidrológico-hidráulico intervém desde a fase de planejamento e viabilidade, que é determinante e quando são estabelecidas a altura, a sobre-elevação da barragem e as dimensões do vertedouro, até a definição do desvio do rio, durante a construção da obra. Pode influir na escolha do tipo de barragem, pois, em certos casos, pelo porte da obra e para minimizar custos, pode-se optar por barragens autovertedoras, isto é, barragens projetadas para suportar o transbordamento durante cheias. Nestes casos, pode-se escolher barragens de enrocamento, com alguns dispositivos na face de jusante, para evitar o arraste das pedras pela força das águas.

Para se ter uma noção quanto a custos relativos de barragens de vários tipos, apenas do ponto de vista dos materiais e seus volumes, preparou-se a Tab. 7.2. O número entre parênteses (2) refere-se ao uso de concreto compactado a rolo, que se compara com 5, de concreto massa convencional. Atente-se para o fato de que a estrutura de preços é sempre dinâmica, variável no tempo e no espaço, dependendo de fatores como custos dos combustíveis, da energia, dos insumos básicos, etc.

Tab. 7.2 Custo relativo de alguns tipos de barragens, levando em conta só os materiais e seus volumes

Tipo de barragem	Base	Volume (m^3/m)	Custo relativo
Terra homogênea	5,5 H	2,75 H^2	1
Enrocamento	3,7 H	1,8 H^2	1,5
Aterro hidráulico	10 H	5 H^2	0,7
Concreto massa	0,8 H	0,4 H^2	5 (2)

Esses dados, a despeito de sua precariedade em termos absolutos, confirmam que as barragens em aterro hidráulico são as de menor custo, apesar do maior volume, quase o dobro de uma barragem de terra homogênea. As barragens de concreto são as mais caras, donde o seu uso ser, em geral, restrito às estruturas anexas ou auxiliares.

7.4 *Acidentes Catastróficos Envolvendo Barragens*

Acidentes catastróficos envolvendo barragens de terra acabam tendo repercussão, até internacional, pelas perdas de vidas que em geral provocam e pela extensão dos danos materiais, afetando populações ribeirinhas quilômetros de distância rio abaixo.

O aspecto que se quer enfatizar é de outra ordem, referente às lições que se podem e devem extrair não só das rupturas como também dos pequenos incidentes envolvendo as barragens. Terzaghi via-os como elos essenciais e inevitáveis na cadeia do progresso da Engenharia, por não existirem outros meios de se detectar os limites de validade de nossos conceitos e processos.

Para ilustrar o que se acaba de afirmar, serão descritos cinco casos de ruptura em barragens: três deles mudaram os rumos de nossos conhecimentos nesse campo da Engenharia, e tiveram reflexos no projeto e construção de barragens, pelo mundo afora; os outros dois mostram casos de ruptura de barragens de terra por *piping*.

Capítulo 7

Barragens de Terra e Enrocamento

Obras de Terra

O primeiro caso é o da barragem Fort Peck, construída em aterro hidráulico em fins do século XIX, nos E.U.A. Possuía 70 m de altura, taludes de 1:5, extensão de 6,4 km, tendo consumido 100.000.000 m³ de material. Apoiava-se sobre espessa camada (cerca de 40 m) de aluvião, com predominância de areia. A ruptura, ocorrida em 1938, envolveu o talude de montante, de areia fofa e saturada, numa extensão de 500 m, que se liquefez, abatendo-se para uma inclinação final de 1:20. Uma das consequências desse evento foi a realização de estudos para entender o comportamento das areias, que culminaram com a introdução do conceito de índice de vazios crítico, de fundamental importância para a moderna Mecânica dos Solos. A outra consequência é negativa, pois os aterros hidráulicos caíram em desuso no Ocidente.

O segundo caso refere-se à barragem de Malpasset, na França, em arco de dupla curvatura, de 60 m de altura. A sua ruptura ocorreu em 1959, por cisalhamento na rocha, segundo um plano preferencial, provavelmente uma junta extensa, ao longo da ombreira esquerda, um pouco abaixo do apoio. A rocha era um gnaisse, com fissuramento fino. Muito embora se saiba que tanto o projeto como a construção ficaram ao encargo de profissionais competentes, reconhece-se que havia um distanciamento muito grande entre os projetistas e os geólogos, que não sabiam exatamente o tipo de barragem que seria construída. Hoje, trabalha-se com equipes integradas, com uma linguagem comum, respaldada numa nova disciplina – a Geologia de Engenharia.

A ruptura do reservatório de Vajont, na Itália, em 1963, foi o pior desastre na história das barragens, causando a morte de 3.000 pessoas. Era a maior barragem do mundo em arco de dupla curvatura, com cerca de 286 m de altura, engastada na parte mais baixa de um vale de 1.000 m de profundidade. A causa direta do desastre foi o escorregamento de 200 milhões de m³ de uma massa rochosa de um talude para dentro do reservatório da barragem, com 150 milhões de m³ de água. Com o impacto, a água foi expulsa para jusante, rio abaixo, na forma de uma onda, que passou cerca de 150 m acima da crista da barragem. As rochas eram calcárias, fortemente fraturadas, e sabia-se que toda a região estava sujeita a movimentos de rastejos. Por isso, foram executados trabalhos de observação e acompanhamento dos movimentos de rastejo do maciço, encosta abaixo. Esse movimento lento transformou-se num escorregamento rapidíssimo, cuja causa direta foi atribuída às intensas chuvas que começaram uns 10 dias antes da catástrofe. A lição que ficou foi o reconhecimento de que é necessário um entendimento, em profundidade e com detalhes, da geologia regional e, em particular, da região (bacia) do reservatório, onde as encostas ficam sujeitas a uma submersão pelas águas represadas.

Construído em 1951, nas cercanias de Los Angeles, o reservatório Baldwin Hills tinha a forma aproximada de um trapézio, com dimensões médias entre 300 e 350 m, delimitado pela barragem de terra, com altura média de 22 m. A ruptura ocorreu após 12 anos de operação. No local da construção ocorriam várias falhas geológicas e sabia-se também que a região estava sujeita a afundamentos do terreno diante da exploração petrolífera, feita nas proximidades. Além disso, os solos de fundação eram constituídos de siltes arenosos, colapsíveis e erodíveis. Diante desse quadro, adotou-se como conceito básico de projeto evitar o contato da água com os solos de fundação. Tanto a barragem quanto o fundo do reservatório receberam duas camadas de impermeabilização, com membrana asfáltica, entremeadas por camada de solo compactado e um filtro. Acredita-se que deve ter havido recalques das fundações da barragem, com a formação de trincas imperceptíveis no sistema de impermeabilização, por onde a água se infiltrou. Lentamente, os solos siltosos foram erodidos (*piping*), com a formação de cavernas locais que, no limite de sua progressão, levaram à ruptura catastrófica. Somente poucas horas antes do colapso é que se observaram os primeiros sinais externos de que algo de anormal estava acontecendo. Não havia o que fazer.

A barragem Teton, nos E.U.A., rompeu em junho de 1976, com o reservatório praticamente cheio, provocando a morte de 14 pessoas e prejuízos estimados entre 0,4 a 1 bilhão de dólares. Era uma barragem de terra, com 93 m de altura, zoneada e, como particularidade, foi escavada uma trincheira de vedação (*cut off*) nas fundações rochosas e executada uma cortina de injeção de cimento. A rocha apresentava-se muito fraturada e o solo, usado no núcleo da barragem e na sua trincheira, era erodível. A barragem rompeu por *piping*, que teria se iniciado no contato solo-rocha, na base da trincheira (*cut off*), junto à ombreira direita. Não havia transição entre o solo e a rocha fraturada, que, ademais, não foi selada. A grande altura do *cut off*, aliada à sua pequena largura, deve ter favorecido a formação de trincas no solo de preenchimento, por "efeito de silo" (arqueamento). Houve, portanto, uma falha de projeto, da parte de um órgão do governo norte-americano, o United States Bureau of Reclamation, com uma experiência bem sucedida de projeto e construção de centenas de barragens.

7.5 *Princípios para o Projeto*

O projeto de uma barragem de terra deve pautar-se por dois princípios básicos: segurança e economia. Este último inclui os custos de manutenção da obra, durante a sua vida útil.

A segurança da barragem é obviamente o princípio preponderante. Dela dependem vidas humanas, bens comunitários e individuais e deve ser garantida quanto:

a) ao transbordamento, que pode abrir brechas no corpo de barragens de terra e de enrocamento;

b) ao *piping* e ao fenômeno de areia movediça;

c) à ruptura dos taludes artificiais, de montante e de jusante, e aos taludes naturais, das ombreiras adjacentes ao reservatório;

d) ao efeito das ondas formadas pela ação dos ventos, atuantes na superfície dos reservatórios, e que vão se quebrar no talude de montante, podendo provocar sulcos de erosão;

e) ao efeito erosivo das águas das chuvas sobre o talude de jusante.

É necessário adotar medidas para evitar ou minimizar fugas d'água pelas fundações da barragem. A seguir serão feitas algumas considerações a respeito.

* A formação de brechas em barragens de terra e de enrocamento, em consequência de rupturas provocadas por transbordamentos, depende de uma série de fatores. Dentre eles, citam-se:

- o tipo de solo e as condições de compactação;
- a presença de enrocamento no maciço de jusante;
- o tipo e a forma de colocação dos materiais de proteção do talude de jusante;
- a inclinação do talude de jusante, que influencia a velocidade do fluxo d'água;
- a lâmina d'água sobre a crista da barragem, imediatamente antes da formação da brecha.

Há indicações de que solos compactados suportam lâminas de água, sobre a crista de barragens, superiores às de enrocamentos.

* São fatores condicionantes do *piping*, que também podem levar à formação de brechas em barragens de terra homogêneas:

- a ausência de filtros horizontais tipo sanduíche, construídos com materiais pedregosos, francamente permeáveis;
- as condições de compactação do maciço terroso;
- a ausência de transições adequadas entre solos e materiais granulares;
- a presença de fundações arenosas.

* Quanto à estabilidade dos taludes artificiais, considere-se o caso de uma barragem de terra homogênea, construída com solo argiloso, de baixa permeabilidade, apoiada em terreno de fundação firme, mais resistente do que o maciço compactado. No Cap. 3 viu-se que existem três situações no tempo de vida útil da barragem que requerem análises da estabilidade de seus taludes de montante e de jusante. São:

- final de construção, em que interessa analisar o talude de jusante, o mais íngreme;
- barragem em operação, com o nível de água na sua posição máxima, há vários anos, situação em que o talude crítico é também o de jusante, pois o talude de montante está submerso;
- abaixamento "rápido" do nível de água, que, pode levar alguns meses para ocorrer, mas que nem por isso deixa de ser "rápido", diante da baixa permeabilidade do solo compactado; o talude crítico é o de montante.

* A estabilidade dos taludes naturais das ombreiras, adjacentes aos reservatórios, pode ser analisada pelos métodos vistos no Cap. 4. Devem ser considerados, além das chuvas, os efeitos provocados pela submersão e por eventual abaixamento "rápido" do nível d'água do reservatório.

* Os taludes das barragens de terra são protegidos de forma diferente, quer se trate de montante ou jusante.

- As ondas, provocadas pela ação dos ventos sobre a superfície do reservatório, quebram-se no contato com o talude de montante, podendo resultar na formação de sulcos de erosão. Esse efeito é combatido construindo-se um *rip rap*, isto é, camadas de enrocamento e transição, estendendo-se na face do talude de montante.
- A incidência das chuvas na face do talude de jusante pode provocar sulcos de erosão. Para evitar esse efeito, pode-se recorrer ao lançamento de camada de pedrisco ou ao plantio de gramas em placas ou por meio de hidrossemeadura.

* A largura mínima da crista de barragens de terra é usualmente fixada em cerca de 3 m, para permitir o tráfego de manutenção e inspeção da obra, ao longo de sua vida útil. Por vezes, a crista da barragem transforma-se em pista de uma estrada, quando então a sua largura é definida pelo tipo de estrada.

Para um aprofundamento nestas e outras questões, envolvendo o projeto das barragens de terra e de enrocamento, consulte-se Cruz (1996).

7.6 *Sistema de Drenagem Interna em Barragens de Terra*

7.6.1 Evolução conceitual

A evolução do sistema de drenagem das barragens de terra está ilustrada na Fig. 7.8. Houve um longo percurso desde o caso (a), sem drenos, em que

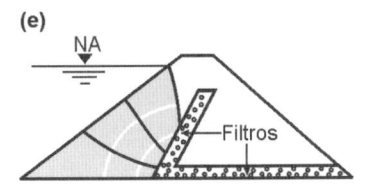

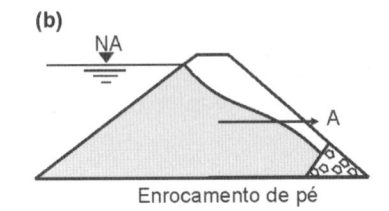

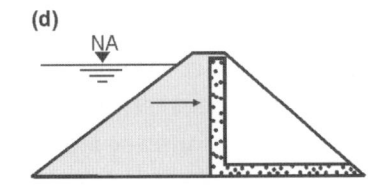

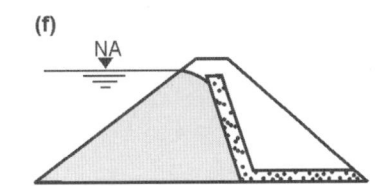

Fig. 7.8
Drenagem interna em barragens de terra: evolução conceitual

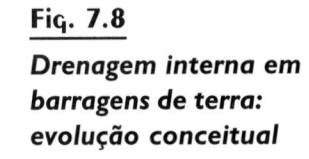

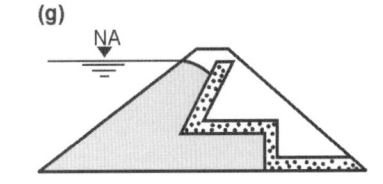

o problema era a emergência da água na face do talude de jusante e a consequente possibilidade de ocorrência do *piping*, passando pelos casos (b) e (c), que teoricamente resolveriam o problema se o solo compactado fosse isotrópico, o que não corresponde à realidade, perdurando, portanto, a possibilidade do *piping*, até chegar à solução encontrada por Terzaghi, caso (d), em que se combinam filtros vertical (chaminé) e horizontal, interceptando o fluxo de água antes que ele saia pelo talude de jusante. Note-se que os filtros desempenham um papel importante na dissipação das pressões neutras, quer de jusante, em final de construção, quer de montante, para situações de rebaixamento rápido do N.A. do reservatório.

Os demais casos correspondem a ideias mais recentes, de se inclinar um dos filtros para montante, caso (e), o que melhora as condições de estabilidade do talude de montante, quando do rebaixamento rápido do N.A. do reservatório; ou para jusante, caso (f), mais favorável quando as fundações são permeáveis, pois aumenta o caminho de percolação; ou ainda o caso (g), proposto por Mello (1975), que procura combinar as vantagens dos dois casos anteriores.

7.6.2 Dimensionamento dos filtros

Para o dimensionamento dos filtros, procede-se da seguinte forma:

a) determina-se a quantidade de água (vazão) a ser captada pelos filtros, com base no traçado de redes de fluxo, o que é relativamente fácil, e em estimativas dos coeficientes de permeabilidade do maciço compactado e dos maciços de fundação, o que é muito mais difícil (ver Cap. 1);

b) em função dos materiais granulares disponíveis, fixam-se valores para os coeficientes de permeabilidade dos filtros e calculam-se as suas espessuras, com base na Lei de Darcy, ou na Equação de Dupuit;

c) verifica-se se os materiais dos filtros e os solos que os envolvem satisfazem o Critério de Filtro de Terzaghi, para se ter uma garantia segura contra o *piping*.

Determinação da largura dos filtros

A largura B dos filtros pode ser determinada pelo traçado de redes de fluxo, envolvendo o maciço compactado e as fundações. No entanto, diante das pequenas espessuras dos filtros e às diferentes permeabilidades, o traçado é trabalhoso. Por isso, costuma-se lançar mão de métodos aproximados (veja Cap. 1).

Para os filtros verticais, Fig. 7.9, o fluxo é praticamente vertical. Logo, pode-se admitir gradiente (i) igual a 1 e, pela Lei de Darcy, chega-se a:

$$Q = k_{fv} \cdot i \cdot A = k_{fv} \cdot 1 \cdot (B \cdot 1) = k_{fv} \cdot B$$

onde Q é a vazão absorvida pelo filtro; e k_{fv} é o seu coeficiente de permeabilidade.

Portanto:

$$b = \frac{Q}{k_{fv}} \qquad (1)$$

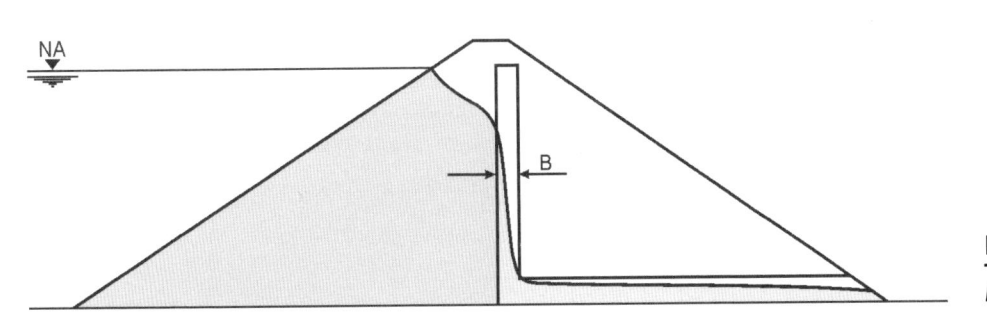

Fig. 7.9
Filtro vertical

Para os filtros horizontais (Fig. 7.10a), pode-se empregar, quer:

$$B = \sqrt{\frac{Q \cdot L}{k_{fh}}} \qquad (2)$$

em que a hipótese é filtro trabalhando em carga, sendo válida a Lei de Darcy:

$$B = \sqrt{\frac{2 \cdot Q \cdot L}{k_{fh}}} \qquad (3)$$

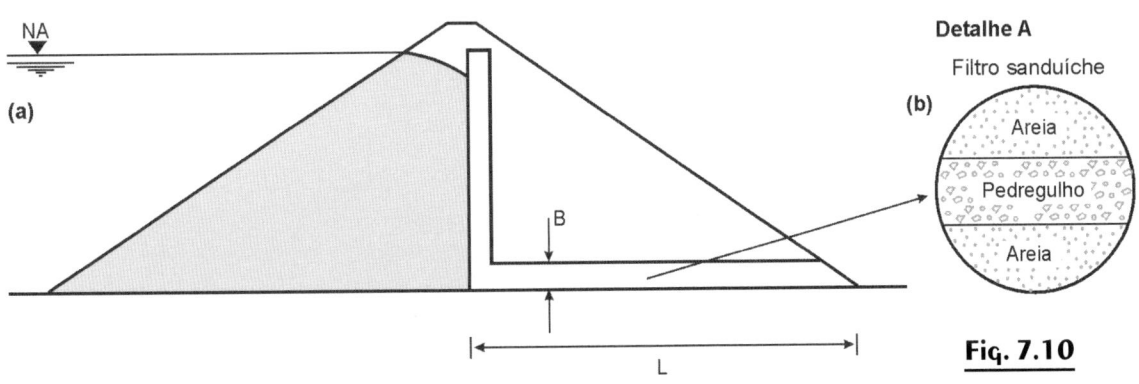

Fig. 7.10
Filtro horizontal tipo "sanduíche"

com filtro trabalhando livremente, e, nessas condições, aplicável a Equação de Dupuit (ver a seção1.5.3). Nas expressões (2) e (3), k_{fh} é o coeficiente de permeabilidade do filtro horizontal; e L é o seu comprimento.

Obras de Terra

A seguir são feitas duas observações importantes:

a) ao aplicar as expressões apresentadas, deve-se utilizar coeficientes de segurança elevados, da ordem de 10, pois os cálculos envolvem coeficientes de permeabilidade, de difícil estimativa em problemas práticos, principalmente quando se trata de solos naturais, como ocorrem nas fundações de barragens;

b) enquanto o filtro vertical trabalha com gradiente da ordem de 1, o filtro horizontal o faz com gradientes quase nulos, da ordem de B/L. Como a vazão é diretamente proporcional ao gradiente, para ter capacidade de descarga, o filtro horizontal precisa trabalhar com valores muito elevados de permeabilidade. Consegue-se isto "estruturando" o filtro, isto é, fazendo-se um "sanduíche" areia-pedregulho ou pedrisco-areia (ver Fig. 7.10b).

Prevenção contra o *piping*

Para prevenir o *piping*, deve-se cuidar que na passagem do fluxo de um meio (solo a ser protegido) para outro, mais poroso (filtro), não haja o carreamento de partículas de solo. Consegue-se fazendo com que as partículas do filtro sejam suficientemente pequenas para impedir a passagem de partículas do solo a ser protegido. Se algumas das partículas maiores puderem ser mantidas em posição, elas bloquearão a passagem das partículas mais finas. O filtro não pode ser muito fino, a ponto de impedir a passagem da água; sua permeabilidade deve ser, pelo menos, de 10 a 20 vezes a do solo a ser protegido.

É nessa linha de pensamento que se baseia o Critério de Filtro de Terzaghi, que estabelece as seguintes condições a serem satisfeitas pelo filtro e pelo solo a ser protegido:

$$\frac{D_{15}\left(Filtro\right)}{D_{85}\left(Solo\right)} < 4 \ ou \ 5 \qquad (4)$$

para garantir a proteção contra o *piping*, e

$$\frac{D_{15}\left(Filtro\right)}{D_{15}\left(Solo\right)} > 4 \ ou \ 5 \qquad (5)$$

para garantir a passagem da água. Os índices 15 e 85 referem-se às porcentagens do material, em peso, com partículas menores do que o diâmetro D, a eles associados.

As argilas são, em geral, menos suscetíveis ao *piping*. Assim, desde que haja experiência acumulada ou se executem ensaios especiais, pode-se abrandar as condições dadas, alterando-se o segundo membro da expressão (4) para 10, ou até mais.

Para a transição de enrocamentos, pode-se usar o Critério de Filtro de Terzaghi, também abrandado. Finalmente, há os critérios semelhantes para prevenir o *piping*, no caso de tubos perfurados estarem envolvidos por um solo (veja Cedergren, 1967 e Cruz, 1996).

Capítulo 7

Barragens de Terra e Enrocamento

Obras de Terra

Questões para Pensar

1. Dispõe-se de apenas um tipo de solo, uma argila siltosa, para a construção de uma barragem de terra homogênea. Como você dividiria a seção dessa barragem em zonas, variando os parâmetros de compactação, para tirar o máximo proveito do solo compactado? Justifique a sua resposta.

Nos espaldares, usaria solo compactado abaixo da umidade ótima, que apresentará maior resistência: é o necessário para garantir a estabilidade dos taludes de montante (rebaixamento rápido) e de jusante (final de construção e barragem em operação).

No núcleo, usaria solo compactado acima da umidade ótima, para ter baixa permeabilidade, garantindo a estanqueidade da barragem.

2. Por que numa barragem de terra "homogênea" empregam-se filtros verticais para a drenagem interna? Que tipo de solo é empregado na construção de um filtro horizontal? Por quê?

a) Para interceptar o fluxo de água, impedindo que ele saia pela face do talude de jusante, o que poderia levar ao fenômeno do *piping*, com todos os seus efeitos danosos.

b) Para o filtro horizontal deve-se empregar um solo granular bem grosso (pedregulho ou pedrisco), com elevada permeabilidade (k), para compensar o fato de o gradiente hidráulico médio (i) ser muito baixo, próximo de zero ($Q = k \cdot i \cdot A$). E o valor do gradiente tem de ser baixo para que o filtro não trabalhe com muita carga, pois, do contrário, o fluxo poderia sair pela face do talude de jusante, com todas as consequências de um *piping*. Finalmente, deve-se usar camadas de transição para atender o critério de filtro de Terzaghi, o que requer o emprego de areias de granulação mais fina e torna o filtro do tipo "sanduíche".

3. Para construir os filtros internos (vertical e horizontal) de uma barragem de terra "homogênea", de 40 m de altura, qualquer areia serve, pois o que importa é que ela seja drenante e limpa (sem finos). Certo ou errado? Justifique a sua resposta.

Os filtros verticais podem ser construídos com areias finas, pois trabalham com gradientes elevados, da ordem de 1. O contrário ocorre com os filtros horizontais, em que os gradientes são muito baixos, quase nulos, donde a necessidade de compensação, para que ele dê vazão à água de percolação, usando materiais granulares de elevadas permeabilidades (pedriscos, pedregulhos). Como sempre, é necessária uma transição "suave" em termos de granulometria, envolvendo o solo do aterro ou da fundação, o filtro horizontal acaba constituído de várias camadas (areia fina, areia média e grossa, pedregulhos), formando o que se denomina "filtro sanduíche".

Capítulo 7
Barragens de Terra e Enrocamento

4. Uma barragem de terra homogênea, com 50 m de altura, taludes de 1V:3H (de montante) e 1V:2,5H (de jusante), será construída em local onde ocorrem 2 m de solo residual, de baixa permeabilidade (ver a tabela abaixo), sobrejacente à rocha praticamente impermeável. Estimativas preliminares indicam que a vazão através do corpo da barragem é da ordem de $1 \cdot 10^{-6}$ m³/s, já majorada com um coeficiente de segurança igual a 10. Dimensionar o sistema de drenagem interna da barragem. Dispor dos materiais granulares da tabela abaixo; a argila siltosa da tabela é o solo a ser empregado no aterro compactado.

Material	k (cm/s)	(diâmetros em mm)			
		D10	D15	D50	D85
Areia fina e média	2×10^{-4}	0,09	0,10	0,25	1,00
Areia média e grossa	1×10^{-3}	0,25	0,30	0,80	4,00
Pedrisco	5×10^{-2}	0,8	1,3	5,5	10
Brita Nº 1	1	9	11	16	25
Argila Siltosa	2×10^{-7}	0,001	0,002	0,06	0,20
Solo residual de fundação	1×10^{-8}	0,001	0,002	0,02	0,10

a1) Dimensionamento do filtro vertical

Para o Filtro Vertical, o fluxo é praticamente vertical. Logo, pode-se admitir gradiente (i) igual a 1 e, pela Lei de Darcy, chega-se a $Q = k_{fv} \cdot i \cdot A = k_{fv} \cdot 1 \cdot (B \cdot 1) = k_{fv} \cdot B$, onde Q é a vazão absorvida pelo filtro, B é a espessura do filtro e k_{fv} é o seu coeficiente de permeabilidade. Portanto, $B = Q / k_{fv}$. Com a areia fina e média da tabela, chega-se a $B = 1 \cdot 10^{-6} / 2 \cdot 10^{-6} = 0,5 m$. Adota-se $B = 1$ m, por razões construtivas (largura mínima de um rolo compactador). É fácil de ver que a areia fina e média satisfaz o critério de filtro de Terzaghi:

$$4 \cdot D_{15}(solo) < D_{15}(filtro) < 4 \cdot D_{85}(solo).$$

a2) Dimensionamento do filtro horizontal

Para o Filtro Horizontal, admitindo que trabalhe em carga e com carga mínima (B), pode-se escrever: $Q = k_{fh} \cdot i \cdot A = k_{fh} \cdot B/L \cdot (B \cdot 1) = k_{fv} \cdot B^2 / L$, onde k_{fh} é o coeficiente de permeabilidade do Filtro Horizontal; e L é o seu comprimento, igual a 2,5 × 50 m = 125 m. Portanto, $B = \sqrt{Q \cdot L / k_{fh}}$.

Obras de Terra

Para a areia fina e média chega-se a: $B = \sqrt{1.10^{-6} \cdot 125 / (2 \cdot 10^{-6})} \cong 8m$ (muito alto).

Para a areia média e grossa chega-se a: $B = \sqrt{1.10^{-6} \cdot 125 / (1.10^{-5})} \cong 3,5m$ (ainda alto).

Para pedrisco chega-se a: $B = \sqrt{1.10^{-6} \cdot 125 / (5.10^{-4})} \cong 0,5m$.

Como o pedrisco não pode ser colocado em contato direto com a argila siltosa do aterro e nem com o solo residual de fundação, empregam-se pelo menos duas camadas de transição entre esses dois solos e o filtro. Como material de transição, pode-se empregar a areia fina e média ou a areia média e grossa da tabela, pois ambas satisfazem o critério de filtro de Terzaghi. O filtro será do tipo sanduíche; pode-se adotar para cada camada de transição uma espessura de 0,30 m, por exemplo, e a espessura total do filtro horizontal será de 0,30 + 0,50 + 0,30 = 1,10 m.

5. Para a seção de barragem de terra indicada na figura abaixo, que problemas poder-se-ia esperar quanto ao comportamento da barragem? Como eles se manifestariam?

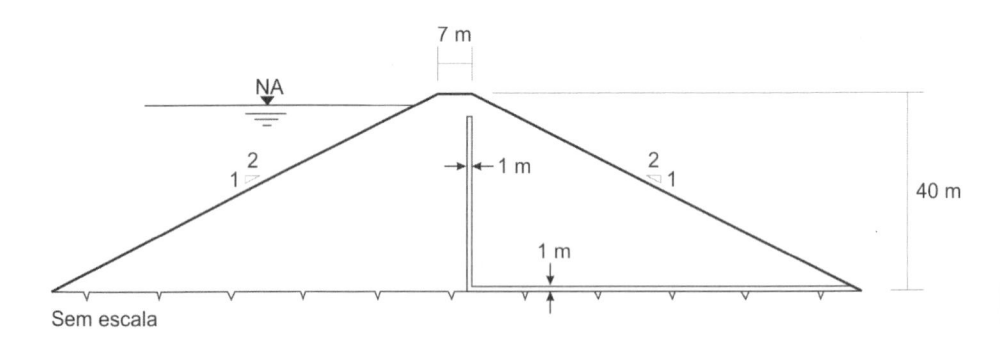

Outros dados: os drenos internos (filtros vertical e horizontal) têm 1 m de espessura e foram projetados para material areia (k=10⁻⁴ cm/s). A vazão pelo maciço compactado é de 5 ℓ/h por m, já majorada com um fator de 10.

a) *O filtro horizontal trabalharia em carga*, pois o gradiente hidráulico é muito pequeno, próximo de zero e, para dar vazão à água percolada, a permeabilidade tem de ser muito grande, a de um pedrisco (k~10^{-2} cm/s a 10^{-1} cm/s). Em outras palavras, o filtro teria de ser do tipo "sanduíche".

Outra resposta: a largura do filtro horizontal (B) é dada por:

$$B = \sqrt{\frac{Q \cdot L}{k_{fb}}} = \sqrt{\frac{(5.10^{-3}/3600) \cdot 80}{10^{-6}}} \cong 10m$$

Isto é, precisaríamos de um filtro com 10 m de espessura para não trabalhar em carga. Com $k_{fb}=10^{-2}$cm/s, ter-se-ia $B = 1$ m.

b) Manifestação do problema: se o filtro trabalhar em carga, a água percolada pelo maciço poderia sair na face de jusante da barragem, o que provocaria o *piping*. Ora, constrói-se o filtro vertical para interceptar o fluxo, evitando essa saída d'água.

6. Prevê-se a construção de uma barragem agrícola, com 8 m de altura máxima, conforme a seção transversal indicada abaixo. Que tipos de problemas você pode antever?

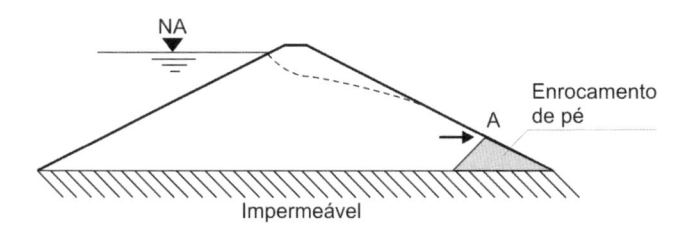

Pelo tipo da drenagem interna, é de se esperar que o fluxo de água saia pela face de jusante ($k_h > k_v$). Uma barragem rural, com fins agrícolas, costuma ser feita sem muitos cuidados quanto à compactação. O cenário está pronto para a ocorrência de *piping* ou erosão tubular regressiva, iniciando num ponto A, o que pode levar à ruptura da barragem.

7. Admitindo ser elevada a perda d'água pela fundação da barragem, indicada na figura abaixo, e preocupado com a formação de areia movediça na saída d'água, um engenheiro sugeriu a remoção do dreno de pé de jusante e a construção de um tapete em continuação ao talude de jusante, o que aumentaria o caminho de percolação e reduziria os gradientes de saída. Comentar.

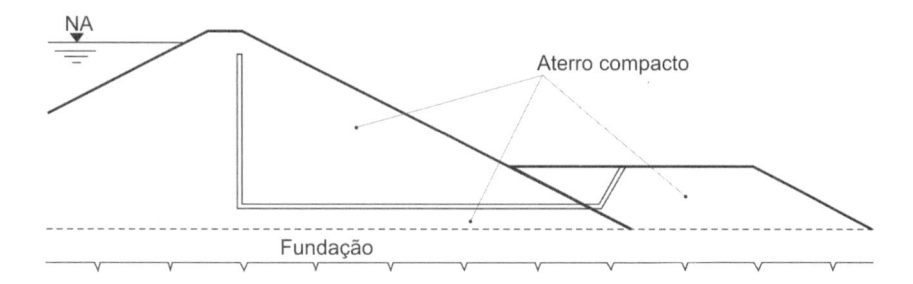

Gradientes altos na saída do fluxo podem levar a fenômenos de areia movediça e *piping*. O engenheiro está transferindo o problema da areia movediça do pé da barragem para o pé da berma. O que ele deveria propor é uma berma com material granular, do tipo "filtro invertido", como está indicado no desenho abaixo, para evitar areia movediça e *piping*.

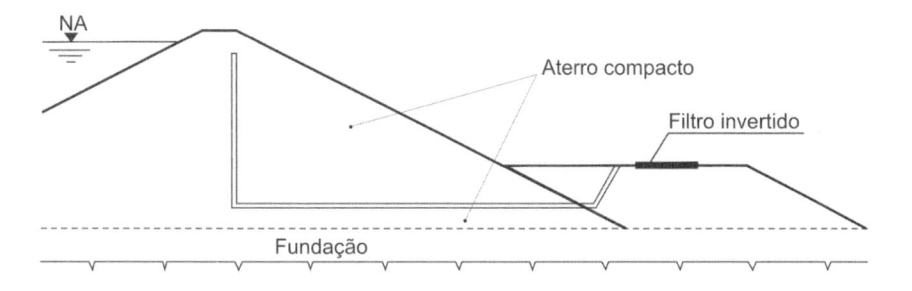

Capítulo 7
Barragens de Terra e Enrocamento

Bibliografia

CEDERGREN, H. *Seepage, Drainage and Flownets*. New York: John Wiley & Sons, 1967.

CRUZ, P. T. *100 Barragens Brasileiras*: casos históricos, materiais de construção e projeto. São Paulo: Oficina de Textos, 1996.

MELLO, V. F. B. de. Acidentes em Barragens. In: CONGRESSO BRASILEIRO DE MECÂNICA DOS SOLOS, 3., 1966, Belo Horizonte. Anais... Belo Horizonte, 1966. p. v-54.

MELLO, V. F. B. de. *Maciços e Obras de Terra*: anotações de apoio às aulas. São Paulo: EPUSP, 1975.

MELLO, V. F. B. de. Reflections on Design Decisions of Practical Significance to Embankment Dams. *Géotéchnique*, Rankine Lecture, 17., v. 27, n. 3, p. 279-355, 1977.

THOMAS, H. H. *The Engineering of Large Dams*. New York: John Wiley & Sons, 1976.

VARGAS, M. *Introdução à Mecânica dos Solos*. São Paulo: McGraw-Hill, 1977.

Capítulo 8

TRATAMENTO DE FUNDAÇÕES DE BARRAGENS

8.1 *Controle de Percolação*

As barragens, sejam elas de terra ou de concreto, são construções artificiais; os materiais que as constituem podem ser especificados e, portanto, conhecidos e controlados pelo projetista. O mesmo não ocorre com o terreno de fundação, que não foi posto por mão humana e sobre o qual tem-se pouco controle. Como regra geral, é necessário conviver com os problemas, sendo permitido, no máximo, submeter as fundações a um tratamento para melhorar as suas características de percolação.

Em geral, o tratamento das fundações significa o controle da percolação. Características como capacidade de suporte e compressibilidade dificilmente podem ser melhoradas. Assim, no caso de uma barragem de concreto, se o terreno de fundação for um maciço rochoso de baixa capacidade de suporte, ou seja, de baixa resistência, de duas uma: ou se aprofunda a cota de apoio, através de escavações, procurando rocha mais resistente; ou, então, muda-se o local de construção da barragem. Outro exemplo refere-se à construção de barragem de terra em locais onde ocorrem solos porosos, lateríticos, e este é o caso em grandes áreas do território nacional; ou argilas moles, frequentes nas várzeas dos rios. Em ambos os casos, defronta-se com a elevada compressibilidade do terreno. Nestes casos, pode-se escavar o solo compressível, total ou parcialmente, e construir a barragem a partir de uma cota mais profunda, ou então conviver com o problema dos recalques. Cita-se, nesse último contexto, a barragem do rio Verde, com pouco mais de 15 m de altura, localizada próxima a Curitiba, em que as argilas aluvionares moles não foram removidas: construíram-se bermas de equilíbrio e foram tomadas algumas medidas para fazer frente aos recalques.

Obras de Terra

8.2 Fundações de Barragens de Terra

Considere-se uma barragem de terra apoiada sobre uma camada de solo permeável. Para reduzir as infiltrações pelas fundações, e suas consequências (perdas d'água; excessos de pressão neutra e gradientes de saída elevados), pode-se valer de dois expedientes:

a) reduzir a permeabilidade das fundações; ou

b) aumentar o caminho de percolação.

O primeiro é o mais eficaz, pois, como se verá, conseguem-se reduções na potência de 10, o que é excelente. O segundo permite reduzir apenas uma fração das perdas d'água, o que pode ser muito pouco, ou uma fração dos gradientes de saída, o que, em geral, é o suficiente.

Os problemas a serem abordados referem-se a casos em que a permeabilidade do solo compactado do aterro (k_{at}) é bem menor do que a da fundação (k_f), como ilustra a Fig. 8.1a. Em uma primeira aproximação, pode-se admitir que só as perdas d'água pelos solos de fundação são significativas. Tudo se passa como se existisse um grande permeâmetro (Fig. 8.1b), representado por ABMN, com o potencial em AB igual a H e, em MN, igual a 0. Dessa forma, o cálculo das perdas d'água (Q_f), por metro de largura da barragem, pode ser feito aplicando-se a Lei de Darcy:

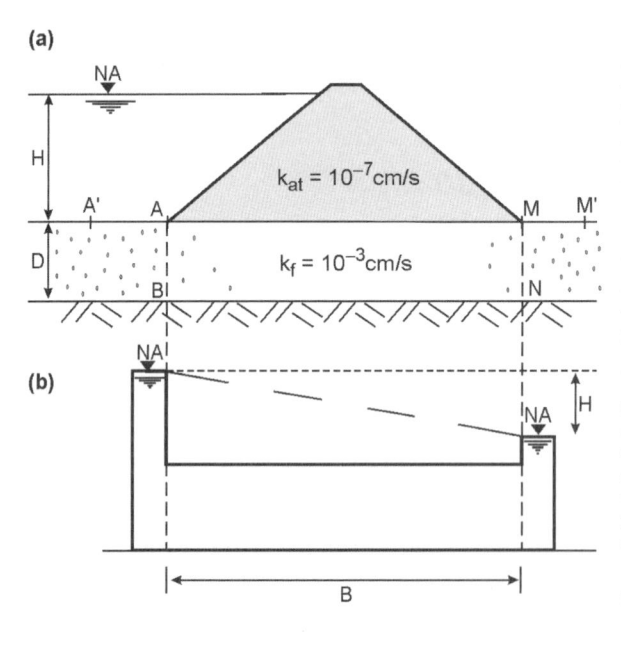

Fig. 8.1
(a) Barragem de terra apoiada sobre terreno muito permeável;
(b) Modelo do permeâmetro.

$$Q_f = k_f \cdot \frac{H}{B} \cdot D \qquad (1)$$

sendo k_f o coeficiente de permeabilidade do solo de fundação; D a sua espessura; H a carga total no talude de montante da barragem; e B a largura da base da barragem.

Essa expressão pode ser melhorada, levando-se em conta que há perdas de carga no trecho que vai de A'A até AB, e MN até MM' (Fig. 8.1a). Essas perdas podem ser incluídas no modelo do permeâmetro, desde que se aumente seu comprimento em *2x0,44D=0,88D*. Dessa forma, chega-se à seguinte expressão, atribuída a Dachler (Marsal et al., 1974):

$$Q_f = k_f \cdot \frac{H}{(B + 0,88 \cdot D)} \cdot D \qquad (2)$$

8.2.1 Trincheira de vedação (escavada e recompactada)

A Fig. 8.2a mostra uma seção de barragem de terra com uma trincheira ou *cut off*. Trata-se de uma escavação, feita no solo de fundação, que é preenchida com solo compactado. É como se o aterro da barragem se prolongasse para baixo, nas fundações.

A Fig. 8.2b, extraída de Cedergren (1967), foi obtida através do traçado de redes de fluxo, como a indicada na Fig. 8.2a, para várias relações d/D, em que d é a profundidade de penetração da trincheira; D a espessura do solo permeável; e Q_f e Q_{fo} são as perdas d'água com e sem a trincheira, respectivamente. Da sua análise, conclui-se que, para uma trincheira com 80% de penetração, a eficiência (E), definida por:

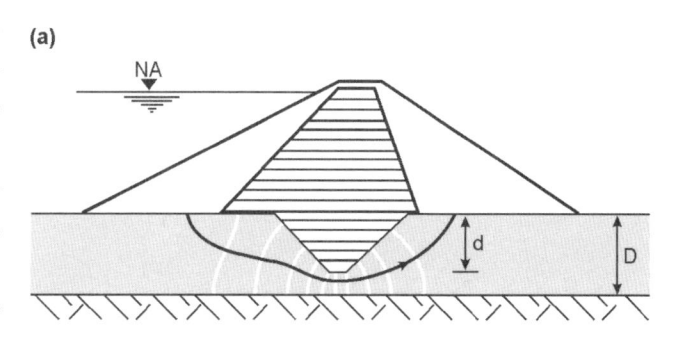

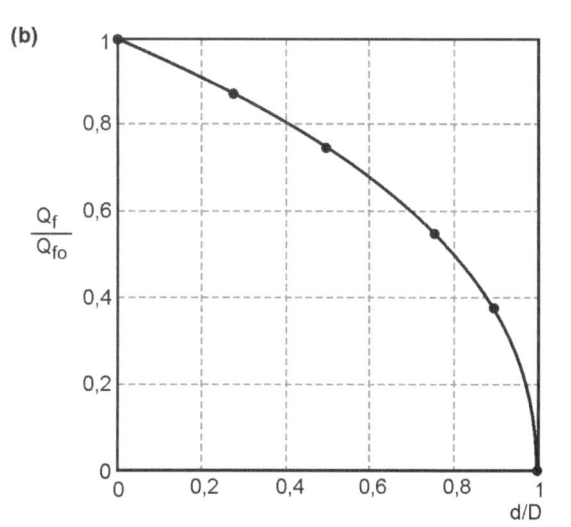

$$E = 1 - \frac{Q_f}{Q_{fo}} \quad (3)$$

Fig. 8.2
(a) Barragem de terra com trincheira de vedação ou cut off; (b) variação das perdas d'água em função da penetração do cut off (Cedergren, 1967)

é de apenas 50%. Para se ter uma redução significativa da vazão, a penetração deve ser de 100%. Não se pode deixar nenhuma brecha para a água escapar. Deve-se sempre lembrar que a água é "pontuda".

No mesmo sentido, pode-se tirar outra conclusão importante: o ideal para o uso de cortinas de vedação é quando a permeabilidade das fundações decresce com a profundidade. Quando, num perfil de subsolo, a permeabilidade aumenta com a profundidade, existindo, subjacentemente, um maciço rochoso muito fraturado, não se deve usar trincheiras de vedação, pois a água escaparia por entre as fendas (Fig. 8.3). Os solos de decomposição de gnaisse, que ocorrem na Serra do Mar, têm essa característica de crescimento da permeabilidade com a profundidade e as rochas subjacentes são muito fraturadas.

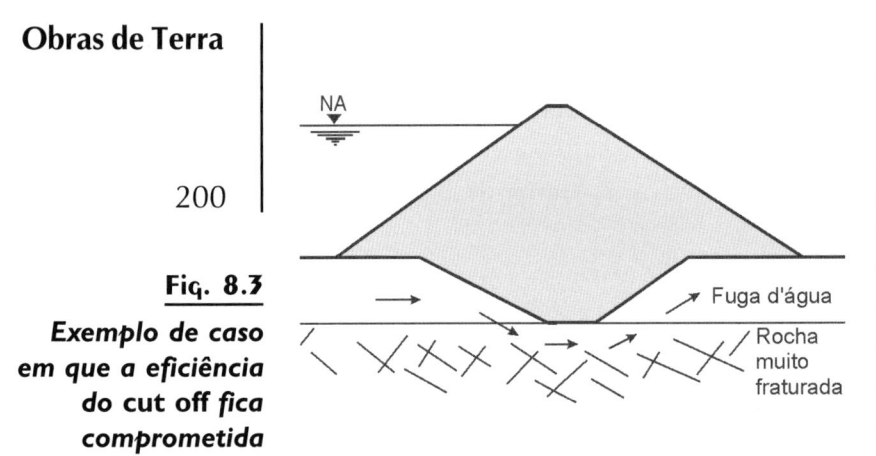

Fig. 8.3
Exemplo de caso em que a eficiência do cut off fica comprometida

Sob o aspecto construtivo, as trincheiras de vedação têm, por vezes, os inconvenientes tanto do rebaixamento do lençol freático, para possibilitar os trabalhos de recompactação, quanto da garantia de estabilidade dos taludes da escavação. Por isso, os custos são elevados e os prazos dilatados.

8.2.2 Cortina de estacas-prancha

Esta solução, muito comum até por volta de 1950, caiu em desuso, e tem um interesse mais histórico-didático. Consistia na cravação de estacas-prancha metálicas, de chapas bastante delgadas e formas variadas, até atingir o substrato impermeável (Fig. 8.4). A instalação era feita de forma que a extremidade de uma estaca já cravada servia de guia para a adjacente: havia um engaste entre elas. A prática mostrou que bastava uma estaca encontrar um obstáculo, uma pedra, no seu caminho para que o engaste fosse desfeito e um "rasgo" surgisse na cortina. Não havia também garantia de estanqueidade nos embutimentos da base e do topo da cortina. Essas imperfeições traduziam-se em aberturas na cortina, por onde a água passava, fazendo com que a eficiência caísse drasticamente. Por exemplo, 8 furos totalizando 1% da área total da cortina reduziam a eficiência para algo em torno de 20%. A água é "pontuda"...

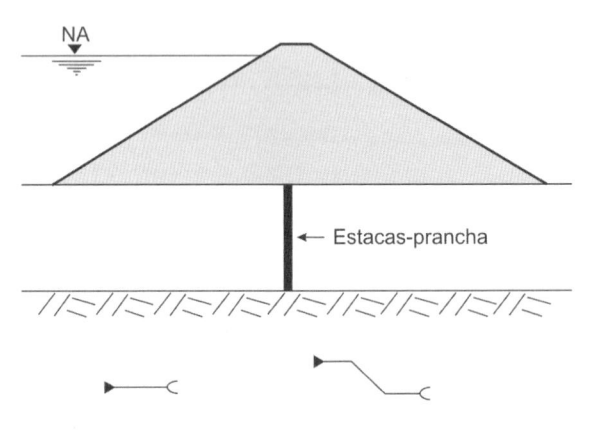

Fig. 8.4
Estacas-prancha, uma solução que caiu em desuso

8.2.3 Diafragmas plásticos e rígidos

Trata-se de uma solução moderna, que consiste na escavação de uma vala estreita ou "ranhura" e seu preenchimento com uma mistura de solo cimento (diafragma plástico) ou com concreto (diafragma rígido), conforme a Fig. 8.5a. A escavação é feita com equipamento mecânico apropriado, até o substrato impermeável, com o uso de lama bentonítica, para manter a estabilidade das paredes da vala. A ferramenta de escavação (*Clam-Shell*) é que dita as dimensões da vala, que é feita em painéis.

É comum trabalhar com painéis de 0,80 m de largura e com comprimentos de alguns (3) metros, que são escavados alternadamente, primeiro os de números pares e, após a cura, os de números ímpares (Fig. 8.5b). Tubos circulares removíveis delimitam um painel durante a execução. Pode-se também escavar os painéis sequencialmente e instalar juntas de vedação entre painéis. Às vezes, é utilizada uma linha de estacas justapostas (secantes) ao invés de diafragma rígido, como mostra a mesma figura.

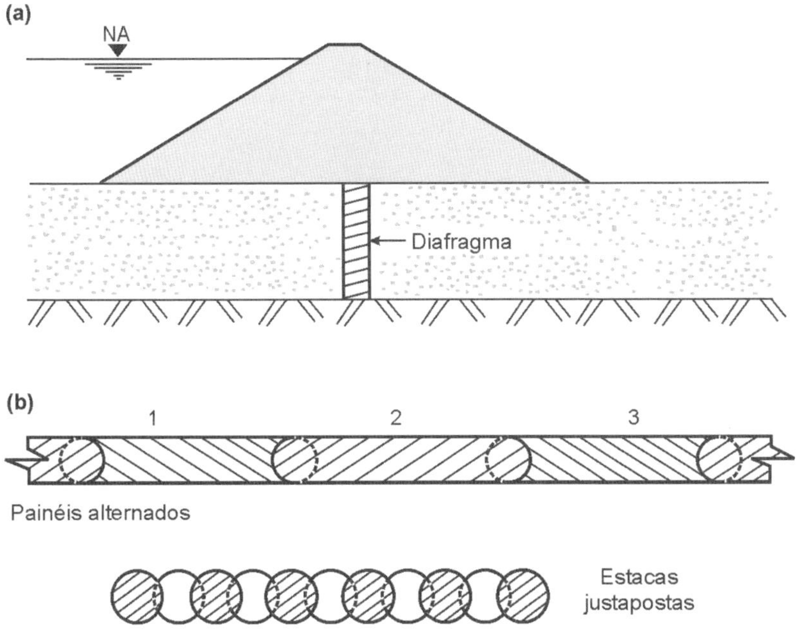

Capítulo 8
Tratamento de Fundações de Barragens

Fig. 8.5
Diafragmas para interceptar o fluxo de água pelas fundações

Os diafragmas plásticos apresentam a vantagem de serem mais deformáveis do que os diafragmas rígidos, que, por recalques diferenciais, podem provocar fissuras ou trincas no contato aterro-topo da parede, pondo a perder a almejada estanqueidade: é como se a parede rígida puncionasse a base do aterro. No entanto, é possível dar um tratamento especial ao aterro na região do contato, por exemplo, colocando argila mais plástica, compactada acima da umidade ótima, para evitar os fissuramentos.

Na Fig. 8.5a, as fundações podem ser encaradas como um permeâmetro com dois solos diferentes: o solo natural, com permeabilidade k_f, e o material do diafragma, com permeabilidade k_d. Tem-se um fluxo em série, no sentido indicado no Cap. 1. Como se viu, o coeficiente de permeabilidade equivalente (k_m) do sistema é a média harmônica entre k_f e k_d, isto é:

$$k_m = \frac{B}{\frac{B-b}{k_f} + \frac{b}{k_d}} \qquad (4)$$

Obras de Terra

onde b é a largura do diafragma. Logo, a vazão ou perda d'água pelas fundações, após tratamento, será:

$$Q_f = k_m \cdot \frac{H}{B} \cdot D \qquad (5)$$

Substituindo-se (4) em (5) resulta, após algumas transformações:

$$Q_f = \frac{k_f \cdot H \cdot D}{0{,}88 \cdot D + B + b \cdot \left(\dfrac{k_f}{k_d} - 1\right)} \qquad (6)$$

que é a fórmula de Ambrasseys (Marsal et al., 1974). Note-se que se incluiu a parcela $0{,}88D$ de Dachler.

Analisando-se o denominador da expressão (6), percebe-se que a distância de percolação $0{,}88D+B$ foi aumentada de $(k_f/k_d-1).b$. Considere-se a seção de barragem com 40 m de altura, $B = 220$ m, apoiada sobre as areias aluvionares com 20 m de espessura (D) e $k_f = 10^{-3}$ cm/s (Fig. 8.6). A distância de percolação vale:

$$0{,}88 \times 20 + 220 = 238\,\text{m}$$

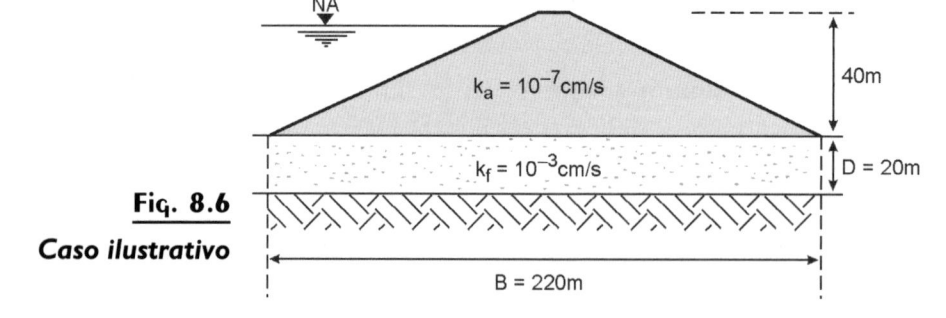

Fig. 8.6
Caso ilustrativo

Se, ademais, fosse feito um tratamento com diafragma plástico, com $k_d = 10^{-7}$ cm/s e $b = 1$ m, ter-se-ia uma distância de percolação média de:

$$0{,}88 \times 20 + 220 + 1 \times \left(\frac{10^{-5}}{10^{-9}} - 1\right) \cong 10.238\,\text{m}$$

Ou seja, uma redução das perdas d'água de cerca de 40 vezes. A eficiência, dada pela expressão (3), seria de:

$$E = 1 - \frac{238}{10.238} \cong 98\%$$

Para $k_d = 10^{-8}$ cm/s, a redução seria de 400 vezes e a eficiência, de 99,8%.

8.2.4 Tapetes "impermeáveis" de montante

São um prolongamento da barragem de terra para montante (Fig. 8.7), com o objetivo de aumentar o caminho de percolação. Com isto consegue-se:

a) aliviar as pressões neutras a jusante da barragem;
b) diminuir os gradientes de saída, efeito também alcançado pelas soluções anteriores, mas a um custo bem mais elevado;
c) reduzir a vazão ou perda d'água, mas de forma bem menos eficiente que as soluções anteriores.

A forma de suas seções transversais podem ser retangulares ou triangulares e apresentam interesse quando a topografia é plana, podendo ser encarados como um bota-fora privilegiado para solos argilosos, de baixa permeabilidade.

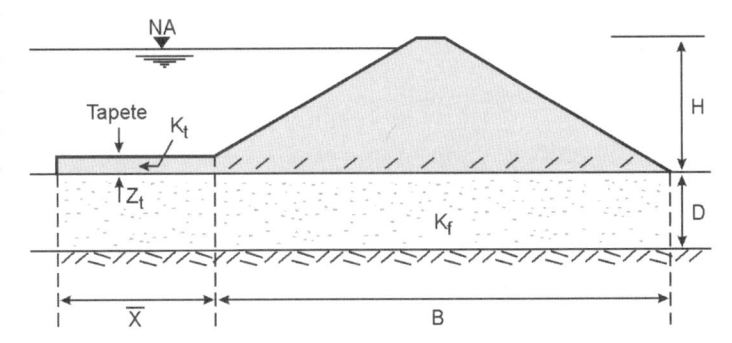

Fig. 8.7
Barragem de terra com tapete impermeável de montante

Redução dos gradientes de saída

À medida que se torna mais longo o caminho de percolação, o número de quedas de potencial aumenta e, consequentemente, os gradientes diminuem.

Como se sabe da Mecânica dos Solos (Sousa Pinto, 2000), quando o fluxo de água é ascendente, como na saída d'água, junto ao pé de uma barragem de terra apoiada sobre solos arenosos (Fig. 8.8), pode acontecer o fenômeno de areia movediça (*sand boil*). Para tanto, a condição teórica é que o gradiente atinja o valor crítico 1. Na prática, valores de 0,5 a 0,8 já são considerados elevados e prenunciadores da areia movediça. Em circunstâncias como esta, pode-se recorrer aos tapetes

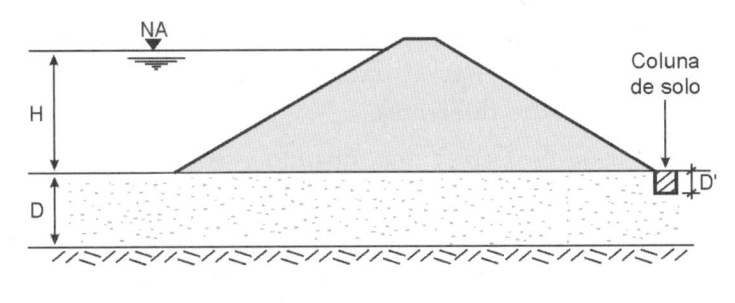

Fig. 8.8
Coluna de solo, junto ao pé de jusante de barragem de terra, na saída d'água

"impermeáveis" de montante, com comprimentos que reduzam os gradientes de saída a valores inferiores a 0,4 ou 0,5; portanto, com coeficiente de segurança (F) de 2 a 2,5, se se pensar no valor crítico de 1. Isso equivale a uma redução de 50% apenas, na medida certa para os tapetes "impermeáveis" de montante.

Casos como os da Fig. 8.9a, em que a camada de areia não aflora a jusante, são tratados de forma semelhante, porque a pressão neutra, na base da camada de solo superficial, de baixa permeabilidade, pode provocar um levantamento do solo (*blow out*), expondo a areia, e levá-la, em última instância, ao *piping*.

Esses problemas comportam uma abordagem matemática simples. Considere-se uma coluna de solo de espessura D' e área de seção transversal igual a S, junto à saída d'água (Fig. 8.8). Define-se o coeficiente de segurança contra o fenômeno de areia movediça ou o levantamento do solo (*blow out*) pela relação entre o peso submerso da coluna de solo e a força de percolação, isto é:

$$F = \frac{\gamma_{sub} \cdot D' \cdot S}{\gamma_o \cdot i \cdot D' \cdot S} = \frac{\gamma_{sub}}{\gamma_o \cdot i} \qquad (7)$$

Por outro lado,

$$i = \frac{h_t}{D'} \qquad (8)$$

onde h_t é a carga total na base da coluna de solo. Assim, o máximo valor que essa carga pode assumir, com um coeficiente de segurança F, é dado por:

$$h_t = \frac{\gamma_{sub} \cdot D'}{\gamma_o \cdot F} \qquad (9)$$

Redução das perdas d'água

Para determinar a redução das perdas d'água, é necessário o traçado de rede de fluxo, em geral trabalhosa, pois intervêm vários materiais, com permeabilidades diferentes.

Viu-se no Cap. 1 que, quando o solo de fundação é 100 vezes mais permeável que o solo do tapete, pode-se simplificar o problema, admitindo que as fundações funcionam como um permeâmetro, com comprimento igual a $B+x_r$. Note-se que B é a largura da base da barragem e x_r o comprimento do tapete, se ele fosse totalmente impermeável.

Dessa forma, as perdas de água podem ser estimadas pela expressão:

$$Q_f = k_f \cdot \frac{H}{\left(0{,}88 \cdot D + B + x_r\right)} \cdot D \tag{10}$$

Viu-se também que x_r é dado por:

$$x_r = \frac{tgh\left(a \cdot \bar{x}\right)}{a} \tag{11}$$

com:

$$a = \sqrt{\frac{k_t}{k_f \cdot z_t \cdot z_f}} \tag{12}$$

onde k_t e z_t são respectivamente, a permeabilidade e a espessura do tapete, suposto retangular, e $\bar{x}$, o seu comprimento real.

Os ábacos desenvolvidos por Bennett (1946) possibilitam otimizar as soluções com rapidez.

Atente-se para os fatos que seguem.

a) Quando $\bar{x} \to \infty$ (tapetes infinitos), tem-se $tgh(a \cdot \bar{x}) \to 1$. Assim, pela expressão (11):

$$x_r = \frac{1}{a} \tag{13}$$

b) Quando

$$a \cdot \bar{x} = \sqrt{2} \quad \text{segue que} \quad x_r \cong \frac{0{,}9}{a} \cong \frac{1}{a} \tag{14-a}$$

Comparando-se as expressões (13) e (14-a), conclui-se que o tapete atingiu, neste ponto, o máximo de sua eficiência em termos práticos. Nessa condição, o seu comprimento $\bar{x}$ é denominado "ótimo". Tem-se ainda:

$$x_r = 0{,}63 \cdot \bar{x} \tag{14-b}$$

Fisicamente, isso acontece porque quanto maior o comprimento do tapete, mais água percola através dele.

c) Para $a \cdot \bar{x} \leqslant 0{,}4$ ou, fisicamente, quando o tapete é muito pouco permeável, tem-se, aproximadamente:

$$x_r \cong \frac{1}{a} \cdot (a \cdot \bar{x}) = \bar{x} \tag{15}$$

o que já era esperado, pois passaria pouca água pelo tapete, que poderia ser tomado como impermeável de fato.

Note-se que, ao contrário das soluções anteriores, *cut off* e diafragmas, a redução nas perdas d'água é bem menor, da ordem de 50 a 80%, pois joga-se com distâncias de percolação, e não com permeabilidades. De fato, retomando-se o caso da barragem da Fig. 8.6, suponha-se que seja construído um tapete impermeável de montante, com $k_t = 10^{-7}$ cm/s e 1 m de espessura. Tem-se, pois:

$$a = \sqrt{\frac{10^{-7}}{10^{-3} \cdot 20 \cdot 1}} = \frac{1}{447\,\text{m}}$$

O seu comprimento "ótimo" é dado pela primeira expressão de (14-a), isto é:

$$\bar{x} = \frac{\sqrt{2}}{a} = 632\,\text{m}$$

e, pela expressão (14-b):

$$x_r = 0{,}63 \cdot \bar{x} \cong 400\,\text{m}$$

Logo, o caminho de percolação passará de 238 m para:

$$0{,}88 \times 20 + 220 + 400 = 638\,\text{m}$$

apenas. Isto equivale a uma eficiência da ordem de (expressão 3):

$$E = 1 - \frac{238}{638} \cong 60\%$$

Do ponto de vista executivo, os tapetes podem ser compactados da mesma forma que o aterro da barragem. Mas já houve caso em que os tapetes foram construídos após o enchimento do reservatório, com os solos lançados através de barcaças com fundo móvel.

Finalmente, há que se preocupar com a eventualidade de trincas no contato "tapete-pé de montante das barragens", pois os solos de fundação podem recalcar diferencialmente, sob diferentes pressões (do tapete e da barragem). Trincas nesse contato anulariam a função do tapete. De novo, porque a água é "pontuda"...

Capítulo 8
Tratamento de Fundações de Barragens

207

8.2.5 Poços de alívio

Trata-se de poços abertos e preenchidos com material granular, mais permeável do que o solo de fundação, com o objetivo de controlar a saída d'água (ver as Figs. 8.9a e 8.9b). Com essa solução, intercepta-se o fluxo de água, impedindo a sua saída na vertical e de forma ascendente, junto ao pé do talude de jusante, que pode levar ao fenômeno da areia movediça (*sand boil*) ou ao levantamento do solo (*blow out*).

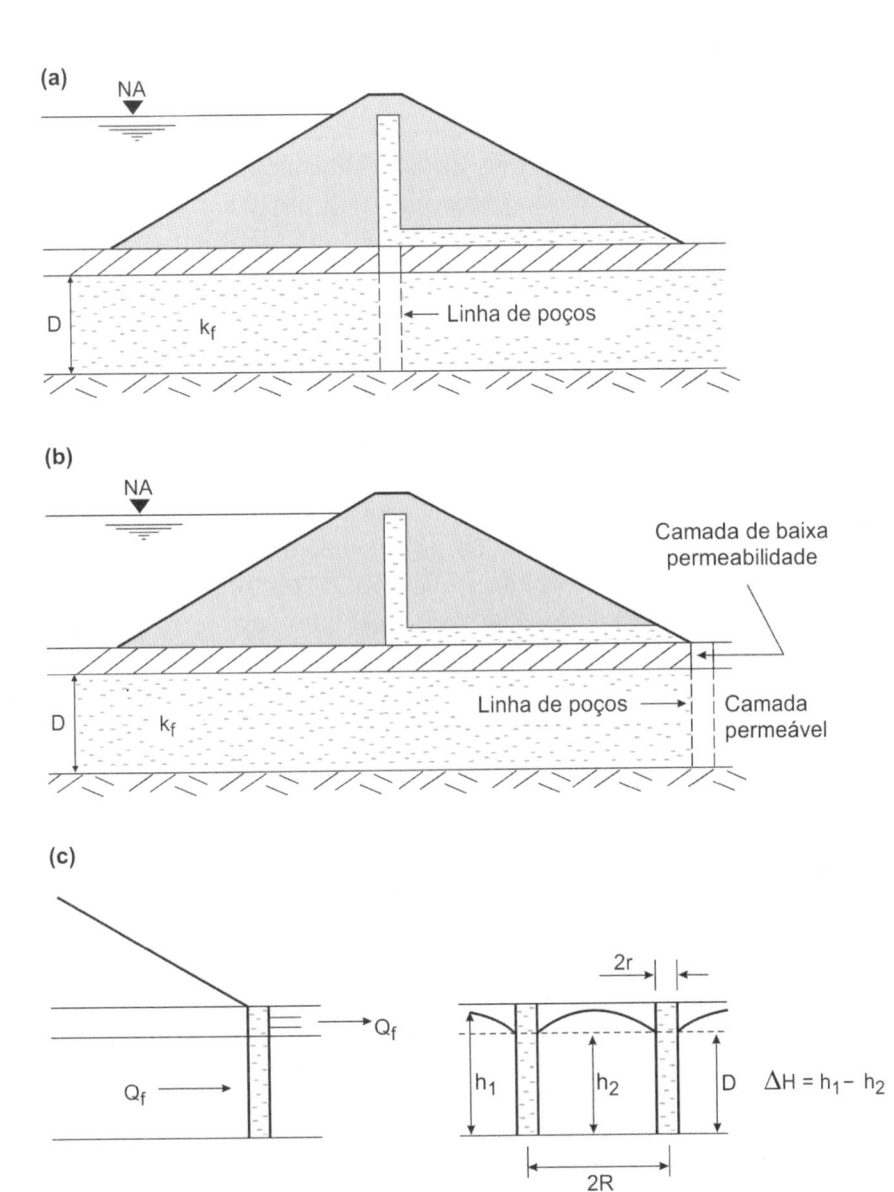

Fig. 8.9
Poços de alívio para o controle da saída d'água, a jusante

Obras de Terra

Costuma-se trabalhar com diâmetros de 20 a 50 cm e espaçamentos, entre centros de poços, de 2 a 4 m, com profundidades de penetração que podem ser totais, quando se atinge o máximo de eficiência, ou parciais. Às vezes, são instalados na parte central das fundações (Fig. 8.9a), quando os trabalhos são iniciados antes do aterro compactado; ou numa linha de jusante (Fig. 8.9b), quando podem ser construídos até com a barragem em operação.

Já aconteceu de se observarem, logo após o primeiro enchimento, sinais de areia movediça junto ao pé de jusante de barragens. Nessa circunstância, o nível d'água do reservatório é rebaixado, e os gradientes sofrem redução em proporção direta à carga d'água (H), como se viu no Cap. 1. Com isso ganha-se tempo para a construção de uma linha de poços de alívio a jusante da barragem.

Existem teorias aproximadas que possibilitam estabelecer *a priori* os parâmetros de projeto, isto é, o diâmetro, a distância entre poços e a sua profundidade. Elas devem ser usadas com cautela, pois, como regra geral, os solos de fundação são muito heterogêneos, com distribuição errática, apresentando uma grande dispersão em termos de permeabilidade.

Uma dessas teorias, devida a Cedergren (1967), parte da solução do fluxo de água para um poço (Cap. 2). Considera uma captação de água apenas pela metade do perímetro do poço, água essa proveniente das fundações da barragem (Fig. 8.9c). Designando-se por Q_f a perda d'água pelas fundações, numa largura igual à distância entre poços, e admitindo-se que ela é absorvida totalmente pelos poços, tem-se:

$$Q_f = \frac{\pi \cdot k \cdot D \cdot \Delta H}{ln(R/r)} \qquad (16)$$

onde R corresponde à metade da distância entre poços; r é o raio de um poço; e ΔH é a carga total, que faz as vezes de h_t, da expressão (9), e pode levar ao fenômeno da areia movediça ou ao levantamento do solo (*blow out*). Fixa-se um valor de ΔH aceitável, com um certo coeficiente de segurança e por meio da expressão (16), estimam-se, de forma iterativa, os valores do diâmetro ($2r$) e da distância entre poços ($2R$), pois conhece-se a perda d'água pelas fundações.

Uma alternativa a cálculos teóricos como esses é adotar parâmetros para o projeto, com base em experiência anterior, e observar o comportamento da obra, intercalando novos poços de alívio, se e onde eles forem necessários.

8.2.6 Filtros invertidos

Existe um princípio básico no projeto de barragens de terra de se empregarem materiais impermeáveis a montante, tais como na formação dos tapetes "impermeáveis" de montante; e materiais permeáveis a jusante, como na construção do filtro horizontal e do filtro invertido, que se passa a descrever.

Trata-se de uma berma de material granular, colocada junto ao pé de jusante de uma barragem de terra (Fig. 8.10), e visa combater o fenômeno da areia movediça (*sand boil*) ou o levantamento do solo (*blow out*). O princípio é simples: o material granular é, a um só tempo, pesado e permeável.

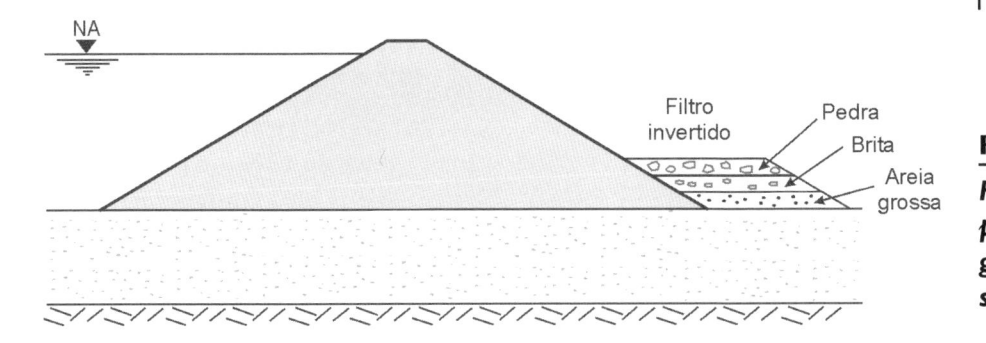

Capítulo 8
Tratamento de Fundações de Barragens

Fig. 8.10
Filtro invertido para controle de gradientes de saída.

a) Por ser pesado, o filtro impede a "perda de peso" da coluna de solo de fundação, Fig. 8.8, que está na essência do fenômeno de areia movediça. Ou, por outra, há um aumento do numerador da expressão (9), de um valor correspondente ao peso do filtro, o que melhora a segurança contra o fenômeno da areia movediça (*sand boil*) ou o "levantamento do solo" (*blow out*).

b) Por ser permeável, o filtro deixa a água passar. É composto de várias camadas, dispostas de forma que o material de uma das camadas deve ser "filtro" da camada subjacente, no sentido do critério de filtro de Terzaghi, visto no Cap. 7. Essa disposição do material mais fino na base e do mais grosso no topo, é que está na origem do nome "filtro invertido".

Também é uma solução que pode ser adotada após o primeiro enchimento, se se fizer necessária, e pode ser usada em combinação com os tapetes "impermeáveis" de montante ou os poços de alívio.

8.3 *Fundações de Barragens de Concreto: Injeções e Drenagem*

No caso de barragem de concreto, o maciço de fundação é rochoso, com fraturas e descontinuidades, por onde a água percola, podendo gerar subpressões ou perdas d'água excessivas.

A primeira forma de tratamento do maciço rochoso consiste numa consolidação superficial (Fig. 8.11), no contato concreto-rocha, por injeções de calda ou nata de cimento e, às vezes, com chumbamentos de armação e protensões. Seu objetivo é

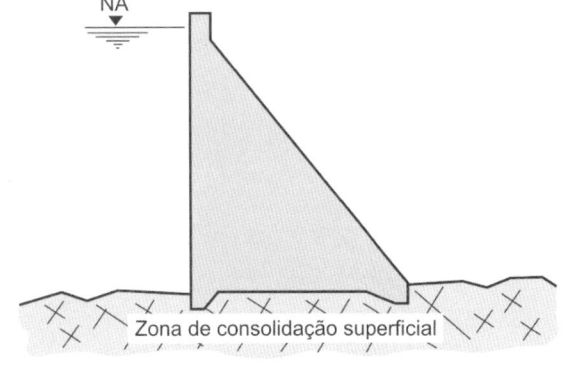

Fig. 8.11
Consolidação superficial do topo rochoso de fundações de barragens de concreto

Obras de Terra

vedar as fendas maiores e introduzir alguma melhoria na deformabilidade do maciço rochoso. É quando se faz a limpeza das fundações com jateamento de água e ar.

As outras duas formas de tratamento de fundação envolvem o maciço rochoso a profundidades maiores e visam controlar a percolação de água. São as injeções e as drenagens, aplicáveis a casos como o da barragem de concreto massa, esquematizada nas Figs. 8.12 e 8.13.

Fig. 8.12
Fundações de barragem de concreto massa: Injeções de nata de cimento

a) As injeções de calda ou nata de cimento são feitas em furos de sondagem rotativa. Envolvem, frequentemente, três ou mais linhas de furos (Fig. 8.12), formando uma "cortina" que, segundo Mello (1975), tem a função mais de preencher as fissuras maiores e "homogenizar" o maciço do que ser totalmente estanque.

Por não ser possível garantir a estanqueidade, há certos autores que descartam esse tipo de solução. É no horizonte superior que mais se necessita das injeções, daí a razão de se injetar em várias linhas curtas e algumas linhas centrais, mais profundas.

b) A drenagem, também executada a partir de linhas de furos feitos na rocha, tem o objetivo único de aliviar as subpressões. A Fig. 8.13 mostra, de forma esquemática, diagramas de subpressões antes e após a drenagem.

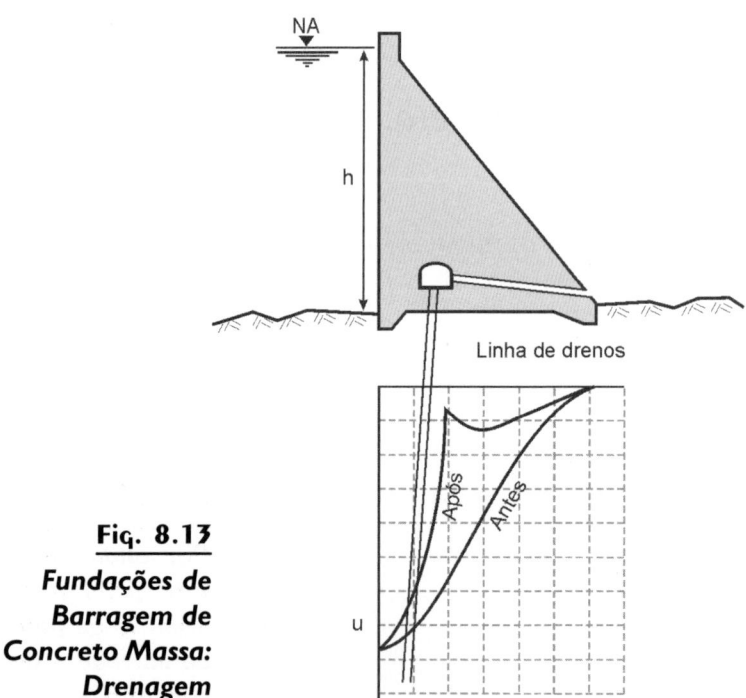

Como regra geral, pode-se estabelecer que (Mello, 1975):

a) para terrenos pouco permeáveis, em que as injeções são difíceis, o problema maior está nas subpressões. Assim, é recomendável drenar;

Fig. 8.13
Fundações de Barragem de Concreto Massa: Drenagem

b) no outro extremo, quando o maciço rochoso é muito fraturado e permeável, a drenagem é eficaz, mas com injeções, necessárias para evitar o risco de erosão interna, para minimizar as perdas d'água e evitar a saturação dos drenos;

c) para terrenos mais ou menos permeáveis, situação intermediária entre as duas anteriores, recomendam-se os drenos e, eventualmente, cortinas de injeção bastante espaçadas.

Em resumo, drenar é preciso, injetar... depende!

Do ponto de vista executivo, as linhas de injeção e drenagem são instaladas antes da construção da barragem de concreto. No entanto, essas barragens costumam ter uma galeria interna de inspeção, de onde é possível, por exemplo, intercalar furos de sondagens rotativas, para melhorar o desempenho da drenagem, ou para substituir drenos, no caso de haver colmatação. É necessário um acompanhamento das leituras de piezômetros, situados na base da barragem, para avaliar o desempenho da drenagem.

No que se refere às injeções, a eficiência depende das pressões aplicadas e da abertura das fendas. E é aqui que intervém o ensaio de perda d'água, abordado no Cap. 2. Esse ensaio permite uma avaliação da permeabilidade e da injetabilidade do maciço rochoso, pois fornece indicações quanto à abertura das fendas e ao tipo de regime de escoamento de água (se as fendas estão preenchidas ou não, se elas se abrem elasticamente ou irreversivelmente etc.).

Só se podem usar baixas pressões (200 a 300kPa) se as fendas forem bastante abertas, pois, do contrário, as injeções seriam ineficientes. Pressões módicas abrem as fendas, porém elasticamente. Pressões altas (3.000 a 4.000kPa) podem provocar aberturas irreversíveis das fendas, o que pode piorar o estado do maciço rochoso, principalmente se houver retração da calda de cimento, ao endurecer. A fixação das pressões depende de uma interpretação dos ensaios de perda d'água, em várias profundidades, e de um conhecimento geológico-geotécnico aprofundado, tais como abertura das fendas, orientação das fraturas e descontinuidades, inclusive do ponto de vista "estrutural", isto é, das tensões naturais no maciço rochoso.

Para fixar ideias, fendas finas, entre 0,2 e 0,3 mm, só podem ser injetadas com a aplicação de pressões muito elevadas e a eficiência da injeção será sempre baixa. O ideal, para se obter máxima eficiência, é trabalhar com fendas de 0,8 mm ou mais, que absorvem 100 Lugeons (1.000 l/min por m de trecho ensaiado, sob pressão de 1.000kPa) no ensaio de perda d'água. Sobre o assunto veja-se Botelho (1966) e Sabarly (1971).

Finalmente, o ideal é poder injetar caldas relativamente grossas (fator água-cimento inferior a 2) e penetrar em distâncias superiores a 2 a 3 m, sem usar pressões elevadas.

8.4 *Fundações de Barragens de Terra--Enrocamento*

Para as fundações de barragens de terra-enrocamento, pode-se valer de algumas das soluções vistas acima, quando se tratou das barragens de terra e de concreto massa.

Capítulo 8
Tratamento de Fundações de Barragens

Obras de Terra

Por exemplo, se as barragens de terra-enrocamento apoiam-se em maciços terrosos, podem-se empregar os *cut off* ou os diafragmas para reduzir as perdas d'água pelas fundações. Se, ao contrário, as fundações compreendem maciços rochosos fissurados, pode-se lançar mão das injeções de nata de cimento, na tentativa de minimizar essas perdas d'água.

Capítulo 8
Tratamento de Fundações
de Barragens

Questões para pensar

1. O que vem a ser "tratamento de fundação" de uma barragem? Existem situações de exclusão, isto é, que não podem ser objeto de tratamento? Exemplifique.

As fundações de uma barragem podem apresentar três tipos de problemas: a) de percolação de água (perdas d'água, subpressões e gradientes de saída excessivos); b) baixa capacidade de suporte (ou baixa resistência); e c) elevada compressibilidade. Frente aos dois últimos problemas, em geral pouco se pode fazer, a não ser remover o material de baixa resistência ou elevada compressibilidade, ou mudar o local de construção da barragem; são as situações de exclusão. Resta, assim, o problema da percolação de água, que pode ser tratado de diversas formas, como, por exemplo, para barragens de terra, construindo tapetes "impermeáveis de montante, "cortinas de vedação; diafragmas plásticos; poços de alívio etc.

2. Uma barragem de terra homogênea foi apoiada sobre areias aluvionares. Durante o primeiro enchimento notou-se o fenômeno de areia movediça. Em que parte da barragem este fenômeno acontece? Quais as suas causas? Que medidas você tomaria de imediato? E a longo prazo? Justifique sua resposta.

O fenômeno de areia movediça ocorre na saída do fluxo d'água, no pé de jusante da barragem. A água percolada pelas fundações (areias aluvionares) sai num fluxo ascendente e pode gerar gradientes elevados, que anulam a ação da gravidade: a areia "perde peso". Teoricamente, o gradiente crítico é da ordem de 1. De imediato, mandaria parar o enchimento do reservatório da barragem e até reduzir o seu nível d'água, com o que o gradiente de saída diminuiria proporcionalmente. A longo prazo pode-se pensar em construir um filtro invertido ou uma linha de poços de alívio, ambos ao pé da barragem.

3. As fundações de uma barragem são muito permeáveis. A barragem deve ser projetada de forma a reduzir drasticamente perdas de água pelas fundações, a qualquer custo. Que solução você adotaria? Quais são as condições necessárias de subsolo para que ela funcione? Justifique a sua resposta.

Para reduzir drasticamente as perdas d'água, com eficiência em torno dos 98%, por exemplo, é necessário construir um *cut off* (trincheira de vedação) ou uma parede diafragma (por exemplo, plástica, isto é, de solo-cimento), com penetração total. Assim, a eficiência da solução é garantida pelo fato de se substituir um solo muito permeável (areia aluvionar) por outro material, muito menos permeável.

Qualquer uma dessas soluções deve ter penetração total, isto é, atingir o substrato inferior, que tem de ser pouco permeável (e esta é a condição do subsolo), pois, do contrário, o fluxo escaparia por baixo do *cut off* ou do diafragma ("a água é pontuda", passa por qualquer abertura, por menor que seja), inviabilizando a solução adotada.

4. As fundações de uma barragem são muito permeáveis. A preocupação do projetista é reduzir o gradiente de saída pelas fundações a um custo baixo: não há folgas no orçamento da obra. Que solução você adotaria? Que parâmetros são necessários para o projeto? Justifique a sua resposta.

Adotaria tapetes "impermeáveis" de montante, que são um prolongamento da Barragem de Terra para montante, com o objetivo de aumentar o caminho de percolação. Com essa solução, consegue-se diminuir os gradientes de saída, a um custo baixo.

Para o projeto, são necessários os seguintes parâmetros: coeficientes de permeabilidade e espessuras do solo do tapete e do solo de fundação; e as dimensões da barragem e carga total.

5. Considere o caso específico de uma barragem de terra "homogêna", apoiada sobre 12 m de areia aluvionar, sobrejacente à camada de argila siltosa dura, muito pouco permeável. Indique uma solução para cada um dos seguintes problemas, justificando a sua resposta.

1º Reduzir drasticamente as perdas d'água pelas fundações, de modo a se ter uma eficiência maior de 98%.

2º Reduzir as perdas d'água pelas fundações, de modo a se ter uma eficiência superior a 50%.

Para o 1º problema, deve-se usar uma trincheira de vedação, de penetração total, construída com argila compactada, ou um diafragma rígido (de concreto) ou plástico (de solo-cimento), até o topo da argila siltosa, dura. A eficiência da solução é garantida pelo fato de se substituir um solo muito permeável (areia aluvionar) por outro material, muito menos permeável. Essas soluções implicam alterar a permeabilidade (k), donde a sua elevada eficiência. ($Q = k.i.A$).

Para o 2º problema, pode-se lançar mão de tapetes "impermeáveis" de montante, que, por aumentarem o caminho de percolação (L), reduzem um pouco a vazão:

$$Q = k.i.A = k.\frac{\Delta H}{L}.A.$$

6. Explique o que é e como funciona um tapete "impermeável" de montante. É verdade que quanto mais extenso for um tapete, maior é a sua eficiência? Justifique a sua resposta.

Um tapete "impermeável" de montante é um prolongamento da barragem para montante. Pode ser construído com o mesmo solo usado no corpo da barragem ou outro solo de baixa permeabilidade. A sua função é aumentar o caminho de percolação, reduzindo as perdas d'água pela fundação e o gradiente de saída.

Pelo fato de ser permeável, existe um comprimento, dito ótimo, acima do qual a sua eficiência praticamente não aumenta.

7. a) O que é um *cut off* (trincheira de vedação) e como funciona? **b)** Indique para que tipo de fundação ele é apropriado. **c)** Compare o seu funcionamento com o de uma parede diafragma. Que vantagens e desvantagens existem entre usar o *cut off* ou uma parede diafragma? **d)** Idem entre um *cut off* e um tapete "impermeável" de montante.

a) *Cut off* é uma escavação feita no solo permeável de fundação, que é preenchida com solo compactado. É como se o aterro da barragem se prolongasse para baixo, nas fundações. O *cut off* funciona como um septo bem menos permeável do que o solo de fundação, dificultando o fluxo da água e, portanto, reduzindo significativamente as perdas d'água pelas fundações.

b) Ele é apropriado para casos em que a permeabilidade das fundações decresce com a profundidade. Para uma redução significativa da vazão, a penetração deve ser de 100%. Não se pode deixar nenhuma brecha para a água escapar: deve-se sempre lembrar que a água é "pontuda". Por exemplo, com um maciço rochoso muito fraturado não se deve usar trincheiras de vedação, pois a água escaparia por entre as fendas.

c) A parede diafragma consiste na escavação de uma vala estreita ou "ranhura" e seu preenchimento com uma mistura de solo cimento (Diafragma Plástico) ou com concreto (Diafragma Rígido). Portanto, tem um funcionamento semelhante ao das trincheiras de vedação: trata-se também de um septo bem menos permeável do que o solo de fundação. As trincheiras de vedação carregam consigo, por vezes, os inconvenientes tanto do rebaixamento do lençol freático, para possibilitar os trabalhos de recompactação, quanto da garantia de estabilidade dos taludes da escavação. Por isso, os custos podem ser elevados e os prazos, dilatados. As paredes-diafragma requerem equipamentos especiais e pessoal especializado para a sua execução, o que encarece as obras; no entanto, podem ser construídas em prazos mais curtos.

d) Os tapetes "impermeáveis" são um prolongamento da Barragem de Terra para montante, com o objetivo de aumentar o caminho de percolação. Com essa solução consegue-se: aliviar as pressões neutras a jusante da barragem; diminuir os gradientes de saída, efeitos também alcançados pelos *cut offs*, mas a um custo bem mais elevado; e reduzir a vazão ou perda d'água, mas de forma bem menos eficiente do que com os *cut offs*. O uso dos *cut offs* implica alterar o k do solo de fundação, o que tem um efeito muitíssimo maior do que simplesmente aumentar o caminho de percolação, que é o objetivo dos tapetes "impermeáveis" de montante.

8. O que vem a ser um filtro invertido? Qual a sua finalidade? E por que tem esse nome?

Ver a resposta na seção 8.2.6 do Cap. 8.

Capítulo 8
Tratamento de Fundações de Barragens

Obras de Terra

9. Uma barragem de concreto tipo gravidade, com 50 m de altura máxima, deverá apoiar-se sobre rocha que se apresenta alterada a muito alterada, com baixa resistência nos primeiros 3 m, tornando-se em seguida praticamente sã, mas com muitas fissuras. Que problemas você antevê para a construção da barragem? Como resolvê-los?

São dois os problemas.

Os 3 m de rocha alterada, de baixa resistência, não têm a capacidade de suportar o peso da barragem (problema de estabilidade); devem ser removidos e apoiar a barragem em rocha sã.

Abaixo dos 3 m, a rocha é sã, mas muito fraturada. Logo, haverá um fluxo de água sob a barragem, com as seguintes consequências: subpressão na base da barragem e perda d'água. Neste caso, pode-se tratar as fundações com: a) drenagem (para reduzir as subpressões); e b) injeções de nata de cimento, para homogenizar o maciço e reduzir um pouco a perda d'água.

Finalmente, na cota -3 m deve-se promover uma consolidação superficial do maciço, com nata de cimento e concreto.

Uma outra possibilidade é investigar a existência de outro local, mais favorável em termos de fundação.

Bibliografia

BENNETT, P. T. The Effects of Blankets on Seepage Trough Pervious Foundation. *ASCE Transactions*, v. 111, p. 215 e s., 1946.

BOTELHO, H. C. Tentativa de Solução de Alguns problemas de Injeção de Cimento em Rocha. In: CONGRESSO BRASILEIRO DE MECÂNICA DOS SOLOS, 3., 1966, Belo Horizonte. *Anais...* Belo Horizonte, 1966. v. 1, p. v-1 – v-22.

CEDERGREN, H. R. *Seepage, Drainage and Flownets*. New York: John Wiley & Sons, 1967.

MARSAL, R. J.; ROSÉNDIZ, D. Effectiveness of Cut offs in Earth Foundations and Abutments of Dams. In: PAN-AMERICAN CONFERENCE OF SOIL MECHANICS AND FOUNDATION ENGINEERING, 4., 1974, Porto Rico. *Proceedings...* Porto Rico, 1974. v. 1, p. 237-312.

MASSAD, F. Limites Superior e Inferior de Parâmetros de Projeto de Sistemas de Controle de Percolação. *Revista Solos e Rochas*, v. 1, n. 2, p. 3-22, 1978.

MELLO, V. F. B. de. *Maciços e Obras de Terra*: anotações de apoio às aulas. São Paulo: EPUSP, 1975.

SABARLY, F. Injeções e Drenagem em Fundações de Barragens, em Rocha Pouco Permeável. *APGA – ABGE*, trad. n. 2, 1971.

SOUSA PINTO, C. *Curso Básico de Mecânica dos Solos*. São Paulo: Oficina de Textos, 2000.